實戰智慧館 475

從A到A⁺

企業從優秀到卓越的奧祕

Good to Great

Why Some Companies Make the Leap...and Others Don't

詹姆・柯林斯（Jim Collins） 著

齊若蘭 譯

新版推薦文

無論企業或個人，都該追求「從A到A⁺」

于為暢（資深網路人、個人品牌教練）

我一生看書無數，若要挑選影響我人生最大的幾本，倒也不是那麼難，因為它們早已深烙我心，化為生活及工作的準則。其中一本正是柯林斯的《從A到A⁺》，可說是企業經營及個人成長的聖經。

舉例來說，我在第一本著作《部落客也能賺大錢》中，一開始就引用了本書提及的「三個圓圈」，若想成功，一定要落在「熱情」、「專業」、「經濟回饋」三者的重疊區，這不僅是一個A⁺企業的成長關鍵，也是每個人的理想職涯目標。直至今日，我在發想任何新事業時，都會自動去對應這「三個圓圈」是否成立。另一個烙印腦海的是「飛輪效應」，意指推動任何一件大事都需要耐心和毅力，開頭總是最難，但每一次的付出都不會浪費。如今我投入的「個人品牌事業」亦是如此，每一次的創作都在累積，當能量越過臨界點，飛輪才會開始轉動，接著就有機會發生爆炸型成長。任何新創事業、一人公司或自由工作者都要謹記，所有的「偉大」都是從「小」開始，一點一滴持續努力，遲早會感受到飛輪的轉動，畢竟一夕暴紅的創業家只是少數，多數都是漸進的小成功所堆疊出來的。

小公司要成長，要當自己是只做好一件事的「刺蝟」，而非一心多用的「狐狸」。自由工作者講求「高度紀律」，應當專注而明確地去做「那一件大事」，選擇「不做什麼」比「可做什麼」更重要。就算是一人公司也有可能擴編，重要的是「找到對的人」上車。員工是成長的關鍵，也會定調公司文化的養成，雖然作者在領導能力的五個層級中，把「有高度才幹的個人，能運用個人才華、知識、技能和良好的工作習慣，產生有建設性的貢獻」列為第一級，但這不表示你無法成為第五級領導人，儘管一個員工都沒有，但至少你可以領導自己啊；第五級領導的定義是「謙沖為懷的個性和專業上堅持到底的意志力」，而這不正是我們身為人應該追求的嗎？

一本好書往往可以帶來許多思想啟發，這也是為什麼我必須常常和好書「對話」，而且千萬不要覺得所謂企管書就只對企業有用。好書的啟發性絕對是全面的，《從A到A$^+$》講的雖然是美國文化和公司治理，但其中的道理絕對可應用在一般人身上。企業能運用的知識，當然也可以應用到個人成長，倘若連一個人都做不好，又怎能帶領一家企業呢？

「優秀是卓越之敵」，我曾在臉書上寫過，想年收三百萬的第一個條件，就是放棄百萬年新的工作。我看過很多部落客都很會寫，流量很高，但始終無法將收入翻倍，因為他們過度依賴流量，只有單一的廣告收入管道，這在經營上當然是有風險的，為了流量就得請員工，支出變多，收入又押在單一管道上。一人公司也是一樣，收入來源要多元、均衡，不能只是安於現狀，要未雨綢繆地去突破，嘗試如何變得更卓越，讓服務和價值升級，從「夠好」到「更好」。這並不是單純為了「跳出舒適圈」，而是因為世界進步太快，你只要慢了一拍就被超過了。有句話說：「你什麼都沒錯，就錯在太老了。」事實是，我們每一天都在變老，等於每一天都在退步，別說追求卓越了，連保持優秀都很難。

書中提到「以科技為加速器」，前提是你的人或產品得要真材實料才行。那麼一人或小型公司如何利用科技加速呢？答案就是「網路化」、「規模化」和「自動化」。我自己正在努力打造一個 Work Less, Make More 的未來，也唯有在科技和網路的幫助下，才有可能實現。

作者柯林斯寫這本書是基於好奇心，他說最刺激的事莫過於挑一個你不知道該如何解答的問題，然後開始尋找答案。職場趨勢讓愈來愈多人投入自媒體，發展個人品牌或一人公司，我因好奇而投入此行，親身嘗試各種事情，不斷地學習並創作，每天都有大量的 input 和 output，因為我覺得「做」比「說」更有趣，中間的過程才是最值得經歷的。我也遵守書中說的「史托克戴爾弔詭」，不喪失信心，相信自己能獲得最後勝利，同時有紀律、勇敢地面對未知的挑戰。

我非常榮幸能為這本好書推薦，它影響了我一生的價值觀，而再次翻閱書中的金玉良言，剛好驗證我這十幾年來的力行結果。如果你是企業老闆，不妨將此書指定為公司選書，請同仁們熟讀後分享心得，幫助他們在工作及個人發展上邁向卓越。無論身分、角色或年紀，我真心覺得這本書都會為你的人生帶來改變，並且影響未來世世代代。

新版推薦文

成為優秀領導者的自我修練課

Jenny Wang（JC 趨勢財經觀點創辦人）

優秀是卓越之敵嗎？相信大多數人的答案都是否定的。如果優秀應該扮演的角色是卓越的基石，那從優秀到卓越的關鍵又是什麼？是什麼樣的原因讓優秀企業在經過長時間營運與成長後，可以真正轉變為一家偉大公司，在成就卓越之後繼續維持基業長青？

多數的企業因為害怕卓越而停滯不前，而達到卓越的企業也往往自恃而驕，最後又落入衰退的局面。如果你想更進一步深入問題核心，理解商業世界中深不可測卻又有趣的地方，在《從A到A$^+$》中可以找到一切的答案，那就是「好的管理」。

什麼是好的管理？既不是明星經理人、不是獨權，也不僅僅是推出爆款產品讓公司一戰成名而已；好的管理是一個完善的流程，就像一個不斷往前推動的飛輪，圍繞企業的核心價值，遵循企業的原則與紀錄，擁有相同理念的一群人由下至上通力合作，共同邁向目標來達成卓越。

首先是「當責」。優秀的領導者認為成功不必在我，而是集眾人之力而成。對於他人的誇讚，他們總是認為運氣成分扮演了重要角色，歸功於整個團隊的付出。「領導」在整個團隊中的角色是整合、分配，用果斷的執行力提高企業整體的效能。在這個過程之中，領導者不是聚焦於自身能力是否被關注，而是適才適所，讓每個人都善用所長、有所貢獻。

第二是「遠見」。優秀的領導者有能力藉由觀察現況來推測未來，接受市場環境的變化，並且在還沒有人願意先做出改變時就勇於變革。卓越公司總是引領潮流，而不是隨波逐流，他們認為大膽假設未來可能發生的事情是絕對必要的，因為追求卓越的願景本身就該冒險，重點是該如何聰明冒險、如何藉由小實驗來創造大成功。

第三是「堅毅」。優秀的領導者知道公司在哪個領域能夠成為頂尖，他們貫徹執行「刺蝟原則」，了解到唯有全神貫注在自己比其他人都做得更好的事情上，才有辦法成長得更好。從優秀到卓越的過程是一場持久戰，其間即便面對困境也不喪失信心，處於逆境也能堅信價值，坦然面對殘酷的現實並接納與反思，以原則為依歸做出正確決策。

過去的故事告訴我們，歷史不會重演，但會以類似情況重複發生。展望未來，科技與投資環境的快速變化，讓我們對於新型態的商業模式心生嚮往，卻忽略了萬丈高塔的關鍵源於堅實的根基。我們必須能辨識出真正卓越的企業，它們總是源於好的管理，好的管理源於優秀的領導者，而優秀的領導者能把對的人放在對的位置上，讓所有個體的動能持續推動整體的規模成長，如同一個生態系般蓬勃發展，愈發強大。

最後，致每一位打開這本書的讀者，在你成為優秀領導者之前，本書將帶領你先行自我修練，引導你通往從A到A⁺之路。

新版推薦文

「領導力」已是當代最重要能力之一

游舒帆（商業思維學院院長）

看到《從A到A⁺》這本經典管理聖經要改版推出，心裡很是興奮，因為近兩年台灣的創業氛圍稍緩，取而代之的是許多成熟企業開始進入轉型與接班階段，本書其實恰恰適合企業領導人們閱讀與省思。

「企業領導人決定了一家企業能走多遠，天花板到哪。」這是我時常與企業老闆及高級主管們分享的一句話，作者在書中提到的「第五級領導」恰當地解讀了這段話背後的涵義。當領導人把自己看的比公司還重要時，他做的所有事都會以自己的利益為優先考量，接著才是公司與員工。

重讀一次《從A到A⁺》，我持續反思，我是否重視個人名氣勝過公司成果？我是否重視自己的面子或權威，而不願接受團隊的回饋？我是否戀棧權位而不願意放手？我是否在交棒後還期待看到繼任者跌跤，好證明自己才是最優秀的領導者？我是否仍持續在專業上努力不懈，並對自己的專業有極高堅持？我是否仍以謙遜的心態過活？我是否願意打破過往的成功經驗重新學習？

每每想到不確定之處，我便靜下心來自省，確認自己已釐清當下的問題才接著往下看。一個下午的時間，我就把個人領導力的現況與問題做了一次完整的盤點，做得好的，我感到欣慰，做得不好的便設定改善期限，從行為開始修正。

近幾年我輔導過很多企業，也深度接觸許多企業高管，其中有些人就落入了上述窘境而無法帶領團隊破局，然而當他們正視問題，願意將自己的角色放輕，將公司與團隊的角色放重，許多管理問題便迎刃而解。

有些企業主抱怨部屬能力不足，因此事必躬親，忙得一團亂卻仍認為公司靠著他的努力才得以運轉，殊不知這正是團隊無法進步的根源；有些經理人對外時光鮮亮麗，對內管理一塌糊塗，但他總認為自己是在為公司經營形象，其實真正重要的是企業對客戶創造的價值，而非一個明星經理人；有些即將交棒的第一代經營者，對二代抱持的態度是守成，而且總覺得二代沒準備好，殊不知商業環境已變化，過往的成功經驗可能反成為阻礙。

領導力已成了當代最重要的能力之一，也是從A走向A^+最關鍵的能力。強烈建議企業領導人們研讀此書時可花點時間自省，如果我們願意改變成見、放低自己、以公司為重，或許很多問題就此解決。

新版推薦文

尋找真正成長股的絕佳指引

雷浩斯（價值投資者、財經作家）

我是柯林斯的忠實粉絲，這本《A到A^+》是我的閱讀聖經之一，但我在二十二歲初讀本書時，從來沒有想到三十九歲時會替這本書的新裝版寫序，我也從來沒想到這本書對我的影響如此之大。

首先，我是個價值投資人，採取巴菲特式的投資風格，這種投資法的基礎就是尋找正直誠信的老闆，企業本身專注在簡單易懂的領域，還有強力的護城河保護公司獲利，使其能不畏競爭對手的入侵。

若能夠找到符合上述條件的企業，那麼未來五年、十年之後，公司獲利將會持續成長，投資人持有這類股票的報酬率也會水漲船高。而尋找這類標的的密碼，就在柯林斯所研究的A^+公司之中。

柯林斯在本書中提到的重要概念，完全符合巴菲特價值投資的概念。舉例來說：「第五級領導人」就是巴菲特口中正直誠信的老闆，我將這個概念稱為「內斂型給予者」。

通常我從商業雜誌閱讀到這類領導人的報導時，會不斷地出現類似如下的關鍵詞：「低調」、「惜字如金」、「不愛受訪」、「喜愛閱讀」、「深思熟慮」、「審慎」……等，完全符合書中的描述。

第二個重要的概念是「刺蝟原則」，我稱之為「進入能力圈」。當一個老闆徹底理解刺蝟原則的三個要素時，他的營運表現只會讓旁人讚嘆「他實在太厲害了」，而之後只要他運用「不做之事」的概念，避免讓自己走出能力圈，他就能持續擁有頂尖的表現。

這種始終待在能力圈的營運方式，會讓企業看起來簡單易懂，讓投資人用一句話就能描述這間公司做的生意。所以巴菲特說他尋找的是簡單易懂的企業，其實就是尋找進入能力圈的企業，這種優勢是一種天生優勢，非能力圈以外的競爭者無法對抗。

當企業釐清刺蝟原則之後，績效便開始突飛猛進，於是產生最重要的「飛輪效應」，即為巴菲特口中的「護城河」。只要持續為飛輪注入動能，該公司就能更加強大！

而替飛輪注入動力的過程就是「打造護城河」，這和許多傳統投資書的觀念不同，傳統書籍對護城河的看法是二分法，即一間公司不是有護城河，就是沒有護城河。但是護城河既然能夠增強，也有可能衰弱，關鍵在於管理階層是否持續推動飛輪。當管理階層打造一個強大的企業文化為軸心，飛輪將不斷地被推動。

因此，投資人尋找能持續成長的股票，關鍵就在於該企業的「人」、「能力圈」、「護城河」三個要素的質化分析，也就是《從A到A$^+$》提到的「先找對人」、「刺蝟原則」、「飛輪效應」這三個重要概念。

柯林斯在進行研究的過程中，閱讀了大量的研究資料、財務報表和雜誌報導。我仔細閱讀本書附錄，模仿他研究的過程，像他一樣海量閱讀各種商業雜誌之後，確確實實地從台灣股市和產業中找到了類似的A$^+$企業。同時，我也確確實實地將本書所提到的概念運用在投資與經營之中，因此我對柯林斯充滿了無限感激。

新版推薦文

從優秀到卓越，是一條鋪滿尖銳咕咾石的試煉之路

楊斯棓（方寸管顧首席顧問、醫師）

如果你在升高一的暑假逛書店，看到書架上有一本書，作者花費數年，訪問了各方面表現不錯的各校高三生，詳述這些人的生活作息和讀書習慣。你買下這本書，惡狠狠地將內容烙在腦海，接下來三年，你一定比別人有更高的機會成為如魚得水的高三生（相較於必須不斷 try and error 的人來說，你有躲坑能力，也知道接下來這三年該把力氣花在哪裡會有最大「報酬」）。

把人生軸線從十八歲拉到八十歲，書中那些優秀的高三生們接下來的大學生活可能被二一，出社會可能適應不良，在職場可能被排擠，或已屆退休卻沒存到錢，對於可能還有二十年壽命惶然不知所措。

那你會懷疑那本書的內容嗎？

如果會的話，你可能誤解其目的，它不是一本保證人生一路成功的萬用聖典，世界上也沒有這種書。它只不過是一本一個小階段的成功方法總匯集。無論個人或公司，隨著我們成長茁壯，每個階段都會有益加困難的新挑戰，也需要更強的意志和更高明的戰

略去因應。

當初那本書蒐羅的對象，是一群擁有「成功的十八歲經驗的人」。在十八歲擁有成功經驗的一群人，你可以把他們想成是一間柑仔店的負責人，他們當下有一片好光景，但緊接著，很可能即將風雲變色。

有些人爭取國際品牌授權，成為連鎖超商的領頭羊，可能要連賠七年才開始賺錢。有些人是跟隨領頭羊的羊群，拆了自己柑仔店的招牌賭一把，加入連鎖體系。有些人嫌龍頭的加盟金太高，加入市場老二或老三的體系。還有些人就像不靠行的車身烙著個人兩字的瀟灑司機，依然以柑仔店之姿示人。幾十年過去，大者恆大，掉隊者死，有些柑仔店因為地理位置偏遠、因連鎖超商不願拓點而暫得殘喘。

用這樣的角度來思考，或許更容易理解作者一系列作品。

如何從優秀跨到卓越是一個課題，如何保持卓越是另一個課題，如何記取從卓越到殞落的教訓有兩種路徑，從別人身上學來尚稱毛骨悚然，自己粉身碎骨則是刻骨銘心。華倫·巴菲特（Warren Buffett）的左右手查理·蒙格（Charlie Munger）也說：「如果知道我會死在哪裡，那我將永遠不去那個地方。」

史丹佛大學教授柯林斯用了五年時間，從千餘間公司中用客觀條件層層篩選，必須連續十五年累計股票報酬率超過大盤三倍的公司始稱卓越，而符合優秀到卓越的公司有十一家，《從A到A+》這本書就是探討企業從優秀到卓越的奧祕。

多年前初讀本書，我還不懂財報，最近重讀，我把十一間公司用財報的觀點快速掃描一次，驚覺有些公司已經下市，有些公司不復當年模樣，讀者若有類似質疑，其實都在作者的預料範圍內（《為什麼A+巨人也會倒下》一書中有解）。

研華科技董事長劉克振是柯林斯作品的忠實信仰者，他用八個小時閱讀《從A到A+》之後的感想是：第一次感到有一本書點出了經營公司二十年所有可能面對的困難，他特別推崇〈刺蝟原則〉這個章節。刺蝟原則簡言之是「簡單、聚焦、找出自己的核心能力」。這個提醒讓研華對本來要規畫接大訂單的計畫改弦易轍，因為工業電腦是一個少量多樣的產業，小訂單才是研華的優勢，大訂單並不適合研華的屬性。

劉董的讀後感曾發表於二〇〇二年十一月的《商業周刊》，我做個粗略的比較，如果你在二〇〇三年用年度最高價買到研華，放到今天，投報率絲毫不遜於同一年用年度最高價買台積電，研華的實力可見一斑。

反過來說，以電器用品通路起家的燦坤，幾年前興沖沖搞起旅遊和咖啡，很明顯違背了刺蝟原則，對照二〇一九年十二月其董事長、財務長閃辭的局面，雖不勝唏噓，卻也不是毫無預兆。

投資者看這本書，可以據此檢視投資標的卓越與否。求職者或任職者看這本書，可以判斷當下要上船還是跳船。企業領導人看這本書，可以當做一本鍛鍊自己成為第五級領導人（結合謙虛個性和專業意志，建立持久績效）的心法書。

新版推薦文

卓越企業的DNA來自絕不妥協的紀律

齊立文（《經理人月刊》總編輯）

第一次「知道」柯林斯，是我在二〇〇五年初加入《經理人月刊》時，負責編譯一篇商業思想大師的英文文章。我從中得知，他寫的兩本書《基業長青》（與人合著）和《從A到A^+》不只在台灣受歡迎，更是世界級的暢銷書。

二〇一二年，我策畫了一個柯林斯相關著作的封面故事，把他的出書脈絡梳理了一番，並得出了幾項觀察：

首先，就像寫學術論文的問題意識一樣，他的每本著作都有一個明確的命題要解決，而且都正好呼應了時代的氛圍，分別探討企業如何永續經營、臻至卓越，又為何盛極而衰，以及如何因應不確定性的「新常態」。

其次，他提出的原理原則，都是經由嚴謹的對照比較、歷史研究、資料彙整、數字分析與深度訪談歸納得出。每本書裡的研究對象，也都是通過了嚴謹的財報分析，必須在一段足夠長的時間（通常是幾十年）裡，報酬率優於股市大盤與同業。

同時，為了發掘出經得起考驗的致勝法則，每家卓越企業（實驗組）都設置了在相似環境下的同業「對照組」，探討卓越企業何以基業長青、從A到A^{+}、業績十倍數成長，同業卻可能江河日下、甚至消失殞落。

第三，他歸納的原則與概念，都很近似於做人做事的基本道理（back to basics），而且他非常擅長將抽象概念具體化、形象化，打造容易記憶與傳播的概念。

舉例來說，領導人應該「造鐘、而非報時」，做對的事、追求長遠的目標；卓越組織充斥著「第五級領導人」，他們謙虛低調又堅毅不拔；找對的人上車，也包括讓不對的人下車；刺蝟原則，借用寓言故事「狐狸知道很多事，刺蝟只知道一件事」，隱喻企業應懷抱熱情，追求在專精領域做到世界領導地位；飛輪效應，成功並非一蹴可幾，而是扎穩馬步、做好基本功，持續蓄積動能，及至最後讓飛輪快速轉動起來。

重讀《從A到A^{+}》，依舊覺得這本書的可讀性很高，雖是基於嚴謹的企業案例對照分析得出的結果，卻透過「故事」的親近形式，生動刻劃了企業領導人的性格與決策：不推崇天縱英明的個人英雄主義，而是將聚光燈打向了看似平淡無奇又普世通行的基本概念，凸顯出謙遜、面對現實、專注與貫徹到底的「紀律的力量」。

卓越很難複製，即使對照績優企業的成功方程式按表抄課，也絕不保證就能「量產」一家又一家卓越企業。然而，儘管卓越企業都有紀律，未必因此就能造就卓越企業，如果沒能戰戰兢兢、戒慎恐懼，每一步都嚴守紀律，注定會朝著卓越的反方向前進。

卓越推薦

依姓名筆劃排序

Mr.Market市場先生（財經作家）

優秀，是卓越的敵人。當現狀不錯時，我們往往會認為自己現在的方法是最好的，甚至是業界最優秀的，這時你很難再聽進任何建議，甚至失去了成長的動力，結果就是遲早有一天將會被超越。

《從A到A^+》並不是教你如何選出好的投資標的，具備了書中提到的能力特質也不保證企業未來必然卓越。我認為它最大的價值是透過大量的研究傳承經驗，幫我們避開前人的錯誤，找到自己忽略的盲點。

丁菱娟（新創團隊導師、世紀奧美公關創辦人）

當年《從A到A^+》這本書問世的時候，幾乎是每家公司領導人必讀的一本教科書，也是企業讀書會上指定的長青書。

讓我思考如何成為一家有願景、理念和價值觀的公司，並開始著手建立企業文化，這本書幫助我在經營公司上獲得很大的啟發。

很高興這本書能夠重新改版，讓新世代的年輕人有機會閱讀。好的書不會消失，也不退流行，它永遠像一盞明燈指引著想要追求好還要更好的人。

林之晨（台灣大哥大總經理、AppWorks 董事長暨合夥人）

柯林斯的研究與思想，在我學習成為第五級領導人的路上影響甚鉅。他的三環交集、推動飛輪、人才優先、面對殘酷現實等世界觀，是我每天思考策略、決定工作先後最仰賴的心理模型。從十八年前第一次擔任新創中國分公司總經理，到後來創辦AppWorks，到現在接手市值四千億的台灣大，《從A到A+》一直在我身邊，陪著我成長。

林以涵（社企流執行長）

社企流的使命，在於打造華文界社會企業的知識中心與交流平台，用商業思維與創業精神改善社會問題。為了能夠永續發展，《從A到A+》中追求卓越的概念，一直是我們凝聚團隊共識的思考基礎與行動原則。

在創立第二年，我們決定從志工組織轉型為公司，當時正是以刺蝟原則為核心，試圖找出自己有熱忱、擅長又能專精的事物。但如何驅動社會創新，「找到對的人」就非常重要。

我也非常認同柯林斯說的，在內部建立強調紀律的組織文化，一方面讓員工承擔責任，但又能享有充分的自由度。尤其我們是一個小型公司，合作對象多為大型企業，如果缺乏紀律，就無法獲得客戶的尊重和信任。隨著時勢潮流發展與環境變化，我們每年仍會定期自我檢視，致力發揮最大的社會影響力。

林揚程（太毅國際顧問公司執行長）

《從A到A+》探討了企業成長到巔峰的過程及必要條件，也就是十一家從優秀到卓越的公司關鍵密碼，記得出版當年也是太毅國際從深耕多年的新竹即將北上的高速成長時期，當時認真地讀了這本書，並奉為公司二〇〇三年戰略圭臬。實證結果，十五年後我們成長四〇〇%，並且連續十年成為台灣最主要的企業培訓提供者。這段時間，我們走過順風順水也曾低谷徘徊，因此更能以此書實踐者的身分來推薦。

時代變遷快速，帶來眾多機會和威脅的焦慮感，如果只是一味地追求甚至確保自己奮力抓緊時代的潮流，還不如好好審視自己的優勢與資源，清晰公司的定位與戰略（初心），掌握從優秀到卓越的原則，邁向企業願景。

洪雪珍（斜槓教練）

我做了一年斜槓教練，已經有三千人來上過我的基礎課、三百人跟我學習實做的要領。其中我有一個發現，一般人會羨慕多才多藝的人，覺得他們比較優秀，可以拉出不僅一根斜槓，多角化經營生涯，成功機率較高；但奇怪的是，最後成功的竟然比較多是具有一項才藝、起步只做一項斜槓的人。為什麼？

多才多藝的人像是狐狸型，看似選擇多，但是會有選擇困難。就算先選擇一個項目去做，在經歷挫敗時，會順勢閃躲到其他項目，無法專注其中一項全力以赴，反而無法卓越，不易成功

相反的，只有一項才藝的人屬於刺蝟型，只能做一種斜槓項目，一開始容易聚焦，不致三心二意。在遇到困難時，由於只有一條路可走，便會想盡辦法尋求突破，比較容易從優秀到卓越、從A到A^+。

所以從我個人教斜槓的實務來看，非常同意柯林斯說的，不論上班找工作或下班後做斜槓，都要找到最有熱情、最有技能、最能獲利的經營項目，不滿足於優秀，而是追求卓越。

張國洋（《大人學》共同創辦人）

《從A到A^+》是我非常喜歡的一本商業書，也一路對我的經營影響深遠。

很高興這本書又要重新出版，也希望有更多人可以好好閱讀這本好書，提升個人領導特質，建立企業飛輪，最終走向卓越！

鄭志凱（矽谷 Acorn Pacific Ventures 創投基金共同創辦人）

《從A到A^+》出版接近二十年，可以說是經營管理書籍的常青樹。只是當初選入樣本的十一家卓越公司有一家倒閉，一家曾被政府接管，一家遭併購，一家股價只剩十分之一。可見即使卓越，也不能保證企業長生不老，逆轉技術或市場的典範轉移。

長生無門，健康依然有道。這本書中提到許多基本功，都是企業的健康之道。諸如：人比事重要，該學習刺蝟的專注，要像飛輪般不斷累積動能，並以科技來加速等。儘管時隔多年，仍然歷久常新，值得台灣大小企業的經營者參考。

盧世安（「人資小週末」專業社群創辦人）

《從A到A^+》是影響我最多的企管書之一，而在本書眾多嚴謹繁複的概念中，「飛輪效應」則是影響我最深的一個概念。因為企業經營在「策略管理」層面上，所需要的有機的、動態的多元核心商業發展連結，都在這個看似簡單、實則充滿實踐挑戰的飛輪效應展示中表露無疑。我個人認為，考驗一本書的經典價值有個很簡單的判準，那就是在跨世代多變的環境遷移後，書中的「洞見」能否經得起考驗，應用在新世代與新事物進行解析的框架詮釋力。而更重要的是，當你因這本書而思考得愈多時，相信你會和我一樣，愈能感受到它跳脫於嚴謹的論述之外，有股強大的力量催促自我提升。

謝文憲（企業講師、作家、主持人）

本書繁中版發行至今約二十年，它陪伴我度過在外商業務工作期間最辛苦卻值得回憶的六年。

每當覺得業績夠好、可以停歇時，「Good to Great」不斷在我大腦盤旋，最後幫助我攀登最高山峰，讓我得到「全球總裁獎」的殊榮。

如今離開大公司，我刻意保持小規模，因為「小，是刻意的」，我用小組織博取高影響力，用的就是「有紀律的專注」這項書中法則。

這是一本隨時看都不會太遲的好書。

自序

分享我們的研究成果

柯林斯

就在我快寫完這本書時，有一天，沿著離家不遠的一條崎嶇山路跑步。我在山頂停下腳步，坐在我最喜歡的觀景點，遠眺仍然為白雪覆蓋的鄉野，這時候，我腦子裡閃過一個古怪的問題：別人得付我多少錢，我才願意打消出版這本書的念頭？

這是個有趣的思考實驗，因為之前五年，我把所有時間都花在研究這個題目和寫作這本書上。倒不是無論在多龐大的金額誘惑下，都不能打消我出書的念頭，只不過當我腦中的數字到達一億美元的門檻時，也差不多該下山了。不過即使有一億美元的重賞，仍然不足以說服我放棄出書的計畫。大概我骨子裡始終是個教師，因此我很難想像居然不把幾年來學到的知識和全球各地的學生分享。我之所以發表我們的研究成果，也正是本著這種教學相長的精神。

過了幾個月僧侶般的隱居生活之後，我很高興聽到讀者談談對於本書的觀感，哪些部分十分受用，哪些部分則不太行得通。我希望你們覺得書中的內容很有價值，並且願意具體實踐從書中學到的觀念。如果不能在公司裡實踐，那麼就把所學應用在你所從事的社會工作上，或至少應用在你的人生中。

從A到A+

企業從優秀到卓越的奧祕

GOOD TO GREAT

目錄

從A到A⁺
Good to Great

後記

附錄

感謝篇

關於作者

第一章

「優秀」是「卓越」之敵

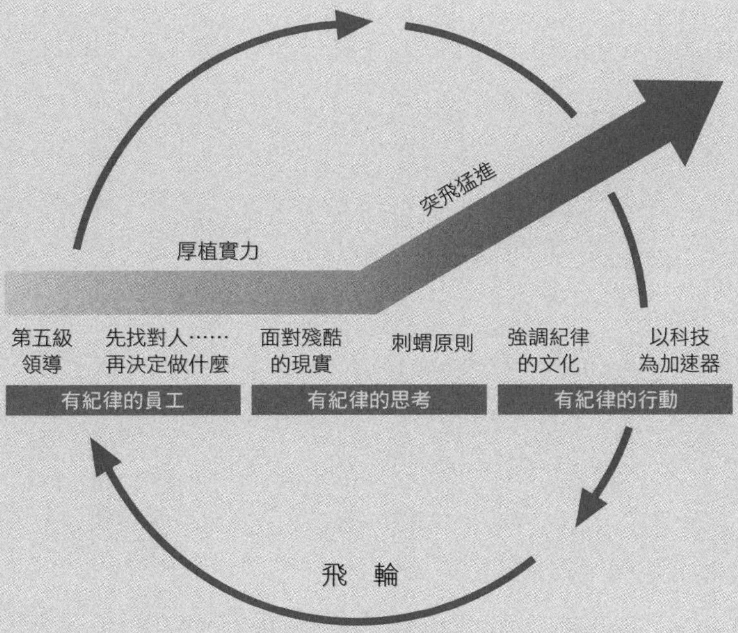

優秀是卓越之敵，這不只是企業需要面對的問題，

也是人類共通的問題。

如果我們解開從優秀到卓越之謎，

對於其他形態的組織應該也會有所助益。

本書要談的只有一件事：

從「優秀」躍升到「卓越」的恆常法則，

如何才能讓優秀公司持續產出卓越的成果。

「優秀」是「卓越」之敵。

正因為如此，能稱得上「卓越」的事物寥寥無幾。

比方說，正因為我們有好學校，所以我們沒有出類拔萃的學校；正因為我們有好政府，所以我們沒有卓越的政府；正因為只要生活過得好，我們就心滿意足，所以很少有人擁有無與倫比的人生經歷。同理，絕大多數的公司從來不曾達到卓越的境地，主要也是因為他們都已經是很不錯的公司，而問題正是出在這裡。

研究的開始

一九九六年，我和一群引領管理思潮的企業界人士聚餐討論組織績效時，忽然想通了這個道理。當時，負責麥肯錫舊金山分公司的米漢（Bill Meehan）突然靠近我耳邊，不經意地向我表白：「你知道嗎，我們很喜歡《基業長青》（*Built to Last*）這本書，你們的研究做得很棒，書也寫得很好。不幸的是，書中講的東西毫無用處。」

我聽了十分納悶，請他說清楚一點。

他說：「你們所分析的公司多半很卓越。他們從來不需要脫胎換骨，從優秀公司蛻變成卓越公司。他們生來好命，有普克（David Packard）和默克（George Merck）這種好爸爸，在公司創立之初，已經建立起卓越的特質。但絕大多數的公司都走到半路才大夢初醒，了解自己只是一家優秀的公司，而不是卓越的公司，碰到這種狀況，他們該怎麼辦呢？」

這時候，我才明白米漢所說的「毫無用處」只不過是誇張之詞，但是他的基本觀察很正確，真正卓越的公司泰半一直都很卓越；而絕大多數的優秀公司也一直表現得很優秀，但是稱不上卓越。的確，米漢的評語是正確的、寶貴的，他提出的問題所引發的思考，奠定了本書的基礎：已稱得上A級的優秀公司，有可能更上層樓、成為A+級的卓越公司嗎？如果可以，怎麼樣才能做到？還是，「只要成為優秀公司就夠了」的想法已經病入膏肓、無藥可醫了？

經過那次改變命運的晚餐後，匆匆又過了五年，現在我們可以很篤定地說，優秀公司的確可能蛻變為卓越公司，而且我們也了解是哪些因素在背後激發這樣的蛻變。多虧米漢提出的挑戰，我們的研究小組因此展開了為期五年的研究，探討企業從優秀到卓越的內在轉變過程。

為了能夠很快地掌握到研究計畫的主要概念，請見圖1-1。基本上，我們篩選出十一家公司，這些公司都從經營績效很好進步到成效卓著，而且還能持續保持卓越的績效長達十五年之久。我們拿這些公司和經過嚴謹挑選的對照組相比較，對照組的公司都沒能從優秀公司成功蛻變為卓越公司，或是雖然一時轉型成功卻後繼無力，無法持續展現卓越的績效。我們比較了兩組公司，探討相關的基本因素和獨特因素（有關圖1-1所依據的

圖 1-1「從優秀到卓越」的研究

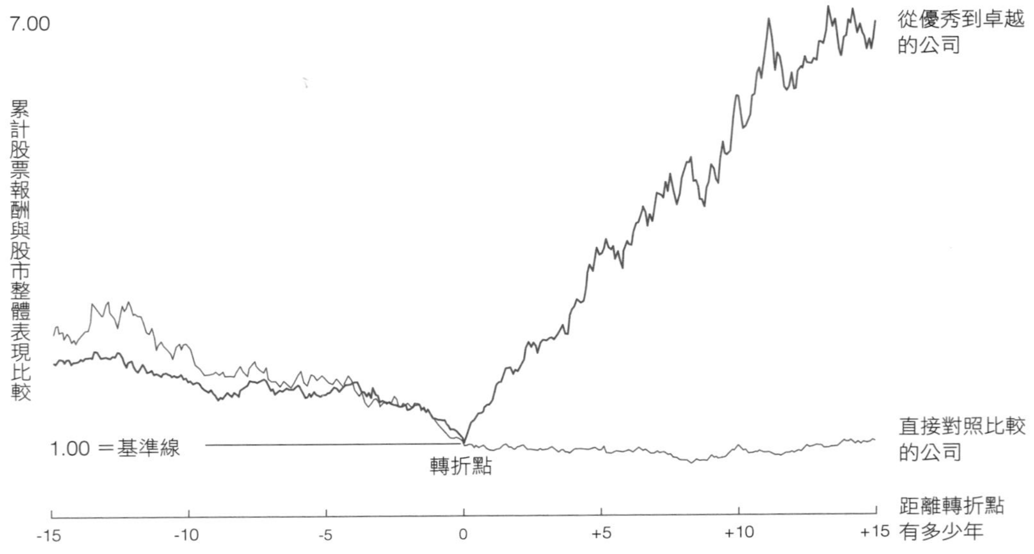

顯示平均比率，每家公司在轉折點的值均設定為 1.00

研究方法，請見本章末說明）。

最後選出的「從優秀到卓越」（能夠從A級蛻變為A^+級）的公司，其經營績效都很驚人，在轉折點後的十五年間，這些公司平均的累計股票報酬率是股市整體表現的六·九倍。一直到二十世紀末，奇異公司（General Electric）都還是許多人心目中領導有方的優秀公司，但奇異公司從一九八五年到二〇〇〇年的股價表現，卻只是大盤績效的二·八倍。

此外，假設你在一九六五年投資一美元於共同基金，而共同基金又以十一家「從優秀到卓越」的公司為投資標的，同時，你也投資一美元於另外一支分散投資在整個股市的共同基金，結果到了二〇〇〇年一月一日，前者的價值成長了四百七十一倍，後者卻只成長五十六倍（參圖1-2）。

這些數字都很驚人，當你想到，原先毫不起眼的公司竟能創造出這樣的佳績，就更加瞠目結舌了。以華爾格林公司（Walgreens）為例。四十年來，華爾格林公司的表現平平，股價起伏和大盤表現大致差不多。一九七五年後，這家公司的股價突然一飛沖天，開始不斷地攀升……攀升……再攀升，持續向上攀升。從一九七五年十二月三十一日到二〇〇〇年一月一日，投資一塊錢到華爾格林的報酬率，超越了投資科技巨擘英特爾的報酬率將近一倍，報酬率大約是投資奇異公司的五倍，投資可口可樂的八倍，更是股市整體表現（包括那斯達克）的十五倍多。

圖 1-2　投資 1 美元到股票的累計報酬，1965-2000

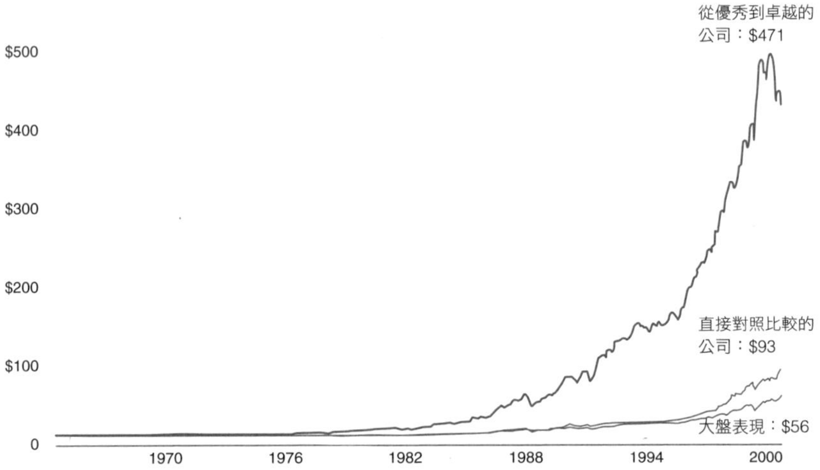

註：

1. 在 1965 年 1 月 1 日將 1 美元平均投資於每一組中的各公司。
2. 每家公司在轉折點之前的股票報酬率接近市場平均。
3. 每支基金的累計價值是以 2000 年 1 月 1 日為計算時間。
4. 獲得的股利均重新投入股市，分割後的股票價值已經過調整換算。

究竟是怎麼回事？數十年來一向平凡無奇的公司為什麼突然之間脫胎換骨，表現凌駕全球頂尖企業之上？為什麼華爾格林能夠突飛猛進，而其他同業，例如艾克德連鎖藥店（Eckerd），面對相同的機會、掌握類似的資源，卻無法大幅躍進？這個例子正充分顯示了我們想探討的問題本質何在。

本書並不是只探討華爾格林公司或其他我們所研究企業的情況，真正想探討的其實是前面提過的問題：優秀公司有可能成為卓越公司嗎？如果可以，怎麼樣才做得到？我們希望找到適用於所有公司，能超越時空限制、放諸四海皆準的通則。

在長達五年的研究中，我們有許多深入的觀察，不少結論都十分令人驚訝，而且違反了傳統智慧，其中有一項結論特別重要：我們相信，幾乎任何組織都能大幅改善營運績效，甚至成為卓越公司，只要他們確實應用了我們的發現。

本書要談的正是我們所學到的教訓，本章將描述我們的探索之旅，說明研究方法，並且簡單介紹主要的發現。從第二章開始，我們將從整個研究中最發人深省的觀察——第五級領導開始，直接探討我們的發現。

好奇心大巡航

經常有人問我：「你究竟是出於什麼樣的動機，而展開這麼龐大的研究計畫？」這是個好問題，我的答案是：好奇心。我覺得最刺激的事情莫過於挑一個我不知該如何解答的問題，然後開始尋找答案。就好像當年的路易斯（M. Lewis）和克拉克（W. Clark）一樣，跳到船上，揚帆駛向西方，說：「抵達目的地之前，我們不知道會有什麼發現，但是，當我們回來的時候，一定會告訴你我們發現了什麼。」這樣的旅程真是有趣。

以下是我對這場出於好奇心的探索之旅簡單的描述。

找到問題之後，我開始組成一支研究團隊（當書中出現「我們」的時候，指的就是研究小組。總共有二十一位研究人員在不同階段參與了這項研究，通常同時有四到六人在小組中工作）。

第一階段：搜尋

我們的第一個任務是找出哪些公司展現了圖1-1「從優秀到卓越」的發展形態。我們花了六個月的時間埋首於財務報表中，尋找符合下面基本形態的公司：十五年的累計股票報酬率和股市整體表現相當，或低於整體表現，接著就來到轉折點，然後在接下來的十五年中，累計股票報酬率是股市整體表現的三倍以上。我們選擇十五年為觀察時間，因為曇花一現的佳績和純然好運的影響都不可能維持十五年之久（你不可能十五年來都靠運氣來經營公司），而且也超過了大多數企業執行長的任期（因此我們才能區分真正卓越的公司，以及只不過因為出現一位卓越領導人而異軍突起的公司）。我們把股票報酬率訂為股市整體表現的三倍，因為這樣的成績已經超越了許多眾所周知的卓越公司。從一九八五到二〇〇〇年，如果有一支共同基金投資於3M、波音、可口可樂、奇異、惠普、英特爾、嬌生、默克藥廠、摩托羅拉、百事可樂、寶鹼、沃爾瑪百貨和迪士尼等績優股，績效也不過是股市整體表現的二．五倍。能夠超越這些公司還真是不簡單。

表 1-1　從優秀蛻變為卓越的公司

公司	從轉折點起 15 年的表現*	轉折點～15 年後
亞培藥廠（Abbott）	3.98 倍	1974-1989
電路城（Circuit City）	18.50 倍	1982-1997
房利美（Fannie Mae）	7.56 倍	1984-1999
吉列（Gillette）	7.39 倍	1980-1995
金百利克拉克（Kimberly-Clark）	3.42 倍	1972-1987
克羅格（Kroger）	4.17 倍	1973-1988
紐可鋼鐵（Nucor）	5.16 倍	1975-1990
菲利普莫里斯（Philip Morris）	7.06 倍	1964-1979
必能寶（Pitney Bowes）	7.16 倍	1973-1988
華爾格林（Walgreens）	7.34 倍	1975-1990
富國銀行（Wells Fargo）	3.99 倍	1983-1998

＊累計股票報酬率和股市整體表現之比值

我們從一九六五到九五年名列美國《財星》（*Fortune*）五百大排行榜上的企業，系統化地搜尋和篩選，最後找到十一家「從優秀到卓越」的公司（請見表1-1，附錄1A也會詳細說明篩選的過程）。在這裡，我要特別提出幾點說明。首先，我們挑選的公司必須不受產業循環的影響，一枝獨秀展現了「從優秀到卓越」的形態；如果整個產業都呈現同樣的形態，我們就在名單上剔除這家公司。其次，我們也爭辯除了累計股票報酬率之外，是否應該另外增加評選標準，例如將企業對社會的影響及員工福利等一併納入考慮。但如果採取其他標準，我們很難免除私人偏見的影響。由於一直未能想出其他更公正合理而一致的評選方式，我們最後決定篩選範圍仍只局限於「從優秀到卓越」的績效標準。但我會在本書最後一章闡述公司價值觀和企業能否保持卓越之間的關聯性，不過本研究的重點仍然在於，如何將優秀的組織轉變為持續展現卓越績效的公司。

乍看之下，我們挑選出來的公司真是跌破眾人眼鏡。誰能料到房利美（Fannie Mae）竟然擊敗奇異和可口可樂等大公司？或華爾格林的表現竟然凌駕於英特爾之上？這份令人訝異的名單立刻給了我們一個重要啟示。即使在最不可能的處境下，仍然有可能扭轉乾坤，把優秀公司變成卓越公司。接下來，還會有更多意外發現，引領我們重新思考卓越公司究竟是怎麼回事。

第二階段：和什麼公司比較？

接下來我們跨出的一步，幾乎是整個研究中最重要的一步：把「從優秀到卓越」的公司和一組經過嚴格挑選出來的對照公司相比較（請見表1-2）。在我們的研究中，關鍵問題不在於這些「從優秀到卓越」的公司有什麼共通點，而是「從優秀到卓越」的公司有哪些共通特質讓他們「有別於」對照公司。這麼說好了，假定你想研究如何培植奧運金牌選手，如果你比較分析的對象只限於奧運金牌選手，你會發現他們都有教練在背後指導。但如果你研究奧運代表團中從來不曾獲獎的選手，就會發現他們也同樣都有教練指導。因此，真正的關鍵在於如何透過系統化的分析，解釋金牌選手和其他選手之間的

表 1-2 研究樣本

從優秀到卓越的公司	直接對照公司
亞培藥廠	普強（Upjohn）
電路城	塞羅（Silo）
房利美	大西方（Great Western）
吉列	華納蘭茂（Warner-Lambert）
金百利克拉克	史谷脱紙業（Scott Paper）
克羅格	A&P
紐可鋼鐵	伯利恆鋼鐵（Bethlehem Steel）
菲利普莫里斯	雷諾茲（R. J. Reynolds）
必能寶	地址印刷機公司（Addressograph）
華爾格林	艾克德（Eckerd）
富國銀行	美國銀行（Bank of America）

未能長保卓越的對照公司
寶羅斯（Burroughs）
克萊斯勒（Chrysler）
哈里斯（Harris）
孩之寶（Hasbro）
樂柏美（Rubbermaid）
德利台（Teledyne）

差異。

我們挑選了兩組對照公司。第一組是拿來做「直接比較」的公司，他們和「從優秀到卓越」的公司在同一個產業中競爭，在「從優秀到卓越」的公司蛻變時期，也擁有相同的機會和類似的資源，可是沒能從「優秀」躍升為「卓越」（請見附錄1B，我們對篩選過程有更詳細的說明）。第二個對照組是「未能長保卓越」的公司（雖然曾經短暫地從優秀公司蛻變為卓越公司，卻未能保持佳績），我們將藉此探討企業永續發展的問題（請見附錄1C）。整體而言，我們總共研究了二十八家公司，包括十一家「從優秀到卓越」的公司，十一家做直接比較的對照公司，以及六家只是曇花一現、未能長保卓越的對照公司。

第三階段：揭開黑盒子

接下來，我們把注意力轉移到深入分析每一家公司。我們收集了五十年來關於這二十八家公司的所有報導文章，有系統地將報導內容分門別類，例如區分策略、技術、領導力等，並加以編碼。然後我們訪問了「從優秀到卓越」公司的高階主管，他們在公司轉型期間都擔任重要職位。我們也展開了廣泛的質化和量化分析，研究範圍從企業策略到公司文化，從裁員到領導風格，從財務數字到主管更迭等無所不包。當所有該做的都做了之後，整個研究計畫總共耗費了每年平均十．五人的工夫，我們閱讀和分析了六千

圖 1-3

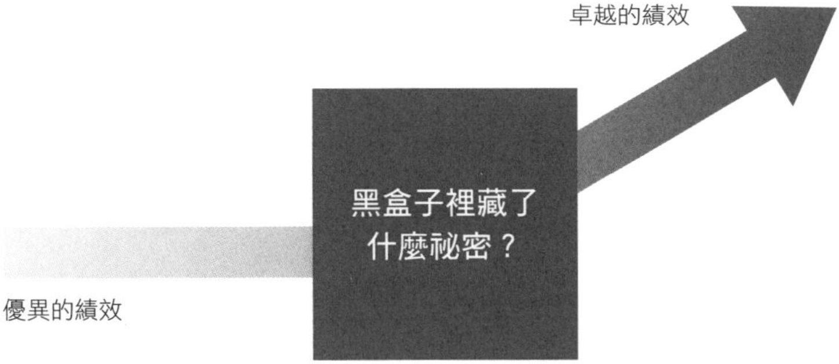

篇報導文章，整理出兩千多頁的訪談內容，並且累積了三億八千四百萬位元組的電腦資料（請見附錄1D會有更詳細的說明）。

我們開始覺得，這項研究彷彿在探究黑盒子裡面暗藏的祕密。一路上，我們每跨出一步，都好像在黑盒子裡多裝了一個燈泡，增添了一絲亮光，可以更清楚看到從優秀公司蛻變為卓越公司的過程（請見圖1-3）。

掌握資料以後，研究小組開始每週舉行一次辯論。我和研究小組成員會針對這二十八家公司，在事前有系統地閱讀每一家公司的所有相關報導文章、分析資料、訪談內容和電腦數據。開始討論之前，我會先對研究小組報告這家公司的情況，提出可能的結論，也問幾個問題。然後，大家會辯論、意見分歧、拍桌子、提高嗓門、停下來思索、再度展開激辯、停下來思索、討論、下結論、提出質疑、再度激辯「這一切究竟代表什麼意義」。

很重要的是，你必須明白，我們直接從實證資料中推演出本書的所有概念，而不是從一開始就提出等待測試或證實的理論。我們試圖直接從我們所獲得的證據中建立起理論的基礎。

研究方法的核心是系統化地比較「從優秀到卓越」的公司和對照公司的過程，在比較時，我們不斷質疑：到底有什麼分別？

我們也特別注意那些「不會叫的狗」。在福爾摩斯探案中的經典故事《銀色馬》（*The Adventure of Silver Blaze*）中，福爾摩斯將「狗兒在那天晚上有沒有出現可疑的舉動」也視為重要線索。結果，當晚那隻狗其實什麼事都沒做，但根據福爾摩斯的說法，這正是啟人疑竇之處，他據此推斷，案子的主嫌一定是狗兒熟識的人。

在我們的研究中，沒有發現的事實（我們以為狗會叫，結果卻沒有叫）結果變成最好的線索。進入黑盒子內部、點亮燈光時，我們沒能發現的事實和發現的事實都同樣令人訝異。例如：

●空降的企業明星不能領導公司從優秀變成卓越。十一家「從優秀到卓越」的公司中，有十家公司的執行長都是經由內部升遷而坐上這個位子，反之，對照公司選用空降部隊擔任執行長的頻率則有六倍之多。

●我們發現主管酬勞多寡和優秀公司能否變得卓越沒有系統化的關聯。我們的數據並不支持業界流行的看法：高階主管的薪酬結構是促使公司提升績效的主要驅動力。

●「從優秀到卓越」的公司和對照公司在策略上並無太大差異。兩組公司都有清楚的策略，沒有證據顯示「從優秀到卓越」的公司，比對照公司花更多時間在長程的策略規畫上。

●「從優秀到卓越」的公司並沒有把焦點全放在如何成為一家卓越的公司；他們也花時間思考應該做什麼事，以及應該停止做哪些事。

●科技帶動的變遷無法引爆從優秀到卓越的轉變過程。科技能加速改變，但是單憑科技本身，無法引發改變。

●購併無法帶動「從優秀到卓越」的轉變；兩家平庸的大企業聯姻之後，仍然無法變成一家卓越公司。

●「從優秀到卓越」的公司不怎麼在意管理變動、激勵員工，或營造團結的氣氛。當具備了充分條件時，忠誠、團結、激勵和改變的問題都不再是問題。

●「從優秀到卓越」的公司不會特別取個名字或舉辦活動來象徵轉變的過程，的確，根據報導，有的公司在當時甚至完全沒有意識到轉變的幅度，直到事後回顧時，才看清楚轉變有多大。他們透過非革命性的過程，促成了革命性的改變。

●「從優秀到卓越」的公司大半並非從事卓越的行業，有些產業甚至狀況很糟。沒有一家公司是搭順風車、在火箭一飛沖天的時候，恰好坐在上面。卓越不是靠環境造成的，卓越多半都是有意識選擇的結果。

第四階段：從混沌中釐清觀念

我很希望能簡要說明從數據、分析、辯論和「不會叫的狗」中抽絲剝繭、得出最後結論的過程，但我只能說，整個研究過程其實是個不斷反覆的循環，我們提出觀念，利用手邊的資料驗證觀念、修正觀念、構築觀念架構，眼看著架構經不起實證的考驗而被推翻、重新修改架構等。整個過程一再重複，直到我們把所有的線索和想法都統合在一個觀念架構之下。每個人多少都有一、兩個專長，而我的專長就是能在一堆雜亂無章的資訊中看出形態，在紊亂中找到秩序，從混沌中釐清觀念。

我希望再一次強調，最後得出的種種概念不代表我的「看法」。儘管這個研究或多或少仍然受到我的想法和偏見所影響，然而，最後架構中的每個發現都必須符合嚴謹的學術研究標準，研究小組才會認為有意義。這個架構中的每個主要概念，在每一家「從優秀到卓越」的公司中，都是影響改變的重要因素，但在對照公司出現的比率不到三〇%。任何觀念如果沒有辦法通過這個檢驗標準，都不會在本書自成一章。

以下就是我們的整個觀念架構和本書接下來要討論的主要內容。如果把企業蛻變的過程看成先累積實力、然後突飛猛進的過程，可以分成三個階段：有紀律的員工、有紀

圖 1-4

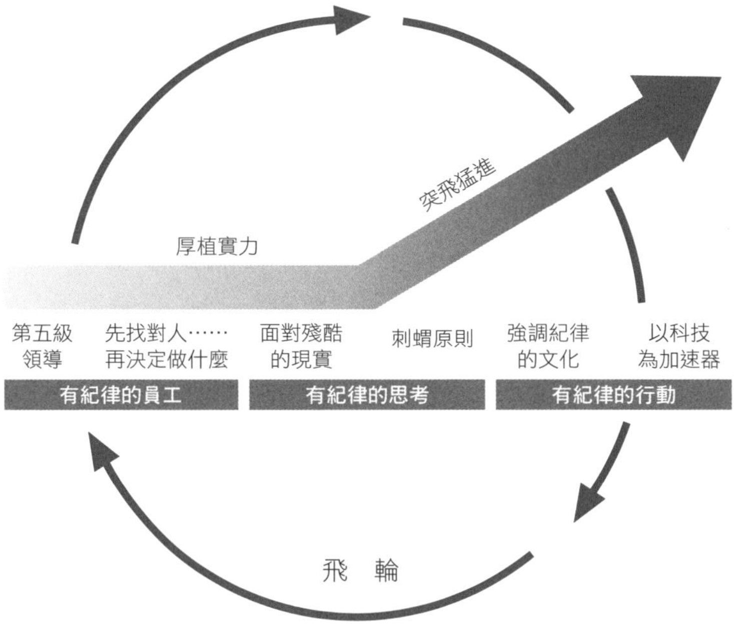

律的思考、有紀律的行動。在每個階段中，都包含了兩個重要觀念，顯示於圖1-4的架構圖中，後面章節會詳細解釋。包圍整個觀念架構的是我們稱為「飛輪」（flywheel）的觀念，這個觀念抓住了企業「從優秀到卓越」整個過程的形態。

第五級領導：當我們發現了推動改變所需的領導風格時，我們感到十分訝異，說得更貼切一點，我們覺得非常震驚。和鋒芒畢露、身兼媒體寵兒及社會名流的企業領導人比起來，這幾位執行長簡直像外星人。他們通常沉默內斂、不愛出風頭，甚至有點害羞，謙沖為懷的個人特質和不屈不撓的專業堅持齊集於一身。他們的風格比較接近林肯和蘇格拉底，而不像巴頓將軍或凱薩大帝。

先找對人，再決定要做什麼：我們原本以為「從優秀到卓越」的領導人新官上任之初，一定先提出新願景，擬定新策略，結果卻發現他們忙著找到適合的人上車，請不適任的人下車，並且把對的人放在對的位子上，然後才釐清該把車子開往哪個方向。企業界有句老生常談：「員工是你最重要的資產。」這句話其實說得不對，員工不是你最重要的資產，適合的人才才是你最重要的資產。

面對殘酷的現實，但絕不喪失信心：關於如何追求卓越，我們從當過戰俘的人身上學到的教訓，可能遠勝於討論公司策略的商業書籍所教導的內容。每個「從優秀到卓越」的公司都抱持所謂的「史托克戴爾弔詭」（Stockdale Paradox，請見第四章），一方面有充分的紀律，勇於面對眼前最殘酷的現實，但同時抱著絕不動搖的堅強信念，不管遭遇多大的橫逆，都相信自己一定能堅持到最後。

刺蝟原則：要從優秀公司蛻變為卓越公司，必須先克服「能力的詛咒」。只不過因為這是你們的核心事業（只不過因為多年來、甚至數十年來，你們一直在做這門生意），不見得表示你們一定能做得比別人優秀。如果你們的核心事業無法成為世界頂尖，公司就絕對不可能躍升為卓越企業，因此必須以能反映「三個圓圈的交集」的簡單概念來取代核心事業這概念。

強調紀律的文化：每一家公司都有自己的文化，有些公司則訂下紀律，但在文化中強調紀律的公司寥寥無幾。當員工有紀律的時候，就不再需要層層管轄；當思考有紀律的時候，就不再需要官僚制度的約束；當行動有紀律的時候，就不再需要過多的掌控。結合了強調紀律的文化和創業精神，你就得到了激發卓越績效的神奇力量。

以科技為加速器：對於科技所扮演的角色，「從優秀到卓越」的公司有著與眾不同的想法。他們從來不把科技當成驅動改變的主要力量，弔詭的是，他們往往能開風氣之先，率先應用精選的科技。我們發現，單單科技本身，永遠不是企業卓越或衰敗的主要原因或根源。

飛輪與命運環路：發動戲劇性變革和組織重整的人，幾乎無法成功推動優秀公司躍升為卓越公司。無論改革的成果多麼令人刮目相看，從優秀到卓越的蛻變過程絕對不是一蹴可幾。卓越公司不是靠一次決定性的行動、一個偉大的計畫、一個殺手級創新構想、一次好運氣或靈光一閃而造就，相反的，轉變的過程好像無休止地推著巨輪朝一個方向前進，輪子不停轉動，累積的動能愈來愈大，終於在轉折點有所突破，一躍而過。

從優秀到卓越，再到基業長青：諷刺的是，我現在倒不認為《從A到A$^+$》這本書是《基業長青》的續集，反而把它看成《基業長青》的前傳。本書談的是如何改革已經表現優異的組織，讓組織持續展現出類拔萃的績效；《基業長青》談的則是如何讓一家已經很卓越的公司永續卓越，成為典範。能夠基業長青的企業必須擁有核心價值觀，不是一心只想賺錢，並且一方面保有核心價值觀，另一方面又能不斷刺激進步。

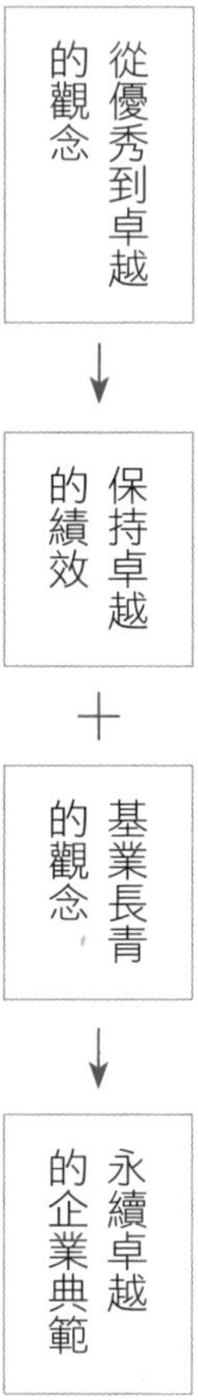

如果你已經讀過《基業長青》這本書，當你開始閱讀本書時，請先拋開腦中的疑問，不要納悶這兩個研究之間究竟有什麼關係。我在本書最後一章會回過頭來解答這個問題，說明兩者之間的關聯。

從優秀到卓越的不變定律

不久前，我在研討會中向一群網路公司主管報告研究中的發現，有人舉手發問：「你們的發現能適用於新經濟嗎？我們不是應該丟掉所有的舊觀念，一切歸零，重新起步？」由於我們生活在巨變的時代，拋出這個問題十分合理，而且經常有人提出這樣的問題，因此我希望從一開始就坦白面對。

沒錯，世界不斷在變，而且還會繼續改變下去，但這並不表示我們不應該尋找超越時間限制的通則。這樣想好了：儘管工程技術不斷進步，物理定律恆常不變。我喜歡把我們的研究想成是在探索塑造卓越組織的物理定律，找出不管周遭世界如何改變卻仍然永恆不變的通則。儘管個別的應用可能會改變（就好像工程技術會不斷進步），但組織提升績效的法則將恆常不變（就好像物理定律）。

事實上，新經濟一點也不新。過去，當人類目睹電力、電話、汽車、收音機或電晶體面世的時候，他們不也像我們今天一樣，讚嘆新經濟時代的來臨嗎？而每一次面對新經濟的時候，頂尖的領導人都能在變動中，以嚴謹的紀律堅持不變的基本原則。

有的人會指出，現今改變的規模和速度在過去前所未見。即使如此，我們的研究顯示，過去企業所面對的快速變動絲毫不遜於新經濟掀起的巨變。舉例來說，一九八〇年代初期，當美國政府放鬆管制、推動金融自由化時，銀行業在三年內徹頭徹尾地改頭換面。在銀行業眼中，當時顯然是新經濟時代！然而富國銀行（Wells Fargo）採取了本書中的各項原則，結果在金融自由化的驚濤駭浪中展現了卓越績效。

當你閱讀接下來的章節，重要的是切記：本書談的不是舊經濟，也不是新經濟，甚至談的不是你所讀到的這些公司，也無關乎企業經營；本書要談的只有一件事：從「優秀」躍升到「卓越」的恆常法則，如何才能讓優秀公司持續產出卓越的成果（無論你對成果下了什麼定義）。

我的說法可能令你大吃一驚，但我不認為我的工作是研究企業，也不認為這是一本企管書籍。我認為我的任務是找出塑造卓越組織的祕密。我很好奇優秀公司和卓越公司、卓越公司和平庸公司之間到底有哪些基本差異。我只不過恰好利用企業作為深入挖掘黑盒子的工具。而我之所以選擇企業作為研究對象，是因為上市公司具備了其他組織所沒有的兩個優點，很適合拿來作為研究對象：第一，上市公司對於績效標準有很清楚的公認定義（因此我們可以嚴謹地選擇研究樣本）；第二，他們的資料豐富，而且容易取得。

優秀是卓越之敵，這不只是企業需要面對的問題，也是人類共通的問題。如果我們解開了從優秀到卓越之謎，對於其他形態的組織應該也會有所助益。優秀的學校可能因此變成卓越的學校，優秀的報社變成卓越的報社，優秀的教會變成卓越的教會，優秀的政府機構變成卓越的政府機構，優秀公司也可以變成卓越公司。

所以，請加入這場知識的探險，一起揭開從優秀到卓越的奧祕。請盡量質疑和挑戰你在本書中學到的東西。我最欣賞的一位教授曾說過：「最優秀的學生對於教授所說的話始終半信半疑。」他說得很對，但他也說：「我們不應該只因為不喜歡資料中隱含的意義，而拒絕正視資料。」本書中的一切資料僅提供你做進一步的深思，而非盲目地接受。你既是法官，也是陪審團，就讓證據自己說話吧。

圖1-1依據的研究方法

步驟1 在每一家「從優秀到卓越」的公司轉折點之前十五年（T–15）投資一美元於這家公司，同時也投資整體股市，然後計算從公司轉折點之前十五年直到轉折點之後十五年（T+15），投資「從優秀到卓越」的公司及整體股市的累計股票報酬。如果無法取得芝加哥證券價格研究中心的數據（通常是因為這家公司當時還未上市或遭購併），以市場報酬取代公司報酬。

步驟2 針對每一家「從優秀到卓越」的公司，算出從T–15到T+15年的股票累計報酬和股市整體表現之比值，可以描繪出「累計報酬比值」的曲線圖。

步驟3 將每一家「從優秀到卓越」公司在轉折點的「股票累計報酬比值」換算為一，因此所有「從優秀到卓越」公司就有了共同的參考點——轉折點。換算方法為：將從T–15到T+15年每家公司每月的股票累計報酬和股市整體表現之比值（步驟2已算出），除以轉折點的股票累計報酬比值。

步驟4 利用換算後的股票累計報酬比值來計算T–15到T+15年十一家公司每月股票累計報酬和股市整體表現的平均比值。換句話說，就是根據步驟3算出T–15年十一家公司的平均數據，然後計算十一家公司T–15加一個月的數據，再算T–15加兩個月，以此類推，將三百六十個月的數據都算出來。因此，我們就可以描繪出對應於大盤表現的「從優秀到卓越」公司的綜合累計股票報酬曲線。

步驟5 針對每一家直接對照公司，運用與對應的「從優秀到卓越」公司同時期的數據，重複上述步驟1到3的計算。

步驟6 將直接對照公司當成一組，重複上述步驟4。

步驟7 圖1-1將顯示「從優秀到卓越」公司與直接對照公司從T−15到T+15年的累計股票報酬與大盤表現相比的狀況，並將企業轉折點作為共同的參考點，將企業轉折點上與大盤表現的比值設定為一・〇。

第二章

第五級領導

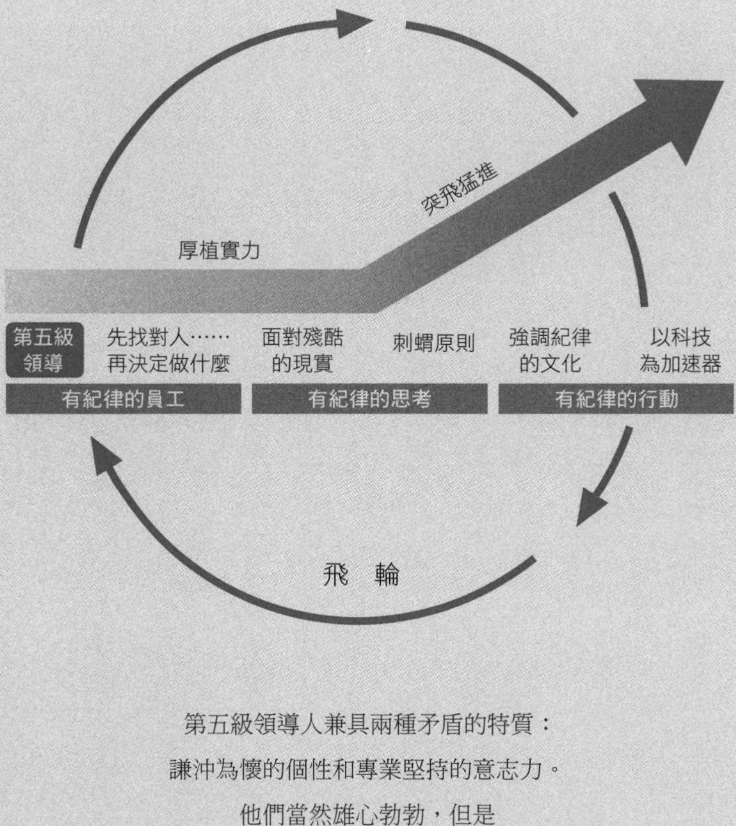

第五級領導人兼具兩種矛盾的特質：
謙沖為懷的個性和專業堅持的意志力。
他們當然雄心勃勃，但是
一切雄心壯志都是為了公司，而非自己。

一九七一年，外表毫不起眼的史密斯（Darwin E. Smith）接下了金百利克拉克公司執行長的位子。金百利克拉克是一家傳統紙業公司，過去二十年來的股票表現落後股市整體表現三六%。

溫文有禮的史密斯是金百利克拉克的內部律師，他雀屏中選時，還有點懷疑董事們會不會看走了眼。當時有一位董事特別把他拉到一旁提醒，執行長必須具備許多條件，而他並非完全夠格。無論如何，史密斯還是當上了執行長，而且一當就是二十年。

這二十年還真是非比尋常的二十年。在這段期間，史密斯領導公司脫胎換骨，金百利克拉克蛻變為全球數一數二、以紙業為基礎的消費產品公司。在他的領導下，金百利克拉克的股票表現是大盤的四．一倍，不但領先競爭對手史谷脫紙業和寶鹼，甚至也勝過可口可樂、惠普、3M和奇異等聲譽卓著的大企業（請見圖2-1、2-2）。

勇敢的決定

金百利克拉克的表現真是可圈可點，可以說是二十世紀優秀公司躍升為卓越公司的典範。但是沒有多少人聽過史密斯的名字，即使是認真鑽研管理學和企業史的學生或許都對他毫無認識，這可能正順了史密斯的意思。史密斯是個完全沒架子的主管，平日最喜歡和水電工為伍，放假時則躲在威斯康辛的農場，開著轟隆作響的曳引機，在田裡挖

圖 2-1　史密斯上任前

金百利克拉克 1951-1971 投資 1 美元的累計報酬

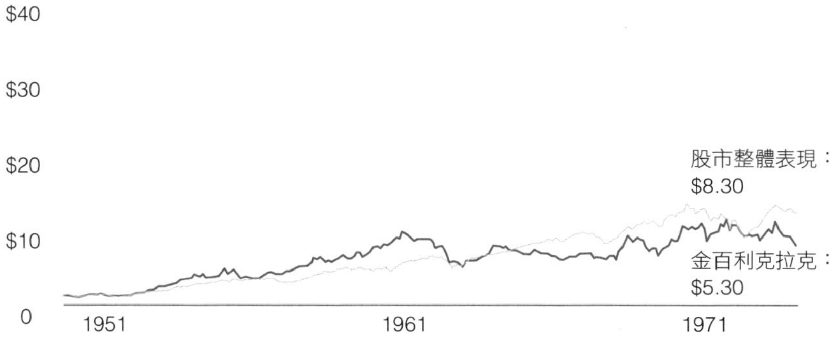

圖 2-2　史密斯擔任執行長期間

金百利克拉克 1971-1991 投資 1 美元的累計報酬

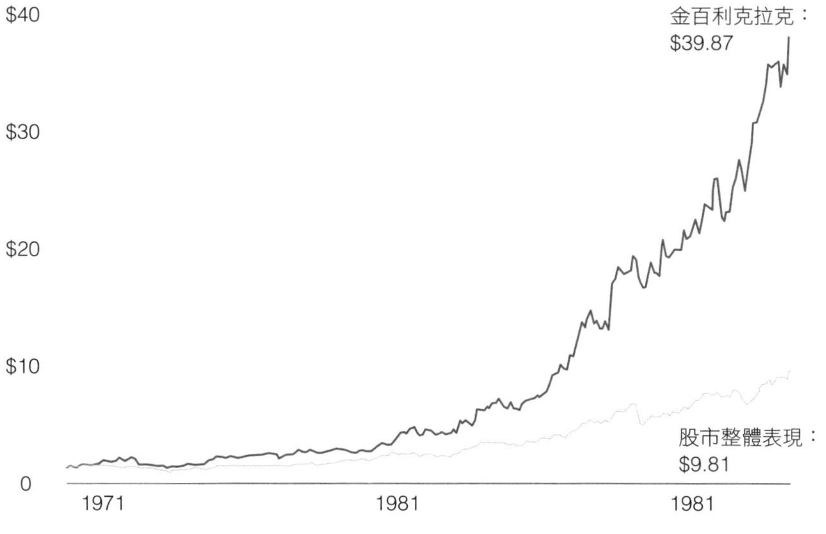

土或移開石頭。他從來不以英雄或名人自居，有位記者請他形容一下自己的管理風格，打扮得土裡土氣（好像農家男孩穿著剛從百貨商場買來的生平第一套西裝）、戴著黑框眼鏡的史密斯瞪著記者，尷尬地沉默了半晌之後，只簡單回答：「古里古怪，異於常人。」可想而知，《華爾街日報》並沒有為史密斯寫一篇令人矚目的特寫。

不過如果你因此以為史密斯是個柔順或軟弱的人，那可就大錯特錯了。他一方面拙於言辭、不善矯飾，另一方面卻有著堅忍不拔的毅力。他在美國印第安納州的農場長大，靠白天打工、晚上讀夜校，辛苦拿到了印第安納大學的學位。有一天，他在工作時不小心切斷了手指，晚上卻照常去上課，第二天也照常上工。聽起來似乎有點誇張，但史密斯顯然下定決心，不希望斷指拖慢了求學過程。於是他白天繼續做全職工作，晚上孜孜不倦地求學，大學畢業後還申請到哈佛法學院繼續進修。當上執行長兩個月後，醫生診斷他罹患了鼻咽癌，預估剩下不到一年的壽命。他坦白向董事會報告自己的健康狀況，但是也表明態度，他還沒死，也不打算這麼快就向死神低頭。於是他每天仍然把工作排得滿滿的，同時每個星期從威斯康辛飛到休士頓做放射性治療。他後來又多活了二十五年，而且大半時候都擔任金百利克拉克公司的執行長。

史密斯在整頓金百利克拉克公司時，展現了相同的決心和毅力。當時他做了一個公司史上最戲劇化的決定：賣掉紙廠。史密斯當上執行長後不久，經營團隊就發現，金百利克拉克的傳統核心事業——光面紙的經濟狀況不佳，競爭又不強，注定會表現平庸。

如果金百利克拉克貿然投入消費性紙製品的戰場，則立刻面臨寶鹼等世界級大公司的激烈競爭。因此，金百利克拉克如果不能蛻變為一家卓越的企業，就唯有滅亡一途。

於是，史密斯就像一位破釜沉舟的將軍，抱定不成功便成仁的決心，宣布賣掉紙廠。一位董事形容，他從未見過這麼勇敢的決定。他們甚至賣掉位於威斯康辛州金百利的紙廠，把賣廠收入全數下注於消費性產業，投資好奇（Huggies）和可麗舒（Kleenex）等品牌。

財經媒體都說這個決定很愚蠢，華爾街的分析師也降低了金百利克拉克的股票評等，但史密斯並不因此而卻步。二十五年後，金百利克拉克公司買下了史谷脫紙業，並在八種產品類別中的六種產品市場上都打敗了寶鹼。史密斯退休時回顧自己的輝煌戰果，只說了一句：「我一直努力不懈，希望符合這個職位的要求。」

出乎意料之外

史密斯正是我們所說的「第五級領導」的典範，結合了謙沖為懷的個性和專業上堅持到底的意志力。我們發現，每個「從優秀到卓越」的公司在轉變期都曾出現這類領導人，他們和史密斯一樣不愛出風頭，但都有強烈的決心，會盡一切努力創造卓越的公司。

第五級領導人將自我需求轉移到建立卓越公司的遠大目標上。並不是說第五級領導人沒有自我意識或不關心自我利益，實際上，他們雄心勃勃，把旺盛的企圖心投注於公司前途，而非滿足私心。

在我們的研究中，「第五級領導」是領導能力五個等級中最高的一級（請見圖2-3）。你並不需要循序漸進地從第一級爬到第五級，也可以稍後再補足下面幾級的管理能力，但是成熟的第五級領導人應該具備五個等級的管理能力。我並不打算在此詳細說明這五種等級，因為第一到第四級的管理能力似乎一看就能明白，而且其他書籍已經談了許多，我就不在此書中贅述。本章將重點放在能推動優秀公司成為卓越企業的領導人所具備的特質上，並且拿他們和對照公司的領導人相比較。

不過，首先請容許我稍稍離題，做一下背景說明。展開研究的初期，我們並不打算尋找第五級領導人或類似的特質。事實上，我還對研究小組下達了明確的指示，要他們刻意降低企業最高主管所扮演的角色，以避免業界普遍流行的過於簡化的解釋：「歸功或怪罪領導人」。今天，這種「領導能力足以解釋一切」的看法，就好比歐洲黑暗時代把一切歸諸「上帝的旨意」一樣，結果阻礙了許多以科學方法探索物質世界的嘗試。在十六世紀，民眾把不可知的一切都歸於上帝的旨意。為什麼穀物收成不好？都是上帝的旨意。為什麼會發生大地震？都是上帝的旨意。為什麼天體如此運行？都是上帝的旨

圖 2-3　領導能力的五個層級

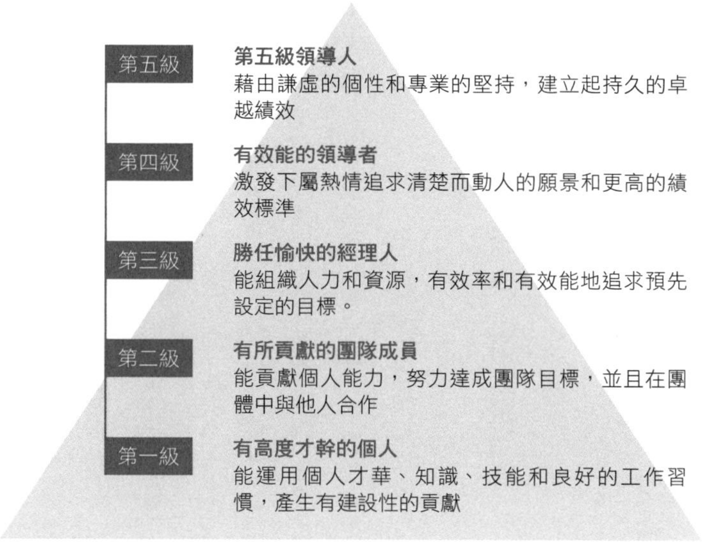
第五級
第五級領導人
藉由謙虛的個性和專業的堅持，建立起持久的卓越績效
第四級
有效能的領導者
激發下屬熱情追求清楚而動人的願景和更高的績效標準
第三級
勝任愉快的經理人
能組織人力和資源，有效率和有效能地追求預先設定的目標。
第二級
有所貢獻的團隊成員
能貢獻個人能力，努力達成團隊目標，並且在團體中與他人合作
第一級
有高度才幹的個人
能運用個人才華、知識、技能和良好的工作習慣，產生有建設性的貢獻

意。但是到了啟蒙時代，物理、化學、生物等日益發展，人類開始針對宇宙萬象尋求科學上的解釋。這並不是說人們都變成了無神論者，而是人類對於宇宙運行的方式有了更深的理解。

同樣的，每當我們把任何事情都歸因於「領導人」的時候，我們和十六世紀的民眾其實沒有什麼差別，等於承認了自己的無知。我並不是在鼓吹領導無用論（領導人確實很重要），但是每次我們兩手一攤，說：「答案一定是領導能力了！」我們等於放棄了以科學方式探討卓越公司成功奧祕的機會。

所以，我打從一開始就十分

堅持：「不要管最高主管扮演什麼角色。」但是研究小組不斷爭取：「不行！最高主管真的扮演了很特別的角色，我們不能視而不見。」我回答：「但是對照公司也有領導人，甚至也有很卓越的領導人。所以，兩者之間到底有什麼不同呢？」大家就這樣反覆爭辯。

最後還是事實勝於雄辯，數據戰勝一切。

「從優秀到卓越」的公司執行長幾乎像是一個模子刻出來的。無論他們所領導的企業專門進攻消費市場或製造工業產品、正面臨重大危機或在穩定中求發展、銷售的是商品或服務，都無關緊要；公司什麼時候開始轉型或規模有多大，也沒什麼差別。所有「從優秀到卓越」的公司在蛻變期都出現了第五級領導人，而對照公司卻普遍缺乏第五級領導人。由於第五級領導的概念違背了傳統智慧，即公司變革必須仰賴備受矚目的救星來推動，務必請切記，第五級領導是實證研究的發現，而不是空談得到的觀念。

謙虛的個性＋專業的堅持＝第五級領導

第五級領導人具備了雙重特質：宅心仁厚，但意志堅強；謙沖為懷，但勇敢無畏。想迅速了解第五級領導的概念，不妨想一想美國的林肯總統（美國歷史上具備第五級領導特質的總統寥寥無幾，而林肯則是其中之一）。林肯胸懷大志，希望能建立一個永續生存的偉大國家，他從來不會為了小我而妨礙大我。許多人誤以為他謙遜害羞的個性和笨拙的儀態正暴露了他的軟弱，但想想美國南北戰爭中投入了二十五萬南軍和三十六萬北軍（包括林肯自己）的生命，就知道這麼想真是大錯特錯。

把「從優秀到卓越」的公司領導人拿來和林肯總統相提並論，似乎想像力太豐富了點，但他們的確都擁有雙重特質。就以一九七五到九一年擔任吉列公司執行長的馬可勒（Colman Mockler）為例，馬可勒在職期間，吉列公司面臨了三次收購，蛻變為卓越公司的機會差一點因此破滅。其中有兩次是在皮爾曼（Ronald Perelman）領導下，由露華濃（Revlon）公司所發動的惡意收購；皮爾曼向來惡名遠播，喜歡把買來的公司拆成一塊塊賣掉，把賺來的錢拿來償付垃圾債券，並且進行更多的惡意收購。第三次攻擊則是由投資集團科尼斯坦（Coniston Partners）所發動，他們買下了吉列公司五・九%的股份，並且發起一場委託代理權爭奪戰，想取得董事會的掌控權後，高價出售吉列公司，獲取暴利。如果吉列公司照皮爾曼提出的價碼出售，股東立刻可以從賣掉持股獲得四四%的高報酬率。眼看吉列公司總共一億一千六百萬股的股票短期內就能換來二十三億美元高獲利，大多數主管都會不戰而降，拿股票換現金，數百萬美元先落袋為安，並領走豐厚的優惠離職報酬金再說。

儘管賣掉手中持股之後，馬可勒也可以大賺一筆，但他沒有這麼做，反而選擇為吉列公司的未來而奮戰。馬可勒是個沉默寡言、溫文有禮的紳士，甚至帶著一種優雅的貴族氣息。但如果你誤把馬可勒的沉默視為示弱，最後必定會成為他的手下敗將。在與科尼斯坦的委託代理權爭奪戰中，吉列公司的高級主管親自出馬，一一拜訪或打電話給成千上萬名投資人以爭取支持，終於贏得最後的勝利。

你可能認為：「但是，聽起來很像是自私的企業主管為了追求自我利益，而犧牲了股東權益。」表面上看起來似乎如此，但請考慮兩個重要的事實。

第一，馬可勒和他的經營團隊放手一搏，把公司的前途完全下注在投入龐大資金發展的創新科技產品——感應式刮鬍刀上（後來取名為感應刀〔Sensor〕和鋒速3〔Mach 3〕）。如果惡意收購成功的話，新產品研發計畫幾乎一定會胎死腹中，那麼我們就無福享受到感應刀、女用感應刀和鋒速3的便利，地球上幾億男士每天都得繼續和臉上的鬍渣搏鬥。

在收購戰中，儘管感應式刮鬍刀的研發計畫預告了未來會有高獲利，卻還沒有反映在當時的股價上，因為這是一個祕密計畫。也正因為了解新產品的潛力，馬可勒和董事會深信未來吉列公司的股價必定會大幅超越目前的水準，甚至超越收購者提出的價碼。把公司賣掉或許討好了炒短線的人，對長期投資的股東卻完全沒有盡到應有的責任。

最後的結果證明，馬可勒和董事會是對的。如果接受了皮爾曼在一九八六年十月三十一日的出價，以四四％的溢價賣掉股票，然後把錢全部投資在股市，十年後，到了一九九六年底，和緊抱著吉列公司股票不賣的報酬比起來，所獲得的報酬還不到後者的三分之一（請見圖2-4）。的確，如果馬可勒向惡意收購者豎白旗投降，在幾百萬美元落袋

圖 2-4 馬可勒的勝利

投資 1 美元的累計報酬，1976-1996
吉列股票和收購價格、股市整體表現相比較

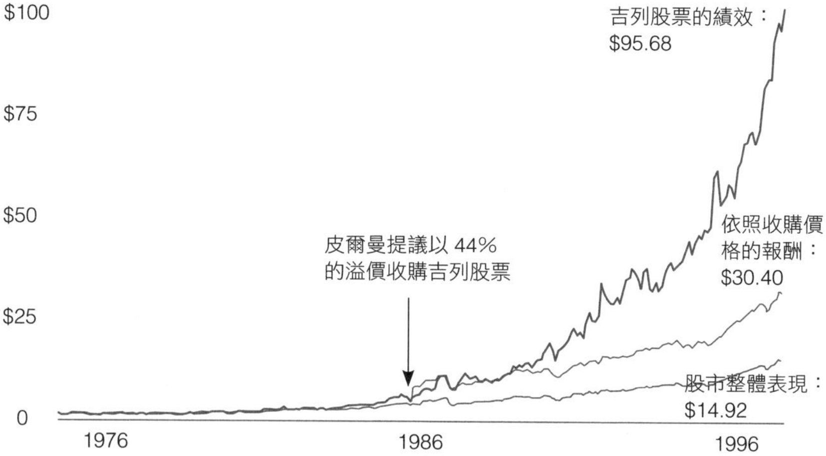

這張圖顯示投資人在以下情境中所能得到的報酬：

1. 投資 1 美元於吉列公司股票，1976 年 12 月 31 日買進後持股到 1996 年 12 月 31 日。
2. 投資 1 美元於吉列公司股票，在 1976 年 12 月 31 日買進，但隨後在 1986 年 10 月 31 日溢價 44.44%賣給皮爾曼，接著把獲得的資金投入整體股市。
3. 投資 1 美元於整體股市，從 1976 年 12 月 31 日一直持股到 1996 年 12 月 31 日。

後就退休大享清福，那麼無論對吉列公司、吉列的顧客和股東而言，都是一大損失。

悲哀的是，後來馬可勒並沒有享受到辛苦耕耘的果實。一九九一年一月二十五日，吉列主管收到《富比士》（*Forbes*）雜誌尚未出刊的當期雜誌，封面上畫著馬可勒站在山頂，擺出勝利的姿態，手中一把巨大的刮鬍刀高舉過頭，山坡上則散布著哀哀呻吟的敗軍。主管紛紛取笑馬可勒被畫得好像企業版的「凱旋者科南」(Conan the Triumphant)，顯然害羞的馬可勒拒絕為封面拍照，雜誌社只好以漫畫方式表現。看到十六年來的努力終於獲得社會肯定的幾分鐘後，馬可勒回到辦公室，卻旋即蜷縮在地板上，因為嚴重的心臟病發而猝逝。

我不知道馬可勒是否有意選擇了鞠躬盡瘁這條路，但我很確定不管怎麼樣，他都不會改變做事的方法。他的個性柔中帶剛，努力想把每一件事都做到盡善盡美，他也不是為了可能得到的收穫而辛苦耕耘，他之所以努力不懈，完全是因為他無法想像還有其他的做事方式。在他的價值觀中，絕不可能挑選容易走的路，把公司草率地交給一心想從中榨取暴利的人，而摧毀了吉列公司蛻變為卓越企業的機會，就好像林肯總統不可能輕易求和，喪失了建立偉大國家的契機。

選好接班人

麥克斯威爾（David Maxwell）在一九八一年接任房利美執行長的時候，房利美每天賠一百萬美元。接下來的九年裡，房利美在麥克斯威爾手中改頭換面，媲美華爾街最佳公司的高績效文化，每天賺進四百萬美元，股票績效是大盤的三・八倍。麥克斯威爾選擇在事業達到巔峰時功成身退，深恐自己在位太久，反而對公司有害無益，交棒給同樣能幹的接班人強森（Jim Johnson）。不久之後，麥克斯威爾的退休金成為國會殿堂爭論的焦點（由於房利美的經營績效太好了，麥克斯威爾的退休金價值兩千萬美元），於是他寫了一封信給接班人強森，表示他很擔心美國政府會因為退休金爭議，採取不利於房利美的措施，危及公司前途。他要求強森終止給付剩餘的五百五十萬美元退休金，把錢全部捐給協助解決低收入家庭住屋問題的房利美基金會。

麥克斯威爾和史密斯、馬可勒一樣，都展現了第五級領導人的重要特質：將個人名利置之度外，處處以公司的成功為念。第五級領導人希望看到公司能延續到下個世代還很成功，即使大多數人並不知道成功的背後其實是靠他們當年流下的汗水鋪出坦途也無妨。正如一位第五級領導人所說：「希望有一天，我能站在世界頂尖的卓越公司陽台上遠眺，並且很驕傲地說：『我曾經在這裡工作。』」

反之，對照企業的領導人重視個人名位甚於其他，因此往往沒有辦法預先妥善安排接班計畫，讓公司世代交替後依然成功。畢竟，假如領導人一退位公司就垮了，不是更證明了他的偉大嗎？

我們發現，在四分之三的對照公司中，最高主管不是原本就有意讓接班人失敗，就是挑選了軟弱的接班人，或兩者皆是。

有的人患了「最大的狗」症候群，即只要自己是最大的那隻狗就好了，狗窩裡還有哪些狗，他們完全不在乎。據說，有一位對照公司的執行長對待接班人選的態度，就好像「亨利八世對待眾多妃嬪」一樣。

以樂柏美公司（Rubbermaid）為例。才不過幾年光景，樂柏美公司就從沒沒無聞的小公司快速竄起，躋身為美國《財星》雜誌年度調查中聲望最高的公司，但是好景不長，過沒多久樂柏美就每下愈況，最後為了生存，只好賣給紐威爾公司（Newell）。當時一手將樂柏美推上巔峰的領導人是才華洋溢、魅力十足的高爾特（Stanley Gault）。一九八〇年代後期，只要談到樂柏美的成功，幾乎一定會提到高爾特。在三百一十二篇關於樂柏美的報導中，記者筆下的高爾特是個野心勃勃、自我中心的企業主管。在其中一篇報導裡，當有人指控他像個獨裁者時，高爾特的回應是：「沒錯，但我是個真誠的獨裁者。」他在另外一篇文章中談到領導變革時，「我」這個字總共出現了四十四次之多（「我能帶動變革」、「我寫下第十二個目標」、「我向大家說明目標」），而「我們」卻只出現十六次。高爾特的經營管理能力絕對值得自豪，當時他領導樂柏美創下連續四十季收益成長的佳績，表現實在亮眼，也值得敬佩。

但是，高爾特並沒有設法讓公司在沒有他的情況下仍然持續保持卓越。他挑選的接班人只在位短短一年就下台鞠躬。由於高爾特留下的經營團隊太弱，接下來的繼任者在找到能幹的副手之前只好身兼四職。高爾特的繼任者發現，樂柏美公司不只缺乏管理人才，也沒有好的策略，終於日漸走下坡。

當然，你可能會說：「沒錯，樂柏美在高爾特離開後就垮了，但這不就正好證明了他是個偉大的領導人嗎？」完全正確！高爾特的確是個很棒的第四級領導人，或許是過去五十年來最傑出的第四級領導人之一。但他絕對稱不上第五級領導人，樂柏美公司在他手中從優秀公司蛻變為卓越公司，卻只是曇花一現，然後就從一家卓越的公司迅速變得不值一提。

天生謙卑

我們感到非常訝異的是，和極端自我中心的對照企業領導人比起來，「從優秀到卓越」的公司領導人幾乎很少談到自己。當我們訪問這些領導人時，他們會大談公司的成就和其他主管的貢獻，但是一談到自己的功勞時，他們立刻岔開話題。當我們逼迫他們談談自己，他們會說：「我希望我不會把自己說得太了不起。」或「如果不是董事會挑選了能幹的接班人，今天你很可能根本不會在這裡訪問我。」或「我有很大的功勞嗎？這樣太往自己臉上貼金了吧！我不認為自己的功勞有這麼大，我們很幸運，能和一群很棒的人一起工作。」或「如果換成別人坐上我的位子，你會發現我們公司有一票人都會表現得比我好。」

他們不是忸怩作態、假裝謙虛。曾和這類領導人共事的人或採訪過他們的記者，都一再用安靜、謙虛、矜持、優雅、溫和、低調、不愛出風頭之類的形容詞來描述他們。紐可公司執行長艾佛森（Ken Iverson）曾把公司從破產邊緣挽救回來，並且成功地把紐可改革成為全球頂尖的鋼鐵公司。紐可公司的董事拉瓦錫克（Jim Hlavacek）如此形容艾佛森：

> 他是個非常謙虛的人。我曾在許多大企業領導人的手下做事，卻從未見過其他人在成功之後還能保持這樣的態度。而且他平日生活也是這麼純樸、簡單。例如他的狗都是在流浪動物之家領養回來的；他家是一棟住了幾十年的老房子；還有一天，他向我抱怨，由於用信用卡來刮掉車窗上結的霜，結果竟然把信用卡折斷了。我跟他說：「你知道嗎，有個辦法可以解決這個問題，就是加蓋個車房給你停車。」而他說：「噢，不必了，沒有那麼嚴重……」他就是這麼樸實的人。

由於《財星》五百大企業中，只有十一家公司完全符合我們的標準，這十一位「從優秀到卓越」公司的執行長簡直是二十世紀最傑出的企業領導人。儘管他們都有傑出的經營績效，卻幾乎沒沒無聞！坎恩（George Cain）、沃澤爾（Alan Wurtzel）、麥克斯威爾、馬可勒、史密斯、賀陵（Jim Herring）、埃佛林罕（Lyle Everingham）、庫爾曼（Joe Cullman）、艾倫（Fred Allen）、華爾格林（Cork Walgreen）、瑞查德（Carl Reichardt），在這群非凡的企業主管中，你聽過誰的名字嗎？

我們有系統地分析蒐集到的五千九百七十九篇文章，結果發現在轉變期中，關於對照公司的報導反而比較多，是「從優秀到卓越」公司的兩倍。而且，我們幾乎沒有看到有什麼報導把焦點放在「從優秀到卓越」公司的執行長身上。

「從優秀到卓越」公司的領導人從來不想變成萬眾矚目的英雄人物，也絲毫不渴望成為備受尊崇的偶像，他們只是默默達成了非凡績效的凡夫俗子。

這和有些對照企業的領導人恰好成了鮮明的對比。金百利克拉克的對照公司——史谷脫紙業，聘請了鄧拉普（Al Dunlap）擔任執行長，鄧拉普和史密斯的行事風格截然不同。鄧拉普會用力拍胸脯，大事宣揚自己的豐功偉業。美國《商業週刊》（*Business Week*）訪問他時，他誇口：「史谷脫的故事將會在美國企業史上好好記一筆，史谷脫將變成美國最成功、最快轉敗為勝的公司，令其他公司相形失色。」

根據《商業週刊》的報導，鄧拉普在史谷脫紙業任職六百零三天，拿到的酬勞高達一億美元（等於每天賺十六萬五千美元），而他的收入主要來自於裁員、腰斬研發預算，拚命推動高成長，好讓公司賣到好價錢。等到公司真的賣掉了、幾百萬美元也進了口袋，鄧拉普出版了一本自傳，在書中自比為藍波：「我很愛看藍波的電影。他總是能絕處逢生、反敗為勝。藍波每次都陷入絕望的處境中，隨時可能命喪九泉，但他總能死裡逃生、剷除壞蛋，贏得最後勝利，創造了和平。我的工作也正是如此。」史密斯可能也愛看不需大腦的藍波電影，不過我猜他走出戲院時，絕不會和太太說：「你知道嗎，我真的和藍波很像，他讓我想起自己。」

在我們研究的公司中，史谷脫紙業的確算是比較戲劇化的故事，卻不是絕無僅有的例子。我們注意到，在對照組中，有三分之二的公司領導人都非常自大，公司因此分崩離析或始終表現平平。

我們還發現，這種形態在未能長保卓越的公司身上特別顯著。這類公司通常在才幹出眾、極端自我中心的企業主管領導下，在經營績效上有極大的突破，但後來逐漸走下坡。例如美國企業史上最有名的反敗為勝故事，就是艾科卡（Lee Iacocca）當年如何挽救大難當頭的克萊斯勒汽車公司（Chrysler）。在艾科卡掌舵期間，克萊斯勒的股價表現是大盤績效的二．五倍。然而這時艾科卡的注意力開始分散，企圖將自己塑造為美國企業發展史上最著名的執行長。根據《投資人商業日報》（*Investor's Business Daily*）和《華爾街日報》的記載，當時艾科卡經常出現在《今天》（*Today*）和《賴瑞金現場訪談》（*Larry King Live*）等談話節目上，還擔任八十幾部廣告片的明星，對於競選美國總統，更是躍躍欲試（新聞報導中曾引用他的話：「經營克萊斯勒公司比治理國家更困難……我可以在六個月內讓美國經濟上軌道」），同時他還四處推銷自傳。艾科卡的自傳《反敗為勝》（*Iacocca*）賣了七百萬冊，他變得好像搖滾明星般炙手可熱，當他抵達日本訪問時，幾千名讀者蜂擁而至，歡聲雷動。艾科卡個人身價暴漲，但是在他的後半段任期中，克萊斯勒公司逐漸沒落，股票表現落後大盤三一％。

悲哀的是，艾科卡遲遲不肯放下執行長的權杖，離開舞台中心。他屢次延後退休，克萊斯勒的員工開始拿這件事情開玩笑，說艾科卡的英文拼音真正的意思是「我永遠都是克萊斯勒公司的董事長」（I Am Chairman of Chrysler Corporation Always）。等到他終於退休時，他還要求董事會繼續提供私人噴射機和股票選擇權。後來，他甚至和著名的購併專家科寇里安（Kirk Kerkorian）合作，企圖惡意購併克萊斯勒。

艾科卡退休後頭五年，克萊斯勒短暫恢復了昔日的光彩，但公司積弱已深，最後還是賣給了德國車商戴姆勒賓士公司（Daimler-Benz）。當然，克萊斯勒的沒落不能完全怪罪艾科卡（把公司賣給德國人是由接班的經營團隊所決定），但不可磨滅的事實是，艾科卡在一九八〇年代初期轉敗為勝的輝煌戰果並不持久，克萊斯勒沒能成為一家恆久卓越的公司。

做該做的事，絕不動搖

很重要的是，必須充分明白，第五級領導的內涵並不只是謙虛而已，同時還包含了不屈不撓的毅力，決心盡一切努力推動公司邁向卓越。

的確，研究小組曾為了如何描繪「從優秀到卓越」的企業領導人特質而激辯許久。起初我們寫下了「無私的企業主管」、「服務他人的領導者」等名詞，但研究小組成員強烈反對這些特質。

齊利科斯（Anthony Chirikos）說：「這些標籤聽起來都不對勁，不是把他們說得太軟弱，就是太溫和了，但是在我的觀察中，史密斯和馬可勒的形象完全不是這樣。他們幾乎願意盡一切努力讓公司變卓越。」

伊芙・李（Eve Li）接著提議：「我們為什麼不直接稱他們為『第五級領導人』？如果我們為他們貼上了『無私的』、『為他人服務』等標籤，會給別人完全錯誤的印象。我們必須讓大家看到銅板的兩面，認識完整的概念。如果你只看到謙虛這一面，就曲解了整個概念。」

第五級領導人有極其強烈的企圖心，而且無可救藥地需要看到具體成果。為了讓公司變卓越，他們在必要時甚至不惜賣掉工廠或開除親兄弟。

當坎恩當上亞培藥廠的執行長時，亞培在製藥業的排名遠遠落後。亞培當時暮氣沉沉，多年來就只依賴金牛產品紅黴素（erythromycin）為生。坎恩缺乏天生的領導魅力，沒有辦法立刻讓公司顯得朝氣蓬勃，但他有個更有力的工具：提高標準。他無法忍受任何形式的平庸，而且完全無法忍受別人把「優秀」當做可以接受的標準。坎恩開始大刀闊斧地改革導致亞培平庸的主因：裙帶關係。他有計畫地重組董事會和經營團隊，網羅最優秀的人才，和所有人說得一清二楚，挑選重要主管時的考慮不再是家族淵源和年資深淺，如果你無法在負責的領域內成為同行間最出色的主管，那麼就要準備捲鋪蓋走路。

我們通常都預期外部延攬的空降部隊才會進行如此嚴苛的改革，但坎恩已經在亞培藥廠服務十八年，而且還是前任亞培總裁的兒子。可以想見那幾年，他參加家族假日聚餐時的氣氛一定很緊張（「真是對不起，我不得不請你走路。還想再來一片火雞肉嗎？」）。但是，因為坎恩點燃了亞培的成長引擎，後來家人親戚都對亞培股票的獲利狀況很滿意，從一九七四到二〇〇〇年，亞培的股票報酬率是大盤的四．五倍，連製藥業的超級明星默克和輝瑞（Pfizer）都瞠乎其後。

亞培的直接對照公司普強也是由家族掌控的企業，但在同一段時期，普強的執行長卻沒有決心打破裙帶關係，提振營運績效。當亞培網羅的一流人才都已各就各位、擔任重要主管時，普強所有關鍵職位仍然充斥著只能算二流人才的家族成員。在亞培開始轉敗為勝的那一年，兩家公司的股票表現幾乎無分軒輊，但接下來的二十一年，普強的股票表現落後亞培八九％，後來終於在一九九五年被併入法瑪西亞製藥公司（Pharmacia）。

有趣的是，史密斯、馬可勒、坎恩都是經由內部升遷而擔任執行長。相反的，高爾特、鄧拉普和艾科卡則是從外部敲鑼打鼓延攬來的救星。這正好反映了研究中的系統化發現：證據顯示，要從優秀公司蛻變為卓越公司，外來的和尚不見得比較會唸經。事實上，我們的研究顯示，從外面延攬著名的企業明星來推動改革和公司在改革後能否持續表現得出類拔萃，其實有負向關聯（請見附錄2A）。

在十一家「從優秀到卓越」的公司中，有十家公司的執行長是從內部升遷，其中更有三位是承接家族企業。對照企業尋求外援的頻率則高達六倍，但無法產生持續的效果。

華爾格林三世（Charles R. "Cork" Walgreen 3d，暱稱「寇克」）就是由內部推動變革的好例子，從一九七五到二〇〇〇年一月一日，華爾格林公司在他手中脫胎換骨，股票表現凌駕大盤十五倍。華爾格林三世和公司主管針對食品服務業務討論和爭辯了許久之後，經營團隊終於看清一個事實：華爾格林公司的前途完全繫於便利藥店，而非餐飲業。一九九八年繼任執行長的喬恩特（Dan Jorndt）描述了接下來發生的情況：

有一次規畫委員會開會時，寇克（華爾格林三世）說：「好，我現在要開始在沙地上畫線了，未來五年內，我們要完全撤出餐飲業。」當時，華爾格林公司還擁有五百多家餐廳，會場上一片安靜，幾乎聽得到針掉落地面的聲音。寇克說：「我希望每個人都明白，已經開始倒數計時了……」六個月後，我們又聚在一起開規畫會議，有個傢伙隨口提到，我們只剩下五年時間就得退出餐飲業。寇克不是那種愛大聲嚷嚷的人，他只是輕輕敲一下桌子，然後說：「聽好，你們只剩下四年半的時間了。我在六個月前說你們有五年時間，現在只剩下四年半了。」第二天，大家才真的動了起來，開始想辦法逐步脫手餐飲業。他從不動搖，從不懷疑，從不在事後放馬後砲。

就好像金百利克拉克的史密斯賣掉工廠一樣，寇克的決定也需要不屈不撓的決心。我這麼說，倒不是因為餐飲業是華爾格林公司最主要的事業（儘管餐飲業的確貢獻了可觀的利潤），真正的問題其實是情感因素。畢竟麥芽奶昔是華爾格林家族發明的，從寇克的祖父那一代以來，經營餐飲業一直是家族傳統，有的餐廳甚至直接以公司執行長的名字命名，例如有一家連鎖餐廳就叫寇克餐廳。無論如何，如果為了集中資源，華爾格林公司必須打破長遠以來的家族傳統，發展最有把握成為世界頂尖的事業（便利藥店），那麼寇克願意這樣做，而且他會靜靜地、執著地、簡單俐落地完成目標。

第五級領導人不只在做重大決策時（例如把餐飲業整個賣掉或對抗惡意購併者），

會顯露這種安靜而執著的特質，他們還具備了苦幹實幹、努力不懈的個人風格。第二代企業家沃澤爾就充分展露這種特質，他接手後，把家族經營的小公司變成連鎖電器商店——電路城（Circuit City）。曾經有人問他，他和對照公司的執行長有什麼不同，沃澤爾的結論是：「表演的馬和耕田的馬不同；他比較像一匹表演馬，而我比較像耕田馬。」

「窗子和鏡子」心態

如果考量另外兩件事，就會覺得沃澤爾的耕田馬比喻十分有趣。首先，沃澤爾擁有耶魯大學法律學位，所以顯然不是因為他智商低，所以生性比較像耕田馬。其次，他好像耕田馬般苦幹實幹的作風，創造了真正出色的結果。這樣說好了，如果在傳奇英雄威爾許（Jack Welch）接掌奇異公司那天開始，你必須投資一塊錢在股票上，然後一直持股不賣，直到二〇〇〇年一月一日，你究竟會把錢拿來投資電路城還是奇異公司呢？結果押注在電路城還比較划算，報酬率是奇異的六倍。對一匹耕田馬來說，成績還真是不錯。

你可能以為，締造了超凡的成績後，沃澤爾可能會談一談精彩的決策過程。但是，當我們要求沃澤爾依照重要性列出五個公司轉型成功的關鍵因素時，他的答案令我們大吃一驚，他說：最重要的原因是運氣好。「我們正好選了一個很棒的行業，而且風向也正好往這邊吹。」

我們對沃澤爾說，獲選的「從優秀到卓越」的公司表現都超越同業的平均水準。而且對照公司（塞羅）也同在這個行業中，並且同樣順風而行，他們的風帆甚至更巨大，表現卻大為遜色！我們爭辯了幾分鐘，沃澤爾仍然堅持他的成功主要是因為占盡天時地利。後來我們請他討論一下為什麼公司轉型成功之後仍能持續保持卓越的績效時，他說：「我腦子裡首先想到的是運氣好……我很幸運，找到適當的接班人。」

運氣，這個因素真是奇怪極了，但我們所訪問的「從優秀到卓越」公司領導人卻不斷提到運氣。我們訪問紐可鋼鐵公司執行長，問他為什麼公司做了這麼多好的決策，他回答：「我想我們只不過是運氣好罷了。」菲利普莫里斯公司執行長庫爾曼直接拒絕別人把公司成就歸功於他，只說自己很幸運，有優秀的同事、優秀的接班人，前任執行長也十分傑出。即使是他自己寫的書，都把書名取為《我是個幸運的傢伙》（*I'm a Lucky Guy*）（同事極力勸說他寫這本書，但他從來不打算讓這本書在公司以外的地方廣泛流傳）。這本書的第一段劈頭就說：「自從呱呱墜地，我就是個非常幸運的傢伙：我的父母好得不得了，遺傳給我很好的基因，我談戀愛時很幸運，做生意的運氣也特別好，更幸運的是，在一九四一年初，我在耶魯的同窗把我的召集令更改為到華盛頓報到，而不是到軍艦報到，結果那艘軍艦後來在北大西洋沉船，船員全部喪生，我很幸運能加入海軍，更幸運的是，我到了八十五歲還活著。」

起初，他們如此強調運氣，令我們大惑不解。我們完全找不到任何證據，顯示「從優秀到卓越」的公司的確運氣比對照公司好（或運氣比較差）。後來，我們注意到對照組的企業領導人恰好相反的特質：他們喜歡怪罪運氣不好，經常感嘆大環境太差，使他們面臨許多經營上的困難。

就以伯利恆鋼鐵公司和紐可公司來比較。兩家公司都面臨廉價進口鋼鐵的激烈競爭，但兩家公司主管面對相同的經營環境時，反應卻南轅北轍。伯利恆鋼鐵的執行長在一九八三年把公司的困境完全歸咎於進口鋼鐵：「我們第一、第二、第三個問題都是進口鋼鐵。」紐可公司的艾佛森和部屬則把進口鋼鐵的挑戰視為一種福氣和幸運。（「我們真是幸運，鋼鐵這麼重，他們還得遠渡重洋、千里迢迢地把鋼鐵運來，讓我們占了很大的優勢。」）艾佛森認為，美國鋼鐵業所面對的第一、第二和第三嚴重的問題都不是進口鋼鐵的競爭，而是管理問題。他甚至公開反對政府採取保護措施，限制鋼鐵進口。他在一九七七年某次會議中，告訴一群聽得目瞪口呆的鋼鐵業主管：美國鋼鐵業真正的問題在於，管理階層沒有辦法跟上科技創新的腳步。

我們後來根據這種強調運氣的特質，歸納出「窗子和鏡子」的心態。

在順境中，第五級領導人會往窗外看，把功勞歸於（自己除外的）其他因素（如果他們找不到可以歸功的同事或事件，就會說全都是運氣好的緣故）。同時，當遇到橫逆時，他們會照鏡子，反省自己應該負的責任，絕不把一切歸咎於運氣不好。

對照公司的領導人則恰好相反。公司表現不好的時候，他們往窗外看，尋找代罪羔羊；但公司發展一帆風順的時候，他們就沾沾自喜，站在鏡子前面，覺得一切都是自己的功勞。奇怪的是，窗子和鏡子都不會反映客觀的現實。窗外每個人都拚命往裡面指著第五級領導人，說：「他就是關鍵人物，如果沒有他的指引和領導，我們不會成為一家卓越的公司。」第五級領導人則立刻指著窗外說：「看看這些人才多麼優秀呀，我們的運氣也真好，否則這一切都不可能發生，我真是個幸運的傢伙。」當然，雙方的看法都正確，但第五級領導人永遠不肯承認這個事實。

培養第五級領導人

不久前，我和一群企業高階主管分享關於第五級領導人的種種發現，有一位剛升任執行長的女士舉手發問：「我相信你對『從優秀到卓越』公司領導人的看法都很正確，但我覺得很困擾，因為我照鏡子時，很清楚我不是第五級領導人，至少目前還不是。我之所以能坐上這個位子，有一部分是因為我的企圖心很強。但你的意思是不是說，如果我不是第五級領導人，我就不可能帶領公司變成卓越？」

「我不敢肯定地說，如果要讓公司變卓越，你非得是第五級領導人不可。我只能讓數據說話：在我們最初的樣本——曾經名列《財星》五百大排行榜上的一千四百三十五家企業中，只有十一家公司通過嚴苛的檢驗，成為我們的研究對象。而這十一家公司裡，在轉折的關鍵時刻，第五級領導人全都擔任公司重要主管，包括執行長。」

她坐在那裡沉默半晌，你可以感受到房間裡每個人心裡都在催促她問那個問題。最後，她終於問：「那我們能不能透過學習成為第五級領導人？」

我的假設是：世間有兩種人，一種人毫無慧根，不可能成為第五級領導人；另一種人則有慧根。第一種人永遠不會犧牲小我、完成大我，對這種人而言，工作最重要的意義在於獲得名聲、財富、權力等，而不是藉著工作而建立、創造或貢獻什麼。

最大的諷刺是，通常一個人能夠位高權重是因為他積極進取、野心勃勃，但這和第五級領導所要求的謙虛性格背道而馳。再看一個事實：董事會往往誤以為一定要從外界引進自大的明星企業家，才有辦法把組織改造為卓越公司。從以上種種不難明白，為什麼一般組織中很少看到第五級領導人。

第二種人（我猜這種人數目比較多）則有變成第五級領導人的潛力，但目前還像一塊未被發掘的璞玉。在適當的環境下，例如透過自省、有意識的自我開發、有好的精神導師、慈愛的雙親，或有意義的人生經驗，或老闆是第五級領導人，或其他任何因素，他們就可以開始發揮潛力。

表 2-1　總結：第五級領導的兩個面向

專業的堅持	謙虛的個性
創造非凡的績效，促成企業從優秀邁向卓越。	謙沖為懷，不愛出風頭，從不自吹自擂。
無論遇到多大困難，都不屈不撓、堅持到底，盡一切努力追求長期最佳績效。	冷靜沉著而堅定；主要透過追求高標準來激勵員工，而非藉領袖魅力來鼓舞員工。
以建立持久不墜的卓越公司為目標，絕不妥協。	一切雄心壯志都是為了公司，而非自己；選擇接班人時，著眼於公司在世代交替後會再創高峰。
遇到橫逆時，不望向窗外，指責別人或怪罪運氣不好，反而照鏡子反躬自省，承擔起所有責任。	在順境中，會往窗外看，而非照鏡子只看見自己，把公司的成就歸功於其他同事、外在因素和幸運。

在分析研究的時候，我們注意到，有些領導人曾在經歷重大的人生考驗後變得更加成熟。史密斯罹患癌症之後，潛力完全被激發出來；二次大戰時的從軍經驗深深影響了庫爾曼，尤其因為最後一分鐘命令更改而得以倖免於難的機遇，更令他刻骨銘心。虔誠的宗教信仰或皈依的經驗也可能影響第五級領導力的發展。例如，馬可勒在哈佛大學拿到MBA學位後，成為基督教福音教派的信徒，根據《吉列傳奇》（*Cutting Edge*）這本書的描述，馬可勒後來成為波士頓企業主管團契中的靈魂人物，他們經常舉行早餐會，討論如何將基督教的價值注入企業生命中。但其他領導人則沒有明顯催化劑，他們像正常人一樣生活，最後卻爬到第五級領導人的高峰。

我相信（儘管我無法證實）有潛力的第五級領導人在我們的社會中十分普遍。依照我的估計，問題不在於第五級領導人不足，如果我們知道該尋找什麼樣的特質，就會發現第五級領導人其實到處都看得到。那麼，到底該尋找什麼樣的特質呢？看看周遭有哪個部門展現了非凡的成果，卻沒有人宣稱自己的功勞最大，你很可能就找到潛在的第五級領導人了。

為了促進自我發展，我很希望能夠提供幾個步驟，教你如何成為第五級領導人，但是恐怕我們的研究資料還不足以歸納出這些步驟。我們的研究顯示，在藏著從優秀到卓越祕密的黑盒子裡，第五級領導是關鍵要素。然而，那個黑盒子裡還藏著另外一個黑盒子，就是如何成為第五級領導人的祕訣。我們可以猜測黑盒子裡藏了什麼東西，但僅止於此，一切純屬臆測而已。所以，簡單的說，第五級領導是個重要觀念，要推動優秀公司轉型為卓越公司，第五級領導或許是根本概念。「邁向第五級領導的十個步驟」這類清單，反而會令這個概念庸俗化了。

根據研究結果，我能提出的忠告唯有從現在開始演練我們發現的「從優秀到卓越」所需的紀律。我們發現第五級領導和其他發現之間有共生關係。另一方面，第五級領導人的特質有助於執行其他發現；而演練其他發現也能幫助你成為第五級領導人。這麼說好了，本章討論的是究竟何為第五級領導，本書的其他部分則會討論第五級領導人的做法。遵循這些做法來領導公司，能幫助你踏上正確的方向。我不能保證這麼一來你就能成為第五級領導人，卻是個很好的起點。

我們也沒有辦法估計，究竟有多大比例的人具備這種慧根，或其中有多少人能後天培養出第五級領導的特質。即使是研究小組中率先發現第五級領導特質的研究人員，都不清楚我們自己有沒有辦法成為第五級領導人，但所有參與研究的人都大受鼓舞。史密斯、馬可勒、沃澤爾和其他第五級領導人都成為我們的榜樣。無論我們是否能成功登上第五級，這樣的努力都很值得。因為就好像所有發揚人性光輝的真理一樣，當我們領受到真理時，就會知道自己的生命和周遭的生命都將因此變得更美好。

本章摘要

第五級領導

重點

- 每一家「從優秀到卓越」的公司在關鍵轉變期中，都出現第五級領導人。
- 「第五級」指的是管理能力的五個層級中最高的一級。第五級領導人兼具兩種矛盾的特質，即謙沖為懷的個性和專業堅持的意志力。他們當然雄心勃勃，但一切雄心壯志都是為了公司，而非自己。

- 第五級領導人選定接班人時，都著眼於世代交替後公司會更成功；而極端自我中心的第四級領導人選擇接班人時，通常都預期他們會失敗。
- 第五級領導人態度非常謙虛、低調，並且體諒他人。反之，在對照企業中，三分之二的公司領導人非常自大，因此公司終於逐漸沒落或始終表現平平。
- 第五級領導人有極其強烈的企圖心，而且無可救藥地需要看到具體的成果。他們展現不屈不撓的毅力，無論面臨多大的考驗，決心盡一切努力塑造一家卓越的公司。
- 第五級領導人都展現了苦幹實幹、努力不懈的精神，比較像耕田馬，而不是表演馬。
- 在順境的時候，第五級領導人會往窗外看，把功勞歸於（自己以外的）其他因素。但碰到橫逆的時候，他們會照鏡子，反躬自省，承擔所有的責任。對照組執行長卻恰好相反。成功時，他們會照鏡子，把功勞攬在身上；成績不如理想時，他們卻望望窗外，開始怪罪他人。
- 近來的企業發展史上，最具破壞性的趨勢（尤其在董事會主導下）就是挑選光彩奪目的企業明星來擔任領導人，而看不上第五級領導人。

● 我相信只要我們知道該尋找什麼特質，周遭到處都看得到有潛力的第五級領導人，許多人都有可能發展成第五級領導人。

意外的發現

● 從外界引進明星般的企業領導人和「從優秀到卓越」之間其實有負向關聯。十一家「從優秀到卓越」的公司中，有十家公司的執行長都是從內部升上來的，對照公司嘗試引進空降部隊的頻率則高達六倍。

● 第五級領導人很多時候把成功歸因於運氣好，而不是自己很卓越。

● 我們在研究中原本沒有刻意尋找第五級領導人或其他類似的特質，但數字提供了強而有力、令人信服的證據。這是個實證的發現，而非空談的理論。

第三章

先找對人，再決定要做什麼

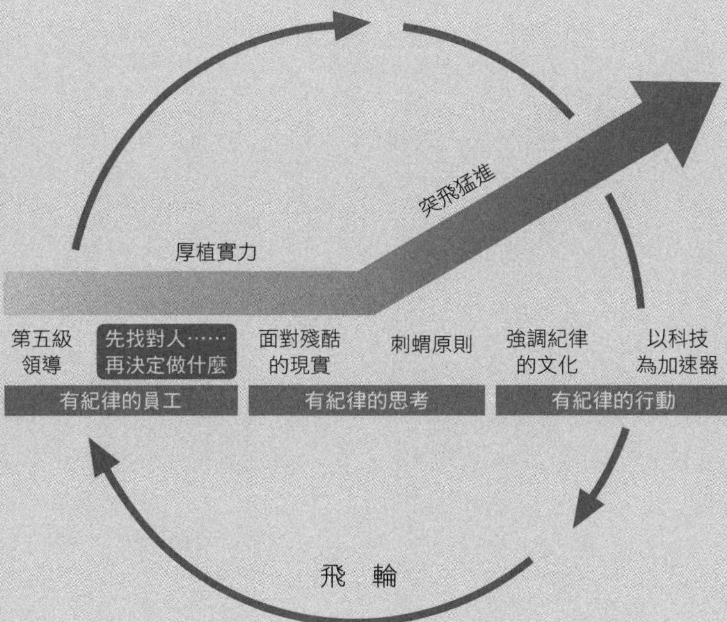

推動優秀公司邁向卓越的企業領導人，

並非先找出巴士該往哪裡開，

然後要員工把車子開過去。

他們反而先找對人上車（要求不適合的人下車），

接下來才弄清楚車子該往哪個方向開。

我們剛展開研究計畫時，以為從優秀公司邁向卓越公司的第一步，一定是為公司設定新方向、新願景和新策略，然後要員工團結一致，為新志向奮鬥奉獻。

結果發現，實際情況恰好相反。

推動優秀公司邁向卓越的企業領導人並非先找出巴士該往哪裡開，然後要員工把車子開過去。他們反而先找對人上車（要求不適合的人下車），接下來才弄清楚車子該往哪個方向開。基本上，他們的講法是：「我其實不曉得巴士該往哪裡開，但我知道，如果我們找對了人上車，安排他們坐在正確的位子，把不適合的人都請下車，那麼我們一定可以想清楚，怎麼樣才可以把車子開到很棒的地方。」

這類領導人充分明白三個簡單的事實。

第一，如果你先思考「該找什麼人」，而不是「該做什麼事」，將比較容易因應瞬息萬變的世界。如果許多人是因為想到達某個地方而上了這輛巴士，那麼一旦你才開了十六公里路就必須改變方向，該怎麼辦？立刻就會出現問題。但如果他們選擇上這輛車是因為車上的其他乘客，那麼要改變方向就容易多了：「嘿，我搭這班巴士是因為看到其他人在車上；如果我們必須改變方向，才能夠更成功，對我來說，完全不成問題。」

其次，如果你找對了人上車，根本不太需要操心激勵員工和管理員工的問題。他們根本不需要嚴格的管理或強烈的誘因，就會激勵自己有最好的表現，創造出卓越的事業。

第三，如果找錯了人，就算你找到了正確的方向都沒用；你的公司仍然不可能成為卓越的公司。如果沒有卓越的人才，空有卓越的願景，仍是枉然。

找對人才，因應改變

就拿富國銀行為例。從一九八三年開始，富國銀行連續十五年都表現突出，然而轉變的基石其實早在一九七〇年代初期就已經奠定，當時的執行長庫利（Dick Cooley）建立了銀行界最傑出的經營團隊（投資專家巴菲特〔Warren Buffett〕眼中的最佳團隊）。庫利預測銀行業將經歷驚天動地的大轉變，但是他不清楚改變後會呈現什麼樣的面貌。因此，他和董事長阿爾巴可（Ernie Arbuckle）並沒有急著改變策略，反而專注於「不斷引進人才」，為公司注入新血。隨時隨地只要看到傑出人才，儘管腦子裡還沒有想到適合的職位，他們都立刻設法網羅為富國銀行所用。庫利說：「這是開創未來的方法。如果我還不夠聰明，看不清楚即將面臨的改變，他們可以。而且他們將會有足夠的彈性因應改變。」

庫利的做法顯然很有先見之明。沒有人能準確預測到金融自由化帶來的一切改變，然而面對巨變時，富國銀行因應挑戰的能力卻勝過所有銀行同業。當時，同業的績效落後股市整體表現五九%，唯獨富國銀行的績效是股市表現的三倍。

瑞查德在一九八三年繼任富國銀行執行長，他將銀行的亮麗成績歸功於經營團隊，團隊成員大半都是庫利過去網羅的人才。當瑞查德列出庫利—瑞查德時代的經營團隊名單時，我們大吃一驚。名單上幾乎每個人後來都成為大公司的執行長，包括家庭理財公司（Household Finance）執行長亞丁格（Bill Aldinger）、美國銀行公司（U. S. Bancorp）執行長葛倫霍佛（Jack Grundhofer）、信孚銀行（Bankers Trust）執行長紐曼（Frank Newman）、美國銀行（Bank of America）執行長羅森柏格（Richard Rosenberg），以及魏斯派克銀行（Westpac Banking）執行長喬思（Bob Joss），喬思後來成為史丹佛企管研究所所長。十七年來一直積極參與富國銀行董事會的米勒（Arjay Miller）曾說，富國銀行的團隊令他想起一九四〇年代末期被網羅到福特汽車公司上班的那群青年才俊（米勒也是其中之一，而且後來還成為福特公司總裁）。富國銀行的做法很簡單，首先延攬到最優秀的人才，然後培養他們成為業界最優秀的經理人，並且坦然接受其他公司可能挖角的事實。

美國銀行的做法則大相逕庭。當庫利想盡辦法有系統地網羅優秀人才時，根據《美國銀行的衰敗》（*Breaking the Bank*）這本書的說法，美國銀行卻採取了「弱將強兵」的策略。如果你拔擢強將到重要的職位上，他們的競爭對手可能紛紛求去；但是如果你挑選的將領沒有那麼強，守成有餘卻缺乏驚人的才幹，那麼或許能力強的幹部還比較可能繼續為公司效命。

採取弱將強兵的模式後，美國銀行的組織氣氛和富國銀行截然不同。富國銀行的高

圖 3-1　富國銀行 VS. 美國銀行

從 1973 年 1 月 1 日到 1998 年 1 月 1 日，投資 1 美元的累計價值

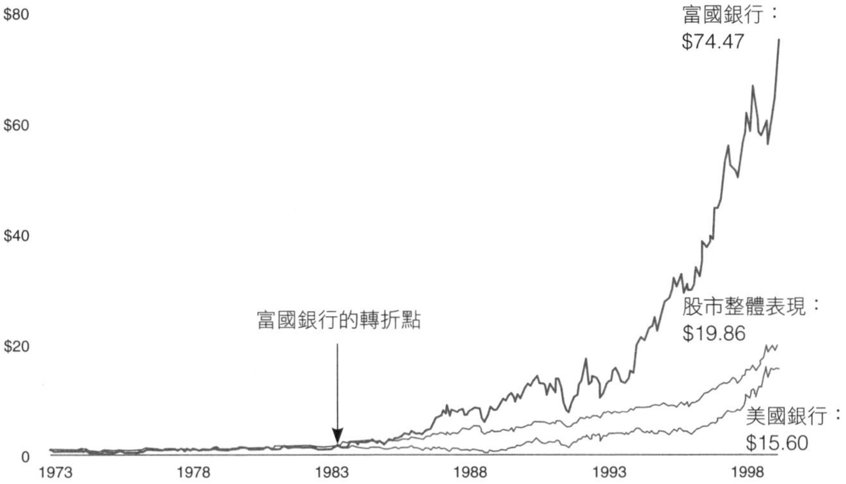

階主管個個旗鼓相當，都是強將，為了找到最佳解決方案，不惜在會議桌上激烈爭辯，火藥味十足，美國銀行的主管卻總是在等候上面的指示。阿瑪科斯特（Sam Armacost）接下美國銀行「弱將」組成的管理班底後，如此形容公司裡的氣氛：「參加過幾次主管會議後，我覺得十分沮喪。會議上不但毫無火藥味，甚至聽不到任何意見。每個人都在察言觀色，等著看風向往哪邊轉。」

一位退休主管形容一九七〇年代美國銀行的高級主管就好像「橡皮人」一樣，執行長專斷獨行，其他主管則早已習慣默默奉旨行事。一九八〇年代中期，在虧損了十億美元後，美國銀行終於改弦更張，網羅了一批

強將，希望轉敗為勝。他們打哪兒挖來這批強將呢？正是從對街的富國銀行。事實上，美國銀行在重整旗鼓期間從富國銀行挖來的主管數目驚人，因此後來內部員工稱這批空降部隊為「美國中的富國」。這時候，美國銀行的業績開始有起色，但是已經太遲了。從一九七三到九八年，富國銀行的經營績效一飛沖天，而美國銀行的累計股票報酬率還趕不上股市整體表現（請見上頁圖3-1）。

你現在可能很納悶：「優秀主管應該先找對人來做事，這不是老生常談嗎？」從某個角度而言，我們必須承認，這個概念的確是老生常談。但許多公司之所以能從優秀公司蛻變為卓越公司，其實有兩個關鍵令他們與眾不同。

本章的重點不只在於討論如何組成適當的經營團隊，我要強調的是，必須在你想清楚要把車子開往何處之前，先把適當的人請上車（並把不適合的人都請下車）。第二個重點是，要讓公司從「優秀」變成「卓越」，在用人時必須精挑細選，非常嚴謹。

「先找對人」是個非常簡單的觀念，但是很難做到，而且大多數的公司都沒有做好。很多人都說選才很重要，但是有幾個人能像麥克斯威爾這樣下定決心？儘管當時房利美每天虧損一百萬美元，還背負了五百六十億美元的債務，他卻堅持先找對人，再發展策略。麥克斯威爾在房利美情況最淒慘時接下執行長的位子，當時董事會迫不及待想知道他打算如何轉虧為盈。儘管承受了巨大的壓力，必須趕快抓緊方向盤，開始上路，麥克斯威爾仍然把找對人、組成優秀的經營團隊視為當務之急。他的第一個動作是約談公司的每一位幹部，面對面坐下來，告訴他們：「公司將面臨非常艱鉅的挑戰，我希望你好好想一想，未來工作要求將變得非常嚴格。如果你不喜歡這樣的改變，沒關係，沒有人會因此怪你、恨你。」

麥克斯威爾清楚表明了他的態度，公司 需要的是A級人才，努力程度則必須是A+，如果你不打算這麼做，那麼最好趁早下車，另謀他就。有位剛剛跳槽到房利美公司的主管跑去找麥克斯威爾，對他說：「我很仔細聽了你說的話，我不想這麼辛苦。」因此他離開房利美，回到原本的公司上班。二十六位高階主管中，總共有十四位選擇離開，麥克斯威爾在金融界另外網羅了一批既聰明又努力的頂尖人才來取代離去的主管。他們在公司每個階層都以同樣的標準篩選人才，提升了經營團隊的素質，增加了同儕壓力，剛開始有的人無法勝任，員工流動率急速上升。一位主管表示：「我們有句話說：『在房利美公司，你可沒辦法作假。』你要不就是勝任愉快，要不就是無法勝任；如果無法勝任，那麼在這裡鐵定待不下去。」

富國銀行和房利美都證明了「找什麼人」比「做什麼事」更重要，找人應該比擬定願景、策略、發展技巧、組織架構和技術都還要優先。當庫利和麥克斯威爾說：「我不

圖 3-2

第五級領導人＋經營團隊 （從優秀到卓越的公司）	「眾星拱月」 （對照公司）
第五級領導人	**第四級領導人**
↓	↓
先找對人 找對人上車， 組成卓越的經營團隊	**先決定要做什麼** 先擬定願景，決定公司的 發展方向和藍圖
↓	↓
然後再決定要做什麼 一旦適合的人才都 各就各位之後， 再找出邁向卓越的最佳途徑	**然後再找人** 召募一群非常能幹的「助手」 來實現願景

知道應該把公司帶往哪個方向，但是我知道，如果我找對了人、問對了問題，並且讓他們參與激烈的討論，最後一定能夠找到正確的做法，讓公司變得更卓越。」他們都為第五級領導樹立了最好的典範。

不是眾星拱月

「從優秀到卓越」的公司都有堅強的經營團隊，反之，許多對照公司採取的卻是「眾星拱月」的模式，整個公司為偉大的天才搭建了表演的舞台。高高在上的天才是推動公司成功的主要力量，只要他還在位一天，都是公司的寶貴資產。天才幾乎很少建立起卓越的經營團隊，原因很簡單，他們不需要、也不想有卓越的經營團隊。如果你是天才，你根本不需要像房利美的主管那樣個個可以獨當一面的頂尖將才。不，你只需要大批優秀的士兵來執行你的偉大構想。然而當天才離開後，助手往往茫然不知所措。更糟的是，他們有時候還企圖仿效前人，採取大膽、宏觀的行動（明明不是天才，卻想扮演天才），結果一敗塗地。

艾克德公司的領導人很懂得找出應該「做什麼」，卻沒有能力「找對人」來組成優秀的經營團隊。傑克．艾克德（Jack Eckerd）素來精力旺盛（他一面經營企業，一面競選佛羅里達州州長），對於市場有天生的洞察力，也是談生意高手，他原本只在德拉瓦州擁有兩家小店，後來透過不斷購併，建立起連鎖藥房的王國，艾克德旗下有一千餘家連鎖藥房，遍布美國東南部。到了一九七〇年代後期，艾克德的營業額已經和華爾格林不相上下，眼看艾克德很可能脫穎而出，成為同業中的卓越公司。但就在這時候，一向熱切嚮往從政的艾克德離開公司去競選參議員，同時被延攬進入福特主政時期的美國政府。失去了艾克德的領導後，艾克德公司從此一路走下坡，最後終於賣給傑西潘尼百貨公司（J. C. Penney）。

艾克德和華爾格林的對比十分驚人。艾克德很懂得挑對藥房來買，華爾格林則很懂得挑對人才來用；艾克德能看出哪一家店開在哪裡最適當，華爾格林卻能看出哪個人應該放在哪個位置上最能發揮。企業領導人最重大的決定莫過於挑選接班人，艾克德在這方面完全失敗，華爾格林卻培養了好幾位優秀的接班人選，最後，挑選了很可能青出於藍而勝於藍的超級明星，來接他的棒子。艾克德根本沒有經營團隊，只有一批能幹的助手圍繞在身邊，輔佐偉大的天才，華爾格林則建立起業界最優秀的經營團隊。艾克德公司的策略中最主要的指導機制全藏在艾克德的腦子裡，華爾格林公司的策略則由優秀的管理人才分享洞見、共同討論出來的。

「眾星拱月」的模式在曇花一現、未能長保卓越的對照公司中格外明顯，而最典型的例子就是德利台公司的辛格頓（Henry Singleton）。辛格頓在德州的牧場長大，從孩提時代就夢想成為大商人。在麻省理工學院拿到博士學位後，他創辦了德利台公司，德利台的名稱源自希臘文，意思是「從遠方掌控的力量」，這個名字取得真好，因為在王國核心掌控整個德利台的正是辛格頓本人。

透過收購，辛格頓建立起他的企業王國；德利台在六年內，從一家小公司成長為《財星》五百大排行榜上第兩百九十三名的大企業。十年內，他完成了一百多個購併案，德利台變成龐大的多角化企業，總共有一百三十個利潤中心，產品從金屬到珠寶無所不包（請見圖3-3）。更驚人的是，這套龐大的系統居然可以正常運作，辛格頓自己充當黏著劑，連結起企業體中各自發展的部分。

他有一次說：「我認為，我的工作應該是：任何時候只要覺得怎麼做對公司最好，那就去做。」一九七八年，《富比士》雜誌在報導中感嘆：「辛格頓絕對不會因為謙虛得獎，但看到他經營企業的耀眼成績，誰能不肅然起敬？」辛格頓一直到七十幾歲都還親

圖 3-3　德利台公司

典型的「眾星拱月」模式
累計股票報酬率和股市整體表現比較
1967 年 1 月 1 日到 1996 年 1 月 1 日

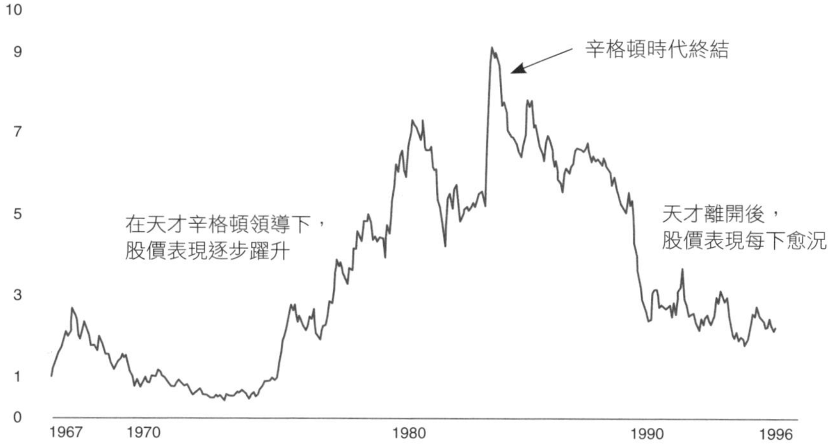

自掌控經營大權，從來不曾認真考慮過接班問題。畢竟，如果公司最重要的事情莫過於為偉大的天才搭建盡情揮灑的舞台，那麼誰還會擔心接班問題呢？文章中指出：「在這幅炫目的美景中，如果一定要挑出美中不足的地方，那麼大概就是德利台的運作沒有很好的制度和系統，完全只靠人治。」

結果，這個弱點真是非同小可。一九八○年代中期，一旦辛格頓不再插手日常營運，龐大的帝國便立刻開始分崩離析。從一九八六年底到一九九五年德利台和阿利根尼公司（Allegheny）合併為止，德利台的累計股票報酬率急轉直下，落後整體股市表現達六六%。辛格頓實現了兒時的夢想，變成一個卓越的商人，卻沒有建立起一家卓越的公司。

找對人，重於計算酬勞

我們原本預期改變激勵制度，尤其是提高主管誘因，可能會深深影響到從優秀公司邁向卓越公司的蛻變。由於近年來企業主管的酬勞備受矚目，股票選擇權和其他種種配套薪酬制度已經變成家常便飯，我們自然也以為主管薪酬結構和數目，一定對企業能否從優秀邁向卓越發揮了舉足輕重的影響。要不然，你還能想出什麼辦法讓他們做對事情，產生卓越的績效呢？

但是，我們的想法大錯特錯。

我們發現，企業從優秀到卓越的過程和主管酬勞沒有系統化的關聯，我們得到的資料完全無法證實，主管薪酬結構是企業從優秀變成卓越的關鍵要素。

我們花了幾星期的時間輸入關於企業主管薪酬的資料，進行了一百一十二種分析，尋找相同的形態與關聯性。我們列出了公司最重要的五位高階主管酬勞中可以量化的部分，包括現金和股票、短程和長程誘因、薪水和紅利等，並且詳加檢視。有的公司大量配股，有的公司則未必如此；有的公司支付的薪水很高，有的則不然；有的公司很喜歡以分紅的方式犒賞員工，有的公司卻不這麼做。最重要的是，當我們分析對照公司的主管薪酬制度時，發現他們和「從優秀到卓越」的公司無論在配股、薪資、分紅或長期報酬等做法上，都沒有系統化的差異。唯一具統計意義的差異在於，「從優秀到卓越」公司的高階主管在轉折點後十年所領到的現金酬勞，略遜於在沒什麼起色的對照公司工作的主管。

我並不是說主管酬勞和公司績效毫無關係。基本上，你付的薪酬必須很合理（不要期望馬可勒、麥克斯威爾或史密斯這種人會免費為你工作），「從優秀到卓越」的公司的確也都花了很多心思在這個問題上。然而一旦建立起合理的薪酬制度，主管酬勞就不再是影響公司從優秀到卓越的重要關鍵。

為什麼會這樣？其實，這只不過具體展現了「先找對人」的重要原則：重要的不是你如何酬謝主管，更重要的前提是，你要酬謝的是什麼樣的主管。如果你找對了人，他們會竭盡所能，建立一家卓越的公司，背後的驅動力不在於他們能從中「得到」什麼好處，而是他們不可能降低自己的標準。對他們而言，為了追求卓越而追求卓越，是一種道德規範，這種態度不是高酬勞所能左右的，就好像你不太可能叫別人呼吸或不呼吸。「從優秀到卓越」的公司了解一個簡單的事實：無論公司的激勵措施是什麼，只要用對了人，他們自然會做「對」的事情，並且就他們能力所及產生最佳績效。

沒錯，薪酬制度和激勵措施都很重要，但是在「從優秀到卓越」的公司中，重要的原因卻截然不同。薪酬制度的目的不應該是要求錯誤的人展現正確的行為，而是先找對人，然後設法留住人才。

我們可以從公司的官方資料中找到高階主管的薪酬資料，卻沒有辦法同樣系統化地獲得非主管的薪酬資料，因此無法進行同樣嚴謹的分析。儘管如此，從文件和報導中獲得的證據顯示，同樣的觀念在組織上下都能一體適用。

紐可鋼鐵是特別鮮明的例子。紐可整個人事制度的精神是：你可以教農夫製鋼，卻沒辦法把農夫的工作倫理傳授給其他人。因此，紐可公司沒有在匹茲堡、蓋里（Gary）等傳統鋼鐵重鎮建鋼鐵廠，反而在印第安那州的克勞佛德維爾（Crawfordsville）、內布拉斯加州的諾佛克（Norfolk）和猶他州的普里茅斯（Plymouth）等地建廠，這些地方都住了很多日出而作、日落而息腳踏實地的農夫。「該擠牛奶了。」「中午前應該犁好這幾畝田。」這種態度很容易就可以轉換為：「該製鋼板了。」「中午前應該產出二十噸鋼板。」紐可淘汰掉不認同這種工作倫理的員工，建廠第一年，員工流動率高達五〇%，接下來，由於找對了人，流動率自然而然日漸下降。

為了吸引和留住優秀的員工，紐可公司付給鋼鐵工人的酬勞比其他公司都高，但他們的薪酬制度乃是以高壓力的團隊分紅辦法為基礎，工人的酬勞有一半直接和工作小組的生產力相關。因此，紐可公司的工作小組成員會提早半小時到工廠安排生產工具，準備一換班就立刻上線。紐可公司的主管說：「我們有全世界最努力的鋼鐵工人。我們雇五個工人，讓他們發揮十個工人的生產力，然後付他們八個人的酬勞。」

紐可設計這樣的制度並不是為了把懶人變成努力的員工，而是要創造良好的環境，讓努力的員工能盡情發揮，懶散的員工要不就自己跳車，不然也會被趕下車。有一次，一群工人甚至手上揮舞角鐵，把懶惰的同事趕出工廠外。

紐可公司不認為員工是公司最重要的資產。在「從優秀到卓越」的蛻變過程中，員工不是公司重要的資產，「適合的人才」才是公司最重要的資產。

紐可的例子展現了一個重要觀點：在決定誰才是「適合的人才」時，「從優秀到卓越」的公司重視個性甚於教育背景、專業知識、技能或工作經驗。這並不表示專業知識和技能不重要，但他們認為專業知識和技能都是可以傳授的（或可以學習的），然而個性、工作倫理、基本智商、能否堅守承諾和價值觀等早已深植人心，很難改變。正如同必能寶的納瑟夫（Dave Nassef）所說：

> 我曾在海軍陸戰隊當兵，海軍陸戰隊因為能夠建立起人的價值而備受稱道。但其實

這不是海軍陸戰隊真正的運作方式。海軍陸戰隊先網羅價值觀和陸戰隊相同的人，然後好好訓練他們，讓他們有能力完成組織的使命。我們在必能寶也採取同樣的做法。我們的員工希望做「對」的事情，抱持這種態度的人比其他公司都多。我們不只重視員工的工作經驗，也想了解他們是什麼樣的人？為什麼會變成今天的他？我們找答案的方式是，問他們一生中曾做了什麼樣的決定？為什麼會這麼決定？他們的答案自然會透露出他們的核心價值。

有一位「從優秀到卓越」企業的主管說，在他用過的人當中，最優秀的人才通常是沒有做過這一行或過去不曾從商的人。他聘請過一位經理人，這位仁兄在二次大戰中曾兩度被俘，但都安然逃脫。「我認為有過這種經歷的人，在商場上不管碰到任何問題，應該都能應付自如。」

嚴格，但不無情

聽起來，在「從優秀到卓越」的公司上班還滿辛苦的，的確如此。如果你不能對公司有所貢獻，可能也待不了太久。但這些企業的文化並不無情，只是嚴格而已。能夠區分兩者的不同十分重要。

如果企業文化冷酷無情，公司碰到逆境時就會亂砍預算，或不加思索地裁員。要求嚴格的意思卻是無論在任何時候，公司從上到下都遵守嚴謹的工作標準，在上位者更是以身作則。嚴格而不無情，表示一流人才不必擔心飯碗不保，可以安心地把全部精力都放在工作上。

一九八六年，富國銀行買下了克勞克銀行（Crocker Bank），並且計畫在合併後大幅削減成本。他們的做法不足為奇，在金融自由化的年代，每個銀行合併案的目標都是削減成本。但富國－克勞克合併案與眾不同之處在於，富國銀行根本不打算讓大多數的克勞克主管融入富國銀行的文化。

富國銀行的管理階層很快就下了結論：克勞克銀行的主管絕大多數都不是他們想找的人才。克勞克人浸淫於傳統的銀行家文化太久，高階主管在專屬的大理石餐廳中用餐，由專屬的主廚為他們烹煮美食，餐廳裡的瓷器餐具價值五十萬美元。和富國銀行斯巴達式的刻苦文化恰好形成鮮明對比，為富國銀行主管準備午餐的是大學宿舍餐廳的廚師。富國銀行清楚告訴克勞克的主管：「我們這個案子不是兩家對等的銀行合併，而是收購案，我們買下你們的分行和顧客，但不包括你們在內。」富國銀行請大多數的克勞克主管走路；購併生效的第一天就裁掉一千六百位克勞克經理人，幾乎所有的高階主管都包括在內。

可能有人會批評：「富國銀行的人只不過在保護自己的利益。」但是想想看，當富國銀行認為某些位子更適合克勞克銀行的員工時，他們也會請自家人捲鋪蓋走路。談到管理時，富國銀行有一致的嚴格標準，就好像職業球隊，年資和職位都不管用，只有最優秀的球員才能在年度明星賽中露臉。一位富國銀行的主管說：「如果你想好好獎賞表現優異的員工，唯一的辦法就是別讓無能的人成為他們的負擔。」

表面上，他們的做法冷酷無情，但種種證據顯示，一般而言，克勞克銀行的主管都不如富國銀行的經理人優秀，因此在富國銀行強調績效的文化中，很可能慘遭滅頂。那麼長痛不如短痛，反正長期而言，他們都不太可能在富國銀行待下去。富國銀行的高階主管告訴我們：「我們都同意這是一次收購，而不是合併，因此不需要繞圈子，乾脆坦白說實話。我們決定，最好的辦法是第一天就請他們走路。由於我們已經預先想清楚了，因此可以坦白告訴他們：『很抱歉，公司裡恐怕沒有適合你的位子。』或『我們找到了適合你的職位，所以不必擔心，你會留任。』不希望他們等死到臨頭了，才發現自己早已遍體鱗傷。」

如果在某家公司中，員工原本大可另謀高就，卻連續幾個月或幾年因為狀況不明而飽受折磨，浪擲了生命中的寶貴時光，最後還是沒辦法留下來，這樣的公司才是冷酷無情。但從一開始就對員工坦白說明，讓他們各奔前程，這樣的公司只能說是作風嚴格。

要處理好克勞克銀行的收購案並不容易。眼看著幾千人一夕間丟掉飯碗，從來都不是件愉快的事，但是在金融自由化的年代，美國銀行界有幾十萬人丟掉飯碗。因此，有兩件事值得注意：第一，事實上，富國銀行大規模裁員的次數還低於對照公司——美國銀行。第二，在銀行合併的過程中，如果以百分比來看，高階主管（包括富國銀行的高階主管）受到的衝擊還比基層職員大。因此，「從優秀到卓越」的公司先以嚴格的標準來要求公司高層，責任最大的人也必須受到最嚴苛的檢驗。

用人嚴謹也表示企業必須慎選高階主管。的確，我很怕有人拿「用人嚴謹」為藉口，為了提升績效，滿不在乎地炒員工魷魚。他們可能會振振有辭地說：「我也很不願意這樣做，但我們必須採取嚴格的標準。」令人聽了不寒而慄。在這樣的過程中，不但許多辛勤工作的優秀人才受到傷害，許多證據也顯示，這種做法根本適得其反，沒有辦法長久保持卓越的營運績效。「從優秀到卓越」的公司很少以削減人頭來提升績效，更不可能把它當做主要策略。即使在剛剛提到的例子裡，富國銀行在蛻變期間的裁員頻率仍只是美國銀行的一半。

在十一家「從優秀到卓越」的公司中，有六家從轉折點之前十年起一直到一九九八年，從來不曾裁員，另外四家公司則只裁員過一、兩次。

反之，我們發現對照公司裁員的頻率是「從優秀到卓越」公司的五倍。有的對照公司似乎十分熱中裁員和重組，簡直像上了癮一樣。

如果你認為要推動優秀公司蛻變為卓越公司，必須靠胡亂揮動大斧、大量裁減辛勤工作的員工，那就大錯特錯。無休無止的重組和漫不經心的裁員，絕對不是「從優秀邁向卓越」的適當途徑。

成長的最大瓶頸在於人才

如果想要建立嚴格而非無情的企業文化，我們從研究中歸納出三個實際做法：

做法一：只要還有疑慮，寧可暫不錄用，繼續尋找千里馬

管理學中有個不變的法則，就是所謂的「普克定律」（Packard's Law，我們在上個研究中，從惠普公司創辦人普克身上領悟到這個道理，因此稱之）。當一家公司的成長速度一直高於延攬人才的速度時，就不可能成為一家卓越公司。

> 卓越公司的領導人通常都了解，成長的最大瓶頸不在於市場、技術、競爭或產品，「能不能延攬到適合的人才，並且留住人才」的重要性凌駕於這一切之上。

電路城的經營團隊直覺地把握了普克定律。幾年前，我在聖誕節過後驅車到聖塔芭芭拉附近，我注意到電路城連鎖店有個很特別的地方。其他商店招牌或旗幟的訴求都是針對顧客：「價格永遠最便宜」、「假期後大特價」、「聖誕節後最佳採購選擇」等等，但是電路城不然，他們的旗幟上寫著：「永遠追求最優秀的人才」。

電路城的招牌令我想起曾在電路城「從優秀到卓越」轉變期間擔任副總裁的布魯卡特（Walter Bruckart），我在採訪他的時候，請他列出電路城能從平凡邁向卓越的五個重要因素，布魯卡特的回答是：「第一個因素是人才，第二是人才，第三是人才，第四是人才，第五還是人才。我們能轉型成功，主要還是因為我們選對了人來做事。」布魯卡特回想起在電路城飛躍成長期間和執行長艾倫·沃澤爾的一次談話：「『艾倫，不停地為這個職位、那個職位尋找最適合的人才，真是把我累壞了。你能不能告訴我，什麼情況下可以將就一點？』艾倫毫不猶豫地回答：『你不能妥協。我們得想其他法子來撐過這段過渡期，直到找對了人補足空缺為止。』」

電路城的沃澤爾和塞羅公司的古柏（Sidney Cooper）主要的分別在於，沃澤爾早期花很多時間來延攬適合的人才，而古柏卻有八成的時間都花在尋找可以買的店。沃澤爾的首要目標是建立起最優秀、最專業的經營團隊，而古柏的首要目標則是成長得愈快愈好。電路城非常重視找對人這件事，公司從上到下，從貨車司機到副總裁，都必須把對的人放在對的位子上；塞羅公司卻因為連基本功都做不好而惡名昭彰，例如他們沒有辦法把貨品完好無缺地送到顧客手中。電路城的瑞辛吉（Dan Rexinger）說：「我們有同業最頂尖的送貨司機，我們告訴他們：『你們最貼近顧客，因此非常重要。我們會提供制服，要求你們把鬍子刮乾淨，你們必須表現得很專業。』結果我們大幅改善送貨時和客戶的互動，甚至還有顧客寄謝卡來稱讚我們的送貨司機很有禮貌。」沃澤爾擔任執行長五年後，雖然電路城和塞羅的策略基本上大同小異，但電路城的表現一飛沖天，在轉折點後十五年，電路城的表現是大盤的十八・五倍，而塞羅卻一路跌跌撞撞，後來終於賣給一家外國公司。儘管策略相同，但用了不同的人，就會產生不同的結果。

做法二：當你感到需要改革人事時，趕快採取行動

當你覺得需要密切督導某位下屬時，就表示你用錯人了。優秀的人才不需要上司管理，他們需要指引、教導與領導，但不是嚴密的管理。以下情境我們都經歷過或看過：儘管我們早就心知肚明用錯了人，但仍然等待、拖延、嘗試各種方法，給他第三次、第四次機會，希望情況有所改善，我們投注時間，希望能好好管理這個人，彌補他的缺陷，如此這般。但是，情況始終沒有改善。下班回家後，我們仍然念念不忘（或是和先生或太太討論）這個人的情況。更糟的是，我們原本應該把投注在這個人身上的時間和心力，花在培植更適合的人才以及和他們一起工作上，卻一直蹉跎下去，直到這個人自動請辭（我們才大大鬆了一口氣），或是我們終於採取行動、解決問題（我們也大大鬆了一口氣）。而在這段期間，公司裡的一流人才不禁納悶：「你為什麼遲遲沒有動作？」

讓不適任的員工流連不去，對適任的員工很不公平，因為他們得花力氣來彌補同事的不足。更糟的是，最優秀的人才可能因此求去。表現優異的員工總是希望精益求精，當他們看到自己的種種努力受到額外的負擔所干擾時，他們會覺得挫折感很重。

遲遲不採取行動，對於應該離開公司的人也不公平。當你知道某人最後可能還是待不下去時，容許他繼續戀棧的每一分一秒，都好像偷走了他生命的一部分，因為原本他大可把時間花在更能一展長才的好環境。的確，如果誠實面對自己，我們拖延許久的原因其實不盡然是在為員工著想，而只是為了自己方便。儘管他工作表現平平，但找人替換他實在很麻煩，所以我們選擇逃避問題。或者我們發現處理問題的過程會帶來很大的壓力，而且不愉快，所以為了放自己一馬，決定等一等再說，於是等了又等。同時，優秀的人才繼續納悶：「他們到底什麼時候才要採取行動？這個情形還會拖多久？」

我們運用《穆迪公司資訊報告》（*Moody's Company Information Reports*）中的數據，檢討高階主管的流動形態。我們發現，「從優秀到卓越」的公司與對照公司在某段時間的流動率沒有什麼差別，但主管更迭的形態卻不同。

在「從優秀到卓越」的公司中，高階主管的更迭呈現兩極化的形態：高階主管要不就是任職很久，要不就是很快離職。換句話說，「從優秀到卓越」的公司流動率不見得比較高，卻比較健康。

「從優秀到卓越」的公司領導人不會只為了貪圖一時方便，「先試用很多人，然後留下最適合的人才。」他們採取的做法是：「花很多時間精挑細選出一流人才。找對了人之後會盡一切努力留住人才，讓他長期為公司效命。如果選錯了人就坦然面對錯誤，這樣才不會耽擱大家的時間，我們能繼續忙其他的計畫，而他們也能繼續追求人生目標。」

但值得注意的是，「從優秀到卓越」的公司領導人不會匆匆下判斷。他們不會驟然斷定找錯了人，而會先深思熟慮，想清楚問題是不是出在自己把對的人擺錯了位置。馬可勒當上吉列公司執行長時，他並沒有任意把乘客從疾駛的巴士丟出窗外；相反的，他在剛上任的頭兩年，把五五%的時間花在經營團隊上，更換或調動了五十名高階主管。「我們為了把適當的人放在適當的位子所花的每一分鐘，後來都為我們省下了幾個星期的時間。」同樣的，電路城的沃澤爾讀完本章初稿後，寫了一封信給我們，表示：

關於「找對人上車」的觀點，另外還有一點也很重要。我花了很多時間和已經上車的人談話，並且思考他們的情況，我形容這樣做是「把方形木釘敲進方洞裡，把圓形木釘敲進圓洞裡」，讓他們各得其所。很重要的是，與其動輒開除許多誠實能幹卻表現不佳的員工，還不如設法把他們調到能有所發揮的職位上，如果試一次不成功，可能要試兩次、三次。

不過，可能需要花很多時間才能確定某個人只是擺錯了位置，還是根本不適任，應該離開。儘管如此，「從優秀到卓越」的公司領導人一旦發現需要變動人事，都會迅速採取行動。

但是，你怎麼知道什麼時候才能確定自己掌握了真實狀況呢？以下兩個問題可能會有點幫助。首先，如果你的決定和雇用有關（而非「是不是應該請這個人離開？」之類的問題），不妨自問：如果有第二次機會，你還會不會再度聘用這個人？第二，如果這個人告訴你，他想另謀他就，你會不會覺得非常失望，還是反而偷偷鬆了一口氣？

做法三：讓最優秀人才掌握公司最大的契機，而非請他們解決公司最嚴重的問題

一九六〇年代初期，雷諾茲和菲利普莫里斯兩家菸草公司的營收大半來自於美國國內市場。雷諾茲公司對國際市場的態度是：「如果哪兒有人想買駱駝牌（Camel）香菸，就打電話給我們吧！」菲利普莫里斯的庫爾曼恰好看法相反，儘管當時海外銷售業績還不到公司營收的一％，他卻認為若想長期成長，海外市場提供了最佳機會。

庫爾曼苦苦尋思開拓海外業務的最佳「策略」究竟是什麼，後來他想到一個答案：答案不是關於「怎麼做」，而是關於「誰來做」。他把手下最能幹的大將魏斯曼（George Weissman）調去負責開拓海外市場。當時海外營運可說是微不足道，只有一個小小的外銷部門，再加上菲利普莫里斯在委內瑞拉和澳洲的投資，以及加拿大一家小小的分公司。「當庫爾曼派魏斯曼去負責國際業務時，許多人都很納悶魏斯曼到底犯了什麼錯，」魏斯曼的同事說。連魏斯曼自己都說：「我不知道自己究竟是被打入冷宮、貶到不重要的位置，還是已經被判出局？原本我負責的是公司九九%的業務，第二天卻被派去負責不到一%的業務。」

然而二十年後，根據《富比士》雜誌的觀察，庫爾曼的決定真是神來之筆。溫文有禮、人情練達的魏斯曼是開拓歐洲市場的不二人選，結果國際部門成為菲利普莫里斯成長最快、也最龐大的部門。事實上，在他的領軍下，萬寶路（Marlboro）早在還沒有成為美國香菸第一品牌之前三年，就已經是全世界最暢銷的香菸品牌。

雷諾茲和菲利普莫里斯的對照顯示了一個共同的形態：「從優秀到卓越」的公司總是讓最優秀的人才掌握公司最大的機會，而不是解決最大的問題。對照公司卻恰好相反，他們不明白管理問題只能讓公司變優秀，但唯有把握住機會才能讓公司變得偉大、卓越。

關於做法三有個重要的推論：當你決定賣掉有問題的公司時，千萬不要一併賣掉一流人才。這是管理變革的小祕密之一，如果你塑造的環境能讓一流人才永遠占有一席之地，那麼他們就會比較願意支持公司改革。

舉例來說，當金百利克拉克賣掉工廠時，史密斯昭告員工：公司或許會賣掉造紙事業，但一定會留住一流人才。「我們公司有許多人才都來自造紙事業，忽然間，我們賣掉了王冠上的珠寶，員工問：『我們的前途在哪裡？』」奧奇特（Dick Auchter）說，「史密斯的指示是：『有才幹的經理人是我們求之不得的人才，務必好好留住他們。』」儘管這群一流造紙人才沒有什麼應付顧客的經驗，史密斯還是把他們全都調到消費品事業部。

我們也訪問了紙廠的高階主管艾普特（Dick Appert），他把大半輩子都奉獻給金百利克拉克，但金百利克拉克賣掉了他的部門，以籌募資金，跨入消費性產品。不料，艾普特卻驕傲而興奮地談著公司轉型，說著金百利克拉克多麼有先見之明，大膽賣掉造紙廠、撤出造紙業、跨入消費性產業，並且打敗了寶鹼。他說：「我對於解散造紙部門的決定從來不曾懷疑過。我們的確賣掉了紙廠，不過我完全同意公司的做法。」姑且先停下來，思考一下這件事的意義。真正合適的人才都希望能創建卓越的事業，艾普特認為，金百利克拉克賣掉了他工作大半輩子的事業部後可以變得更卓越，因此他鼎力支持。

菲利普莫里斯和金百利克拉克的例子顯示了有關「找對人」的最後一個觀點。我們注意到「從優秀到卓越」的公司高層充滿了第五級領導人的氣氛，在公司轉型的關鍵時期更加明顯。並不是說團隊中每位高階主管都和史密斯或馬可勒一樣，發展為成熟的第五級領導人，但團隊中每一位核心成員都把個人野心轉化為對公司的企圖心。這表示團隊成員具備了第五級領導人的潛力，或至少有能力以符合第五級領導人風格的方式來經營企業。

你可能很好奇，「身為第五級團隊的一份子和只是當個好士兵，究竟差別何在？」第五級經營團隊的成員不會盲目服從權威，他們本身也具備很強的領導力，而且企圖心旺盛，才華洋溢，能將自己的舞台經營得有聲有色，成為世界頂尖，但同時又能竭盡所能所長，塑造卓越的公司。

的確，從優秀公司蛻變為卓越公司的其中一個關鍵要素，其實有一點弔詭。一方面，主管應該為了尋找最好的答案而激烈爭辯，但另一方面，他們又必須能放棄本位主義，團結一致，支持公司的決定。

有一篇關於菲利普莫里斯的報導如此形容庫爾曼主政的時代：「這些傢伙對每件事情都有不同的意見、都激辯不已，他們會毫不留情地相互廝殺。公司裡從上到下，每個有才幹的人都被牽扯進來。但是到了必須做決定的時候，他們就會有所取捨。這就是菲利普莫里斯成功的地方。」一位菲利普莫里斯的主管說，不管原先爭執得多麼厲害，「他們總是拚命尋找最好的解答，但最後的決定仍會得到每個人的支持，因為所有的爭辯都是為了公司的整體利益，而不是個人私利。」

卓越的公司和美滿的人生

每當我談到「從優秀到卓越」的種種發現時，總是有人問到，在蛻變為卓越公司的過程中，個人需要付出什麼代價。換句話說，卓越的企業與美滿的人生有可能兼得嗎？的確有可能，而祕密就藏在本章中。

在香港參加吉列公司的主管會議時，我花了幾天時間和一對高階主管夫婦在一起。談話中，我問他們：你們覺得馬可勒執行長的人生是否美滿？他們告訴我，馬可勒的生命中有三個至愛：家人、哈佛和吉列公司。即使在一九八〇年代面臨購併危機那段最緊張的黑暗時期，即使吉列公司的營運愈來愈全球化，馬可勒仍然維持了非常平衡的生活。他並沒有大幅減少與家人相處的時間，幾乎從不在晚上和週末加班，仍然很有紀律地參加教會禮拜，而且積極參與哈佛學院的董事會事務。

當我問馬可勒怎麼可能同時做到這麼多事情，這位主管回答：「喔，這對他來說一點都不困難。他很懂得找到一群適合的人才，把他們放在適合的位子，因此不需要二十四小時都在公司督導。馬可勒之所以能擁有成功的事業和平衡的生活，祕密全在這裡。」他繼續解釋，平常在五金行碰到馬可勒的機率和在公司一樣大。「他真的很喜歡在屋子周圍敲敲打打、修理東西。他總是有辦法找出時間，用這樣的方式放鬆一下。」他太太補充道：「馬可勒過世時，我們全都去參加葬禮。我環顧四周，感到屋子裡滿溢著大家對馬可勒的愛。在他的一生中，周遭都環繞著深愛他的人，不管在辦公室、在家裡、在慈善工作中或在任何地方，這群人熱愛他們的工作，也深愛彼此。」

我聽完心頭一震，「從優秀到卓越」的公司經營團隊都有一種我無法形容的特質，顯然正是這種特質令他們與眾不同。訪問菲利普莫里斯的魏斯曼時，我說：「當你談到你們在菲利普莫里斯工作的時光，你形容得好像你們在談戀愛一樣。」他笑了：「沒錯，在婚姻之外，這是我一生中最熱情的外遇。我想沒幾個人明白我的意思，但我的同事都會明白我在講什麼。」魏斯曼和許多當年的老同事在退休多年後，仍然經常來公司走動。菲利普莫里斯的全球總部有一條走廊被稱為「元老廳」，魏斯曼、庫爾曼、麥克斯威爾和其他人來公司的時候，經常都待在這裡，而他們之所以常來走動，很大部分是因為他們喜歡和老同事在一起。同樣的，金百利克拉克的艾普特在接受訪問時說：「在金百利克拉克工作的四十一年中，從來沒有人對我惡言相向。我真是要感謝老天爺，讓我進來這家公司工作，因為我一直碰到很好的同事，一群互相尊重、彼此欣賞的大好人。」

「從優秀到卓越」的經營團隊成員往往成為終身好友。在很多情況下，即使不再共事，多年後，他們仍然保持密切聯繫。聽他們回憶轉型期是難忘的經驗，因為無論當時情況多麼淒慘或任務多麼艱鉅，他們仍然樂在其中！他們很享受一起工作的樂趣，甚至期待一起開會。好幾位主管都把當年那段日子視為他們人生的巔峰。他們不只從共事的經驗中體會到同事間的互重，還演變為永遠的同志愛。

堅持「先選對人」，可能是塑造卓越企業並兼有美滿人生的關鍵。因為無論我們有多大的成就，如果沒有花很多時間和所敬愛的人相處，就不可能擁有美滿的人生。但如果我們花了很多時間和敬愛的人在一起（我們很樂於和他們共事，而且他們也絕不令我們失望），那麼不管巴士駛向何方，我們的人生幾乎必定十分美滿。我們訪問過的「從優秀到卓越」公司的主管顯然都熱愛自己的工作，而主要的原因是，他們很喜歡周遭的同事。

本章摘要

先找對人，再決定要做什麼

重點

- 「從優秀到卓越」的公司領導人在推動改變時，先找對人上車（把不適任的人請下車），然後才決定要把車子開到哪裡去。
- 本章的重點不只在於必須找對人加入經營團隊，而是強調「人」的問題必須優先於「事」的決定，比願景、策略、組織結構、技巧等都還優先。企業必須嚴守「先找對人，再決定要做什麼」的紀律，並且始終如一地貫徹實施。

- 對照公司往往採取「眾星拱月」的領導模式，由天才型的領導人提出願景，然後招募一批精明能幹的「助手」，協助他實現願景。但是當天才領導人離開公司之後，採取這個模式的公司就會一敗塗地。

- 「從優秀到卓越」的企業領導人在決定人事問題時通常很嚴格，但並非冷酷無情。他們不會把裁員和重組當做提升績效的主要策略；反之，對照公司則經常把裁員當做手段。

- 我們發現，採取嚴格的人事政策有三種實際的做法：

1.只要還有疑慮，寧可暫不錄用，繼續尋找千里馬（企業應該根據自己有能力吸引多少適合的人才，來決定成長幅度）。

2.當你感到需要改革人事時，趕快採取行動（但必須先確定你不是把他擺錯了位置）。

3.讓最優秀的人才掌握公司最大的契機，而不是讓他們去解決最大的問題（即使賣掉你的問題公司，也千萬不要賣掉最優秀的人才）。

- 「從優秀到卓越」的經營團隊成員會為了尋求最好的答案而激辯不已，然而一旦達成決議就放棄本位主義，團結一致，支持最後的決定。

意外的發現

- 我們發現，企業從優秀到卓越的過程和主管酬勞沒有系統化的關聯。薪酬制度的目的不應該是要求錯誤的人展現正確的行為，而是先找對人，然後設法留住人才。
- 「員工是公司最重要的資產。」這句老話說得不對，在企業「從優秀到卓越」的蛻變過程，員工不是最重要的資產，「適合的人才」才是最重要的資產。
- 在決定誰才是「對」的人時，個性或內在特質比教育背景、專業知識、技能或工作經驗都重要。

第四章

面對殘酷現實，但絕不喪失信心

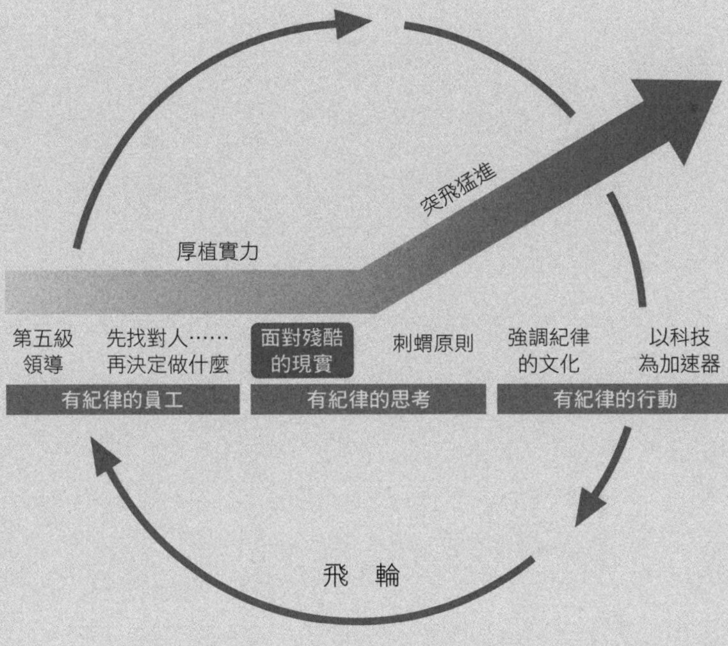

領袖魅力是資產，也是負債。

你性格上的優點也可能埋下了問題的種子，

員工會自動過濾資訊，

不讓你接觸到殘酷的真相。

一九五〇年代初期，美國大西洋與太平洋茶葉公司（Great Atlantic and Pacific Tea Company，一般通稱A&P）是全世界最大的零售商，也是全美數一數二的大企業，有一度，他們的年銷售額甚至僅次於通用汽車公司。相反的，克羅格（Kroger）只是一家毫不起眼的雜貨連鎖店，營業規模還不到A&P的一半，股票表現也幾乎趕不上大盤。

接著在一九六〇年代，A&P步履蹣跚，克羅格卻穩紮穩打，蓄勢待發。從一九五九到七三年，兩家公司可說是難兄難弟，在股市的表現都落後大盤，克羅格只微幅領先A&P。之後兩家公司就分道揚鑣，接下來二十五年，克羅格的累計股票報酬率是股市整體表現的十倍，更超越A&P八十倍（請見圖4-1、4-2）。

為什麼會發生這麼戲劇化的財富大逆轉？A&P這樣的大企業怎會落得如此下場？

二十世紀上半葉，在經歷兩次世界大戰和一次經濟大恐慌之後，美國人普遍節儉成性，A&P的營運模式可以說十分完美，以連鎖便利商店的形態提供消費者便宜而充裕的食品雜貨。但是二十世紀中葉以後，隨著社會愈來愈富裕，美國人的消費心理也改變了。他們希望看到更好、更大的商店，提供更多樣的選擇。他們想要購買剛出爐的麵包、新鮮花卉蔬果、健康食品、感冒藥，希望能有四十五種早餐食品、十種牛奶可以選擇；他們也喜歡購買各種稀奇古怪的東西，例如五種不同的昂貴芽菜和各種綜合飲料，甚至中國草藥；最好在買菜購物的同時，還能順便存款、領錢或注射流行性感冒疫苗。簡單的說，他們現在根本不想去雜貨店買東西，他們需要的是應有盡有、價廉物美的超

圖 4-1　克羅格、A&P 及股市整體表現比較

1959-1973，投資 1 美元的累計價值

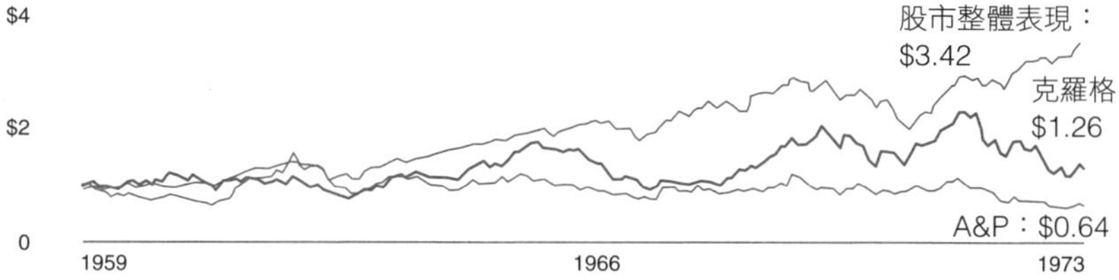

註：

1. 克羅格的轉折點出現在 1973 年。
2. 曲線圖顯示了 1973 年 1 月 1 日投資 1 美元的累計價值。
3. 股利重新投入股市，截至 1973 年 1 月 1 日為止的累計投資報酬。

圖 4-2　克羅格、A&P 及股市整體表現比較

1973-1998，投資 1 美元的累計價值

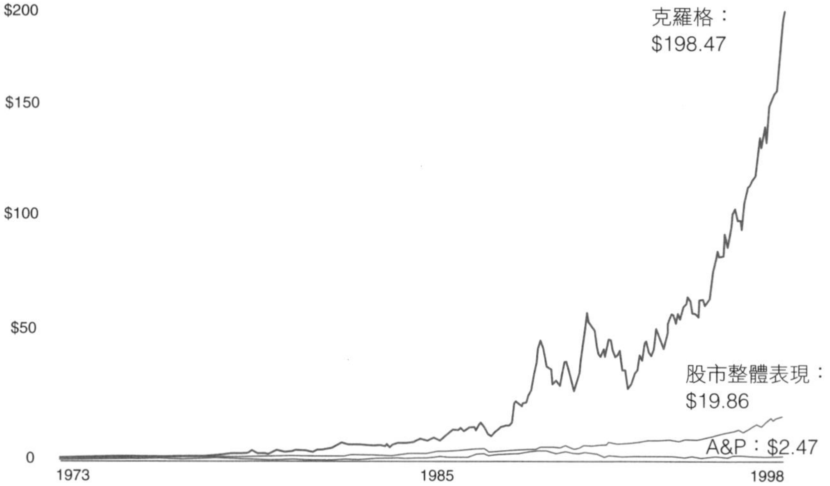

註：

1. 克羅格的轉折點出現在 1973 年。
2. 曲線圖顯示了 1973 年 1 月 1 日投資 1 美元的累計價值。
3. 股利重新投入股市，截至 1998 年 1 月 1 日為止的累計投資報酬。

級市場，有乾淨的地板、好幾個付款櫃檯，還提供充裕的停車位。

你可能在心裡默默嘀咕：「好吧，所以A＆P的故事就是關於一家老舊的公司，過去曾經有很好的策略，但是時代改變了，更能滿足顧客需求的後起之秀逐漸取而代之。這樣的故事有什麼稀奇呢？」

有趣的地方在於，克羅格和A＆P一樣，歷史都很悠久，跨入一九七〇年代時，克羅格已經創立了八十二年，而A＆P更有一百一十一年歷史。兩家公司幾乎把全部家當投資於傳統雜貨店；兩家公司都跨出美國市場，建立了海外根據地；兩家公司也都很清楚周遭的世界正在改變。然而，其中一家公司勇敢面對殘酷的現實，完全改頭換面，以因應市場的變化，另外一家公司卻像鴕鳥似的把頭埋進沙堆中。

一九五八年，《富比士》雜誌形容A＆P是「隱士的王國」，而統治王國的是大權獨攬的年老君主。一手創建A＆P王朝的哈特福兄弟（Hartford brothers）選擇了博格（Ralph Burger）作為接班人，博格最重視的兩件事是：每年持續撥現金股利給家族基金會，以及重振哈特福兄弟昔日的榮耀。一位A＆P的主管指出，博格「以哈特福的化身自居，他甚至每天從哈特福的溫室花房中摘一朵花，別在衣領上。而且他會不顧眾人的反對，堅持完成他認為哈特福先生希望他做的事情。」博格做決策的時候總是自問：「如果換做是哈特福先生，他會怎麼處理？」他的信條是：「你怎麼辯得過一百年的成功經驗？」的確，儘管哈特福先生早已過世，卻得以透過博格繼續掌控董事會長達二十年。

儘管殘酷的現實逐漸顯示，A＆P過去的經營模式已經不適合變遷的世界，其卻築起防衛的高牆，對現實視若無睹。A＆P有一度開了一家叫「金鑰匙」（The Golden Key）的新店，希望藉著實驗新的經營模式了解顧客的需求。金鑰匙不賣任何掛著A＆P商標的產品，店長擁有更大的自由度可以做各種創新的試驗，逐漸發展為現代超級市場的形態。顧客都很喜歡金鑰匙。這時候，A＆P的管理階層開始明白，為什麼A＆P的市場占有率會逐漸下降，以及他們應該如何扭轉情勢。

那麼，A＆P的主管如何發展「金鑰匙」這個新品牌呢？

他們一點都不喜歡金鑰匙提供的答案，因此乾脆讓金鑰匙關門大吉。

接下來，A＆P不斷嘗試各種策略，希望為目前的困境找出一勞永逸的解決方案。他們對員工精神講話、推出各種新計畫、追逐各種流行的花招、開除執行長、聘請新的執行長、再度開除執行長。他們還採取激烈的降價策略，想提高市場占有率，卻從來不肯面對基本事實，即顧客需要的不是更低的價格，而是面貌不同的商店。削價競爭迫使他們降低成本，結果店面變得更簡陋，服務也每下愈況，顧客更不肯上門，利潤益加微薄，因此店裡更無法保持乾淨，服務品質也更差。一位A＆P離職主管說：「過了不久，店裡愈來愈髒，不只塵埃密布，而且是最骯髒的塵埃。」

另一方面，克羅格在這段期間卻採取了截然不同的發展形態。克羅格在一九六〇年代也進行了許多實驗，測試超級市場的概念能否被大眾接受。到了一九七〇年代，克羅格的管理階層得到一個必然的結論：舊的雜貨店模式（幾乎占了克羅格營業額的全部）已經快要被淘汰出局。不過和A＆P不同的是，克羅格勇敢面對這個殘酷的事實，並且採取行動應變。

克羅格崛起的原因其實非常單純。接受訪問時，埃佛林罕和之前的執行長賀陵（在關鍵的轉型期間擔任執行長）都非常有禮貌，也十分配合，卻被我們的問題弄得很煩。當我們要求埃佛林罕列出克羅格成功轉型的五個最重要因素，並且從一到一百分為這些因素個別打分數時，他回答：「你的問題把我搞糊塗了。基本上，我們做了很多研究，得到的數據清楚而明顯：超級市場是明日之星。我們也了解到，你必須在每個市場都排名第一或第二，否則就會被淘汰出局。當然，起先大家還有點懷疑。不過等到我們目睹事實，該採取什麼行動已經很清楚了。所以，我們就這麼做了。」

別忘了，這時候不過是一九七〇年代初期，「不能在產業中排名第一、第二的公司，就會被淘汰出局」的觀念要到了十年後，才成為主流商業思潮。而克羅格和所有「從優秀到卓越」的公司一樣，不是跟在潮流後面走，而是因為注意到擺在面前的資訊，發展出這個概念。有趣的是，有半數「從優秀到卓越」的公司都早在概念成為主流管理思潮之前，就已開始實踐了。

克羅格決定關閉、改革或取代無法順應新現實的商店。一家店接著一家店，一條街接著一條街，一個城市接著一個城市，一州接著一州，整個經營體系經過了一次大翻修。到了一九九〇年代初期，克羅格已經在新的營運模式之下建立起全新的系統，並且逐漸成為美國最大的雜貨連鎖商（在一九九九年達到了這個目標）。同時，A＆P超過一半的商店仍然維持一九五〇年代的規模，終於日漸沒落。

事實勝於美夢

我們的研究有個很重要的主題：突破性的成果往往來自於好的決策，以及能切實執行決策，一步步累積成效。當然，「從優秀到卓越」的公司過去的紀錄並非都很完美，但整體而言，在他們做過的決策中，好的決策還是多於壞的決策，而且他們做過的好決策也多於對照公司。更重要的是，當面臨重大決策時，例如當克羅格決定投入一切資源，轉型為超級市場的經營形態時，他們的決策往往正中紅心，表現非凡。

當然，說到這裡不禁會浮現一個疑問。難道我們只不過是在研究一組僥倖做了正確決定的公司嗎？還是他們的確有獨到的決策過程，因此大幅提高了正確決策的可能性？結果答案是，他們的決策過程的確有獨到之處。

「從優秀到卓越」的公司表現出兩種有紀律的思考方式。首先，在整個決策的過程中，他們把殘酷的現實納入考量。（第二，他們發展出簡單但非常有洞見的架構，作為制定所有決策的參考。我們在下一章會討論到這點。）在克羅格的案例中，當你努力而誠實地面對真實情況時，什麼是正確的決策似乎也不證自明了。當然不見得永遠都是如此，但是經常會發生這種狀況。即使並非所有的決定都那麼顯而易見，可以確定的是，假如不先面對殘酷的真實情況，絕對沒有辦法產生好的決策。「從優秀到卓越」的公司乃是依照這個原則而運作，對照公司則不然。

就拿必能寶和地址印刷機公司為例。要在歷史上某個特定時刻找到兩家這麼相像的公司，而且後來的發展又是如此南轅北轍，還真不容易。直到一九七三年為止，兩家公司的營業額、利潤、員工數目和股價波動都不相上下。兩家公司都享有近乎獨占的市場地位，而且銷售對象也幾乎一樣（必能寶銷售郵資機，地址印刷機公司則銷售地址複製機），兩家公司都即將在市場上喪失獨占的地位。但是當二〇〇〇年來臨之時，必能寶已經成長壯大，成為有三萬名員工、四十億美元年營業額的大企業；地址印刷機公司則景況堪憐，年營業額不到一億美元，員工也只剩下六百七十人。對股東而言，必能寶的股票表現更遠遠凌駕於地址印刷機公司之上，兩者的累計報酬率之比是三五八一對一（沒錯，必能寶是地址印刷機公司的三千五百八十一倍。請見圖4-3）。

一九七六年，高瞻遠矚且極富領袖魅力的艾胥（Roy Ash）當上地址印刷機公司的執行長。他之前曾藉著購併，建立起利頓（Litton）企業集團。根據《財星》雜誌的報導，

圖 4-3　必能寶 VS. 地址印刷機公司

1963-1998 年營業額

以 1998 美元幣值計算　單位：百萬美元

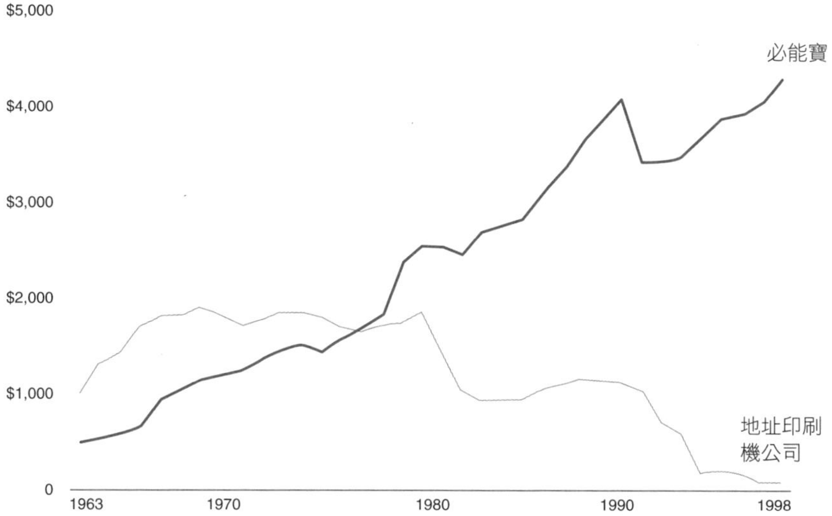

他想利用地址印刷機公司，在世人面前重新建立起傑出企業領袖的形象。

艾胥設定的願景是，要在辦公室自動化的新領域中超越IBM、全錄和柯達等巨擘。對於過去只在信封地址複製行業中稱霸的公司而言，這個計畫實在很大膽。大膽設定願景沒有什麼不對，但是根據當時美國《商業週刊》的報導，艾胥過度執著於這個不切實際的目標，當愈來愈多的證據顯示他的計畫注定會失敗，而且很可能把整個公司都拖下水時，艾胥卻拒絕面對現實，堅持從賺錢的部門拿錢來挹注這個計畫，把龐大資金浪擲在毫無勝算的犧牲打上，連累了原本的核心事業。

後來，等到艾胥不得不捲鋪蓋走路、地址印刷機公司也申請破產後，艾胥仍然拒絕正視現實，還在說：「我們輸了戰役，但即將贏得整場戰爭。」其實，當時地址印刷機公司離最後的勝利還很遠，公司上上下下都很清楚這個事實，高層卻一直聽不進去，最後終於悔之莫及。事實上，期間許多重要幹部因為一直無法說服公司高層面對現實而心灰意冷，後來紛紛求去。

或許我們應該肯定艾胥先生高瞻遠矚的視野，他企圖推動公司攀上高峰。（持平而論，當董事會開除艾胥的時候，他還沒有機會完全實現他的計畫。）然而當時許多具公信力的媒體都指出，艾胥十分執著於自己對世界的看法，任何現實只要違背了他的看法，他都視而不見。

> 追求卓越的願景並沒有錯，畢竟「從優秀到卓越」的公司也以邁向卓越為目標。但和對照公司不同的是，「從優秀到卓越」的公司會不斷因應殘酷的現實，進而修正邁向卓越的途徑。

「當你把石頭翻開，看到隱藏在下面的潦草痕跡時，你要不就把石頭放回去，要不就說：『我的責任就是翻開石頭，看看下面到底寫些什麼。』即使你看到的東西可能嚇得你魂飛魄散。」這是必能寶主管普杜（Fred Purdue）曾經說過的話，我們採訪過的任何一位必能寶主管，可能都會說同樣的話。老實說，談到必能寶在全球市場的定位時，他們都顯得有一點神經兮兮而且情不自禁。「我們的文化非常痛恨自滿。」一位主管說。「不管我們剛達成多大的成就，永遠都還不夠好。」另一位主管也說。

必能寶在新年第一次主管會議中，總是會先花十五分鐘來討論前一年的表現（幾乎總是成績輝煌），再花兩個小時討論可能阻礙公司前途的「埋在石頭下那些可怕的訊息」。必能寶的業務會議和大多數公司那種啦啦隊式「我們真卓越」的銷售會議截然不同，直接面對顧客的銷售人員可以在會議中質疑和挑戰經營團隊。這種討論方式是必能寶公司行之有年的傳統，員工可以站起來告訴高階主管公司哪些地方做錯了，直接把殘酷的現實攤在他們眼前，並且說：「你看！你們應該好好注意這個問題。」

與必能寶公司對照之下，地址印刷機公司的案例說明了一個重要觀點。像艾胥這種深具領袖魅力的強人，很容易就變成驅動公司前進的真正動力。進行研究的時候，我們在許多對照公司都看到類似情形：公司由強人主導一切，或是領導人令員工望之生畏，員工擔心領導人的反應（他會怎麼說、怎麼想、怎麼做）勝於擔心外在現實，以及外在環境對公司可能產生的影響。還記得我們在上一章談過的美國銀行嗎？美國銀行的經理人在還沒摸清執行長的想法之前，一聲都不敢吭。但我們在富國銀行和必能寶都看不到這樣的情況，這些企業的員工花更多時間來操心可能受忽略的嚴重問題，勝於擔心高階主管的感覺。

企業領導人一旦讓自己成為員工擔心的主要現實，而不是讓真正的現實成為員工擔心的現實，那麼公司就注定會變得平庸，甚至連平庸都不如。缺乏魅力的領導人，往往比魅力十足的領導人，更能創造出亮眼的長期績效。

的確，如果你是很有領袖魅力的強人，應該花時間好好想一想，領袖魅力是資產，也是負債。你性格上的優點也可能埋下問題的種子，員工會自動過濾資訊，不讓你接觸到殘酷的真相。你仍然可以克服領袖魅力帶來的問題，但必須有充分的自覺，長期投注心力注意這個問題。

邱吉爾深知強人性格的缺點，他在第二次世界大戰時採取高明的手段，彌補了這個缺點。大家都知道，邱吉爾一直有個大膽而且絕不動搖的願景，他深信英國不但能在戰爭中贏得最後的勝利，而且將變成一個偉大的國家，儘管當時全世界都不寄予厚望，他們很想知道的不是英國到底會不會求和，而是英國什麼時候會求和。在最黑暗的日子裡，幾乎整個歐洲和北非都落入納粹魔掌，美國當時希望明哲保身，因此希特勒可以專心對付英國（當時還沒有發動對蘇聯的攻擊），邱吉爾說：「我們決心要徹底摧毀希特勒和納粹黨徒，絕不放棄，絕不！我們永遠不會求和。我們永遠不會和希特勒或納粹黨徒談判。我們將在陸上迎戰他們，在海上迎戰他們，在空中迎戰他們，直到在老天爺幫忙下，我們完全擺脫了納粹的陰影。」

儘管胸懷大膽的願景，邱吉爾卻正視了殘酷的現實。他唯恐自己會因為強人性格而聽不到真正的壞消息，因此從開戰初期，就在正常指揮系統之外設立了完全獨立的部門——統計局，主要的功能就是持續提供他最新且完全未經過濾的最殘酷事實（例如隨時查證戰鬥機數量和折損狀況，以及軍需品供應數量等）。整個二次大戰期間，他都十分倚重這個特殊單位，不斷要求他們提供事實，只要是事實都好。當納粹裝甲部隊橫掃全歐時，邱吉爾每天晚上仍然照樣呼呼大睡，他說：「我不需要鼓舞人心的美夢。事實勝於美夢。」

創造能聽到真話的環境

說到這裡，你可能開始覺得納悶：「你怎麼可能用殘酷的現實來激勵人心呢？能激勵人心的不都是偉大的願景嗎？」「不對。」我的答案可能會讓你大吃一驚，不是因為願景不重要，而是把時間花在激勵人心上完全是浪費時間。本書最重要的觀點之一是，如果你成功實踐本書的發現，就根本不需要花費時間心力來「激勵」員工。因為如果你打從一開始就找對人上車，那麼他們自然會自我激勵。真正的問題反而是：你應該採取什麼樣的管理方式，才不會打擊員工的士氣？而最容易打擊士氣的行動莫過於提出虛妄的希望，後來卻經不起考驗，一一破滅。

沒錯，領導力和願景有關，但是領導力也和創造能聽到真話和面對現實的環境有關。有機會一吐為快、「說自己想說的話」，和有機會「讓別人聽到你說的話」之間有很大不同。「從優秀到卓越」的公司領導人明白其中的差異，在他們塑造的企業文化中，員工有很多機會讓高層聽到他們的心聲，而且事實也不會被掩蓋。

怎樣才能創造出能聽到事實的環境呢？有四個基本做法：

一、多問問題，不要直接給答案

一九七三年，從父親手中接掌執行長一年後，沃澤爾的公司瀕臨破產，幾乎快繳不起貸款。當時的華德公司（Wards）販賣各種電器音響，沒有完整的經營概念。但在未來十年中，沃澤爾和他的團隊不但轉敗為勝，而且電路城的經營概念創造了驚人的績效，從一九八二到二〇〇〇年一月一日，股票表現超越大盤，是市場整體表現的二十二倍。

當沃澤爾開始扭轉乾坤、領導公司從破產邊緣到表現耀眼時，別人問他要把公司帶到哪裡去，他給了一個了不起的答案：我不知道。他和地址印刷機公司的艾胥這類領導人很不一樣，他不願直接提供「答案」，相反的，當他找對了人上車後，他不給他們答案，反而拋出問題。一位董事說：「沃澤爾是個懂得激發火花的人。他很懂得問問題。開董事會的時候，經常出現精彩的辯論，絕不會只是花拳繡腿的表演，你沒有辦法只是靜靜聽完報告，然後去吃中餐。」的確，沃澤爾問董事的問題比董事問他的還多，像他這樣的大企業執行長真是罕見。

沃澤爾對待經營團隊的方式也一樣，不斷以問題刺激部屬思考。在轉型過程中每踏出一步，他都不停地問問題，直到清楚掌握了現實狀況和可能的影響。「他們喜歡叫我審訊官，因為我會抓住一個問題緊追不捨，直到我完全了解才肯放手。不停地問：為什麼？為什麼？為什麼？」

每一家「從優秀到卓越」公司的領導人都和沃澤爾一樣，以蘇格拉底式的作風來管理企業。而且他們之所以不斷問問題，也只有一個理由：想了解真實的情況。他們不是為了操控局面而問問題（「你不同意我的看法……嗎？」）或怪罪、貶低他人（「為什麼你把這件事搞砸了？」）。當我們問，他們在轉型期中怎麼開主管會議時，他們說，他們花很多時間在「了解狀況」。

「從優秀到卓越」的企業領導人尤其善於利用沒有正式議程、不需討論行動方案的非正式會議，和公司主管及員工接觸。他們會以問問題的方式展開討論：「你有什麼想法嗎？」「能不能講給我聽？」「能不能幫助我了解得更深入？」「你覺得有什麼問題需要擔心嗎？」沒有議程的非正式會議慢慢演變成論壇式的討論，現實狀況一一浮上檯面。

推動優秀公司邁向卓越時，領導人不見得需要事事成竹在胸、想好答案，然後再激勵員工追隨你的願景。反而應該抱著謙虛的態度，承認自己對狀況還不是很了解，提不出好的答案，然後抛出能激發出最佳洞見的問題。

二、激發對話和辯論，而非高壓統治

一九六五年，紐可公司的情況簡直是淒慘無比，所有部門都虧損累累，只剩下一個賺錢的部門。公司沒有值得自豪的企業文化，沒有協調一致的發展方向，已經瀕臨破產邊緣。當時，紐可公司的正式名稱是美國核子公司（Nuclear Corporation of America），反映了當時核子能源是他們的主力產品，他們的產品甚至包含輻射偵測器。此外，紐可公司還收購了許多八竿子也打不著關係的公司，產品有半導體、稀有材料、靜電式辦公室影印機、屋頂托梁等包羅萬象。在一九六五年開始轉型之前，紐可公司沒有生產過一盎斯的鋼鐵，也沒有賺過一毛錢的利潤。三十年後，紐可搖身一變為全球第四大鋼鐵製造公司，到了一九九九年，紐可的獲利已經超越美國其他鋼鐵公司。

紐可公司是怎麼辦到的？一敗塗地的美國核子公司為什麼能脫胎換骨，變成美國最好的鋼鐵公司？

第一，紐可公司出現一位第五級領導人——艾佛森，他原本擔任托梁事業部總經理，後來內升為執行長。第二，艾佛森找對了人上車，延攬了席格爾（Sam Siegel，同事曾形容他為「全世界最佳理財經理人、魔術師」）和營運天才艾考克（David Aycock）等幹才，建立起一支傑出的經營團隊。

然後呢？

艾佛森和沃澤爾一樣，一直夢想能建立卓越的企業，但又不願從一開始就提供如何達到目標的「解答」，反而在一連串激烈的辯論中，扮演蘇格拉底式的協調者。「我們召開了一系列的總經理會議，我只扮演協調者的角色。會議簡直是一團混亂。我們往往連開幾個小時，把問題翻來覆去討論，直到達成某種共識……有時候，大家討論得太激烈，差點就要越過桌面動起手來……每個人都大喊大叫、揮動手臂、敲打桌子，爭辯得面紅耳赤、青筋畢露。」

艾佛森的助理說，在那些年間，有一幅景象一再出現，同事大步走進艾佛森的辦公室，彼此叫陣、吵吵嚷嚷，後來卻達成結論。爭吵、辯論，然後賣掉了核子能源事業；爭吵、辯論，然後把重心轉移到鋼製托梁上；爭吵、辯論，然後開始自行製造鋼鐵；爭吵、辯論，然後建蓋了第二座迷你鋼鐵廠，以此類推。我們訪問過的每一位紐可公司主管，幾乎都提到公司這種喜歡辯論的文化，公司的策略就在「許多痛苦的爭辯中逐漸形成」。

所有「從優秀到卓越」的公司都像紐可公司一樣，偏好激烈的對話。在關於這些公司的報導和訪談紀錄中，隨處可見諸如「大聲爭辯」、「熱烈辯論」和「健康的衝突」這類形容詞。他們討論問題時，不是虛晃一招、讓員工「一吐為快」之後，接受已預先決定的結論，反而更像熱烈的科學辯論，每個人都認真參與，尋求最好的答案。

三、事後檢討，但不責怪

一九七八年，菲利普莫里斯買下七喜公司（Seven-Up Company），八年後卻認賠賣出。和菲利普莫里斯的總資產額相較之下，這筆財務損失根本不算什麼，卻浪費了幾千小時寶貴的管理時間。

當我們訪問菲利普莫里斯的主管時，我們很驚訝他們都自動提起這次失敗，並且開誠布公地討論這件事。他們不但沒有試圖掩蓋這個醜陋的錯誤，反而似乎感到必須坦白討論這件事，達到近乎心理治療的效果。庫爾曼在《我是個幸運的傢伙》中，花了五頁篇幅詳細分析收購七喜惹來的災難。他並沒有試圖掩蓋自己決策錯誤的尷尬事實，反而用了足足五頁來檢討這次失誤的意義和教訓！

他們花了幾百個小時來檢討七喜的案例。然而，儘管花這麼多時間討論這次失敗，卻不曾有人伸出手來指責任何人，只有一個人例外：庫爾曼站在鏡子前面，伸出手來指著鏡中的自己。他寫道：「……顯然庫爾曼的計畫又再度失敗了。」他甚至還隱約表示，當同事質疑他的想法時，如果他當時能聽進去，或許就不會發生這場災難。他一一點名讚揚這些比他有先見之明的人。

今天，許多企業領導人都拚命美化自己過去的形象，說自己多麼高瞻遠矚，而同事們卻都缺乏遠見，但是當決策失誤時，卻又怪罪別人。因此當我們碰到像庫爾曼這種人時，不禁覺得耳目一新。他為這件事情定了調：「這個錯誤的決策，我應該要負全責。但是既然付了學費，大家都應該盡力從中學到最大的教訓。」

當你事後檢討卻不責怪時，你已經朝著建立聆聽真相的文化又邁進一大步。如果找對了人上車，你幾乎不需要尋找可以責怪的人，只需要尋求了解和不斷地學習。

四、建立起「紅旗」機制

我們生活在資訊時代，手中掌握的資訊愈多愈好，應該就愈占優勢。但如果認真觀察組織的興衰，卻幾乎很少看到哪一家公司因為資訊不足而失敗。

多年來，伯利恆鋼鐵的主管一直很清楚紐可這類迷你鋼鐵廠帶來的威脅，但他們卻掉以輕心，直到有一天大夢初醒，才發現半壁江山已經拱手讓人。

普強事先也接獲充足的訊息，指出即將推出的藥品將無法達到預期的療效，更糟的是，還可能造成嚴重副作用。然而他們掉以輕心。《新聞週刊》曾經引用內部人士的話，指出：「忽視酣樂欣（Halcion）有什麼安全上的顧慮，幾乎已經成為一項公司政策。」還有一次，當普強受到外界抨擊時，他們只把問題歸諸於「媒體不友善的報導」，而沒有坦誠面對現實，改正缺點。

美國銀行的主管對於金融自由化也掌握了充分的資訊，可是他們沒能正視其中最重要的涵義：在解除管制後的金融業中，銀行開始商品化，過去那種神氣優雅、紳士派頭的老派銀行家作風，已成明日黃花。然而美國銀行一直等到虧損了十八億美元後，才完全接受現實。相反的，富國銀行的瑞查德正視解除管制後的殘酷現實：很抱歉，各位老同事，我們沒辦法再擺出銀行家的派頭了，每個人都必須變成生意人，像麥當勞主管一樣關心成本效益。

的確，沒有證據足以證明，「從優秀到卓越」的公司比對照公司掌握了更多更好的資訊。兩組公司都同樣獲得良好充足的資訊，所以關鍵其實不在於能否掌握更好的資訊，而在於能不能把獲得的資訊變成不容忽視的資訊。

要做到這一步有個好方法：紅旗機制。容我用個人親身經歷來說明我的想法。我在史丹佛企管研究所教案例研究的課程時，發給每個企管碩士班學生一張Ａ４大小的紅色紙張，並且告訴他們：「這張紙就是你本學季的紅旗。如果你舉起手來揮動這面紅旗，全班都會停下來聽你說話。你有充分的自由來運用這面紅旗，沒有任何限制，決定權完全操在你的手中。你可以拿它來發表你的觀察、分享個人經驗、發表你對事情的分析、表達對授課內容的不同意見、質疑應邀來演講的企業執行長、回應同學的看法、問問題、提建議，做什麼都行。不管你怎麼用紅旗，都不會受到處罰。但每個人在整個學季中，只有使用一次紅旗的機會。你不能把紅旗送給別人或賣給別人。」

建立起紅旗機制後，我每天都無從猜測課堂上會發生什麼狀況。有一次，一個學生揮動紅旗說：「柯林斯教授，我覺得你今天的課上得特別差，你問了太多問題來引導我們，反而阻礙我們獨立思考。讓我們自己想一想吧！」紅旗逼我直接面對殘酷的事實：我問問題的方式成為別人學習的障礙。如果我在學季結束前對學生做問卷調查，可能也會獲得同樣的資訊。但是，課堂上在每個人面前即時出現的紅旗，把我講課方式的缺點變成絕對不容忽視的資訊。

我之所以會想到紅旗的點子，要拜伍爾普特（Bruce Woolpert）之賜。伍爾普特在自家的葛藍尼特羅（Graniterock）公司推行了一種叫「短付」的有效措施。葛藍尼特羅公司容許顧客完全根據主觀評價（顧客對商品和服務的滿意度），來決定他要付多少錢。短付制度和一般商店的退貨還錢政策不一樣，顧客不需要退還商品，也不需要打電話徵求葛藍尼特羅公司的同意，只需要在發貨單上圈選不滿意的項目，從總貨款中將之扣除，然後把支票寄給葛藍尼特羅公司。我問伍爾普特為什麼要推出這樣的制度，他回答：「顧客滿意度調查可以提供你很多資訊，但是看到數據時，我們總是有辦法自圓其說。有了短付制度後，你不得不正視這些資訊。我們通常都等到顧客不再上門之後，才曉得顧客對我們很不滿意。短付制度可以充當我們的早期預警制度，逼我們在顧客流失之前就快速反應。」

顯然，紅旗機制不像短付制度的效果那麼明顯而戲劇化。儘管如此，在研究助理霍能（Lane Hornung）的力勸之下，我仍然決定在本書中提出這個想法。霍能提出了一個有力的論點：如果你已經是個發展成熟的第五級領導人，那麼你可能不需要紅旗機制。但如果你還不是第五級領導人，或者你屬於魅力型領導人，那麼紅旗機制正好提供了一個實用的工具，幫助你把獲得的資訊轉變為不容忽視的資訊，並且創造出能夠聽到真相的環境。

保持信心，絕不動搖

當寶鹼在一九六〇年代後期進軍消費性紙製品市場時，史谷脫紙業（當時是市場領導者）毫不反抗就把市場拱手讓人，退居第二位，並開始想辦法多角化發展。「一九七一年，史谷脫為證券分析師開了一場說明會，那真是我參加過最令人沮喪的說明會，」一位分析師指出，「史谷脫的主管基本上是束手就擒。」曾經傲氣十足的公司如今看著競爭對手說：「這就是我們和最好的公司比較的結果，」然後嘆口氣：「噢……至少在這一行裡，還有人比我們更糟。」史谷脫公司沒有設法正面迎敵、奪回失土，反而一心只想保住既有戰果。史谷脫把最好的市場拱手讓給寶鹼，希望甘於退居二線後，入侵地盤的大怪獸就會放他們一馬。

另一方面，金百利克拉克卻將寶鹼的競爭看成資產，而非負債。史密斯和他的團隊為了能和頂尖高手過招，而感到興奮不已，他們把競爭視為促使金百利克拉克更好、更強的大好機會，認為可以藉此激發公司上下的鬥志。有一次開會時，史密斯站起來，劈頭就說：「我希望大家都站起來默哀一分鐘。」與會者面面相覷，不曉得史密斯在玩什麼把戲。難道有人過世了嗎？一陣混亂後，他們相繼站起來，低頭瞪著鞋子，默哀一分鐘。時間差不多後，史密斯看著大家，嚴肅地說：「我們剛剛是在為寶鹼默哀。」

所有與會的人簡直都樂瘋了。親眼目睹這個場面的主管懷特（Blair White）說：「他令每個人都上緊發條，為這個目標而努力，全公司上上下下，一直到生產線上，全都同仇敵愾。我們要向巨人歌利亞挑戰！」後來，史密斯的接班人桑德斯（Wayne Sanders）向我們說明挑戰頂尖企業所帶來的莫大好處：「我們還能找到比寶鹼更好的對手嗎？不可能。我之所以這樣說，是因為我非常尊敬寶鹼。他們比我們大，他們非常有才華，他們很擅長行銷，他們擊敗了所有的競爭對手，可是打不倒金百利克拉克。這點令我們非常自豪！」

從史谷脫紙業和金百利克拉克迎戰寶鹼的不同做法，我們獲得一個重要觀點：在面對殘酷現實時，「從優秀到卓越」的公司變得更堅忍不拔，而不是衰頹不振。直接面對殘酷事實反而令他們振奮，他們會說：「我們絕不放棄，絕不投降。或許要花很長的時間，但我們一定能獲得最後的勝利。」

克羅格的艾德斯（Robert Aders）在訪談結束前，描述克羅格花了二十年時間辛苦翻修整個系統時，下了很好的註腳：「我們所做的事情的確帶著一些邱吉爾的風格。我們有很強的生存意志，我們是克羅格人，克羅格在我們出生前就誕生，在我們過世後也依然存在。在老天爺眷顧下，我們會贏得勝利。或許要花一百年的時間，但如果真的必須花一百年的時間，我們也會堅持到底。」

在整個研究的過程當中，我們經常會想到國際受難者研究委員會（International Committee for the Study of Victimization）所做的研究。他們研究了許多重大苦難的倖存者，包括癌症患者、戰俘、意外災難的生還者等，他們發現受難者通常可以分為三類：有的人從此一蹶不振，有的人恢復正常生活，有的人歷經苦難而更加堅強。「從優秀到卓越」的公司就好像第三種人，具備了「堅忍不拔」的因子。

當房利美在一九八〇年代初期開始轉型時，幾乎沒人看好，更遑論預期他們能蛻變為卓越公司了。房利美當時背負了五百六十億美元的貸款，虧損累累，雖然能從抵押組合中獲得九%的利息，但需為背負的債務付出一五%的利息。如果把利息差距乘以五百六十億，得到的是驚人的赤字！此外，按照規定，房利美只能經營抵押金融業務，不能多角化經營。大多數人都認為，利率高低主宰了房利美的命運，利率升高，房利美就虧損；利率降低，房利美就成了贏家。許多人相信，除非政府介入、壓低利率，否則房利美不可能成功。一位分析師說：「這是他們唯一的希望。」

麥克斯威爾和他的新經營團隊卻不以為然。他們的信心從來不曾動搖，在訪談中一直強調，他們從來不是只以倖存為目標，而是希望躍升為卓越企業。沒錯，對房利美而言，利率差距是殘酷的現實，而且也沒有輕易解套的魔法。房利美別無選擇，唯有想辦法成為全球市場上最善於管理抵押利率風險的頂尖好手。麥克斯威爾和他的團隊決心創造新的商業模式，發明了複雜的抵押金融工具，不再依賴利率高低來決定獲利。分析師紛紛嗤之以鼻，一位分析師說：「當你背負了五百六十億美元的債務時，還奢談新方案，簡直是個笑話！就好像克萊斯勒（當時正要求聯邦政府提供貸款擔保，挽救克萊斯勒免於破產）妄想跨入飛機製造業一樣。」

訪問麥克斯威爾時，我問他，在那段黑暗的日子裡，他們如何面對看笑話的人。他說：「在公司內部，這從來都不是個問題。當然，我們必須停止許多愚蠢的做法，投資在新設計的金融工具上。但我們從來不認為自己會失敗。我們把災難視為房利美脫胎換骨、成為卓越企業的大好機會。」

我們開會時，一位研究人員提到，房利美令她聯想到從前看過的一部電視影集：梅傑斯（Lee Majors）主演的《無敵鐵金剛》（*The Six Million Dollar Man*）。男主角原本是個太空人，在美國西南部沙漠中測試登月小艇時，發生嚴重的墜機意外。醫生不只設法搶救他的生命，也在他體內裝置了具備核子動能的機器人裝置（例如擁有特別厲害的左眼和機械四肢），讓他變成了電腦控制的超人。房利美的情形也如出一轍。麥克斯威爾和他的團隊並不因為房利美正嚴重失血、瀕臨破產，而只設法將公司改組圖存，他們反倒把危機視為轉機，希望創建更卓越的公司。房利美的經營團隊日復一日、月復一月、按部就班地建立起整個風險管理的新商業模式，塑造了足以媲美華爾街任何公司的高績效文化，結果後來房利美的十五年累計股票報酬率幾乎是大盤表現的八倍。

史托克戴爾弔詭

當然，並不是所有「從優秀到卓越」的公司都像房利美一樣，面臨可怕的危機；不到半數的公司面臨類似的威脅。但是，每一家「從優秀到卓越」的公司在邁向卓越的路途中，都曾遭逢各種橫逆，像是吉列公司面臨收購戰爭、紐可面臨進口鋼鐵的挑戰、富國銀行面臨金融自由化的衝擊、必能寶失去了獨占地位、亞培藥廠必須撤回大量藥品、克羅格幾乎需要汰換所有的連鎖店等。在上述的每一種情況中，管理階層都以兩種心態來回應。一方面，他們忍痛接受了殘酷的現實；但另一方面，殘酷的現實絲毫沒有動搖他們對未來的信心，而且儘管看到了殘酷的現實，他們仍然決心要維持一家屹立不搖的優異公司。我們稱這種二元心理為「史托克戴爾弔詭」。

史托克戴爾（Jim Stockdale）是美國海軍上將，越戰期間，他是被稱為「河內希爾頓」的越共戰俘營中官階最高的美國軍官。從一九六五到七三年，在長達八年的囚禁期間，史托克戴爾遭受了二十多次酷刑的折磨，毫無人權可言，不知何時才能重見天日，甚至不確定還能否活著見到家人。他一肩挑起戰俘營指揮官的重任，一方面和越共周旋，阻止他們把戰俘當做宣傳工具，另一方面又要盡一切努力，幫助更多戰俘不至於崩潰並設法存活下來。有一度，他甚至用凳子撞擊自己，拿刮鬍刀自殘，故意讓自己破相，阻止越共拿他當做「戰俘受到良好待遇」的樣板，拍攝錄影帶大肆宣傳。明知一旦被發現，一定會受到更多折磨，甚至會被處死，他和妻子通信時，仍然偷偷傳遞情報。

他建立了一些規則，幫助同僚應付嚴刑逼供（沒有人能無限期忍受酷刑折磨，所以他發明了具體的因應步驟，例如X分鐘之後，你可以透露什麼訊息。戰俘忍受折磨時，就可以掌握具體的目標，知道必須忍受到什麼限度），還建立了微妙的戰俘營內部通訊系統，運用敲打密碼來代表英文字母（例如「噠—噠」代表字母a，「噠—停頓—噠—噠」代表b，「噠—噠—停頓—噠」代表f，以此類推，以這種方式可以對應二十五個英文字母，此外則用敲兩次c來代表k）。有一陣子，越共嚴禁戰俘間彼此交談，結果戰俘在史托克戴爾被俘三週年那一天，利用在戰俘營中庭掃地、拖地的機會，以掃把和拖把打出密碼，向史托克戴爾表示「我們都愛你」。史托克戴爾被釋放後，成為美國海軍史上第一位同時榮獲航空勛章和國會榮譽獎章的三星將官。

可以想見，知道有機會和史托克戴爾共度午餐時，我是多麼迫不及待。我們之所以結緣，是因為我有個學生寫了一篇關於史托克戴爾的論文，當時史托克戴爾正好在胡佛研究院擔任資深研究員，研究斯多葛派哲學家，而胡佛研究院就在我辦公室的對面，因此他邀請我們師生倆共進午餐。會面前，我閱讀了史托克戴爾夫婦合著的《愛與戰爭》（*In Love and War*），這本書描述了囚禁在戰俘營的八年中他們夫妻倆各自的經歷。

一路讀下來，我感到愈來愈沮喪。因為書中描述的情景實在太淒慘了……前途茫茫、越共又是如此殘酷等等。然後我想到：「我坐在溫暖舒適的辦公室裡，在美麗的週末午後，望著窗外美麗的史丹佛校園。我因為讀了這本書而感到悶悶不樂，其實我已經曉得故事的結局。我知道他後來終於脫困，和家人團聚，成為全國知名的英雄人物，並且把餘生用在這個美麗的校園中研讀哲學。如果閱讀這本書就讓我這麼難受，那麼當時親身忍受煎熬、而且不知道故事結局的史托克戴爾，究竟是怎麼熬過來的？」

當我問他這個問題時，他說：「我沒有喪失信心，我不但不懷疑自己最終能脫困，而且也相信我一定能活下來，這段經歷變成扭轉我人生的關鍵，現在回頭來看，我不願和任何人交換這段經驗。」

❖

有好幾分鐘，我什麼話都沒說，我們慢慢走向教職員俱樂部，史托克戴爾一拐一拐地走著，在戰俘營中被打傷的腳始終沒有完全康復。沉默地走了一百公尺以後，我問：「哪一種人通常無法堅持到最後？」

「噢，樂天派的人。」他說。

「樂天派？我不懂，請你解說一下。」想到他先前說的話，我完全被搞糊塗了。

「樂天派的人會說：『聖誕節以前，我們就會被釋放。』結果，聖誕節來臨了，聖誕節又過去了。然後他們又說：『復活節以前，我們一定會脫困。』結果，復活節也過去了。接下來是感恩節，然後聖誕節又來臨了。最後，他們因為心碎而死。」

我們又沉默地走了一段路，然後史托克戴爾轉過頭來對我說：「我從這個經驗中學到了很重要的教訓：一定要相信自己能獲得最後的勝利，絕對不可以失去信心，但同時也必須很有紀律，不管眼前的現實多麼殘酷，都必須勇敢面對，千萬不要把對未來的信心和面對現實的紀律混為一談。」

直到今天，我的腦子裡仍時常浮現史托克戴爾告誡樂天派者的畫面：「我們不會在聖誕節以前脫困的，面對現實吧！」

❖

我一直記得史托克戴爾的一番話，而且他的話深深影響了我的自我成長歷程。人生本來就不公平，有時候如意，有時候失意。一路走來，每個人都經歷過不少失望、挫折及莫名其妙的失敗。每個人都可能生病、可能受傷、可能遭遇意外、可能痛失所愛的人、在政壇失利，或在越戰中受傷被俘，在戰俘營中被關八年。史托克戴爾給我的啟示是每個人之所以境遇不同，原因不在於他們有沒有遭遇困難，而在於他們如何因應人生中不可避免的逆境。在面對生命中的種種挑戰時，史托克戴爾弔詭發揮了驚人的力量（也就是說，相信自己一定能劫後餘生，同時又勇敢面對眼前的殘酷現實），幫助我們不被逆境擊倒，反而變得更堅強。史托克戴爾弔詭不只深深影響了我，也影響許多從中受到啟發並且身體力行的人。

史托克戴爾弔詭

不管遭遇多大的困難，都相信自己一定能獲得最後的勝利，同時，

不管眼前的現實多麼殘酷，都要勇敢面對。

我從來沒有把和史托克戴爾談話聊天當成研究計畫的一部分，我比較將之視為個人的經歷，而不是企業經營上的教訓。但當我們檢視研究的證據時，我的腦子裡不斷響起史托克戴爾的話。終於，有一天和研究小組開會時，我告訴他們史托克戴爾的故事。講完故事後，會議室中一片寂靜，我心裡想：「他們一定認為我真會扯？」

然後，沉默寡言但深思熟慮的杜菲（Duane Duffy）說（他剛剛完成A&P和克羅格的對照分析）：「這正是我一直苦思不得其解的情況。我一直想找到A&P和克羅格的基本差異，而答案就在這裡。克羅格就像史托克戴爾，而A&P就像那些樂天派，老是以為到了聖誕節一定可以脫困。」

其他研究人員也紛紛呼應，他們在比較分析的案例中，都發現相同的差異，即富國銀行和美國銀行同樣都捲入金融自由化的浪潮、金百利克拉克和史谷脫紙業同樣都面對巨人寶鹼公司的威脅、必能寶和地址印刷機公司都失去了獨占地位、紐可和伯利恆都面臨進口鋼鐵的競爭等。他們全都表現出這種弔詭的心理形態，我們將之命名為「史托克

戴爾弔詭」。

無論在開創自己的人生或領導他人時，史托克戴爾弔詭都是成就卓越事業者的標記。二次大戰時的邱吉爾或戰俘營中的史托克戴爾都展現了這種特質。儘管我們篩選出來的「從優秀到卓越」公司，無法和拯救自由世界的功績或在戰俘營中存活下來的深層個人經驗相提並論，但他們的確都擁有史托克戴爾弔詭的特質。不管目前的形勢多麼絕望、公司的表現多麼平凡，他們都有堅定的信心，相信自己不但能存活下來，還會變成一家卓越的公司。但同時，他們也很有紀律地面對眼前最殘酷的現實，永不懈怠。

正如我們在研究中的其他發現一樣，塑造卓越企業的關鍵要素其實非常簡單。「從優秀到卓越」的企業領導人都能排除種種雜音，把全副心力放在影響最大的少數幾件事情上。他們之所以能夠辦到，是因為他們兼顧了史托克戴爾弔詭的兩個層面，絕不顧此失彼。如果你也能抱持這種二元心態，你的決策品質將大幅提升，並且找到深具洞察力的簡單原則，作為面臨重大決策時的依歸。你一旦找到這種單純而統一的概念，就有機會脫胎換骨，創造突破性的經營績效，而且持久不墜。接下來，我們要談的就是如何找到這樣的概念。

本章摘要

面對殘酷現實，但絕不喪失信心

重點

- 所有「從優秀到卓越」的公司邁向卓越之路，都先從誠實面對眼前的殘酷現實開始。
- 當你誠實而努力地設法釐清真實情況時，什麼是正確的決策似乎也不證自明。假如不先面對殘酷的現實，絕對不可能產生好的決策。
- 推動公司從優秀邁向卓越的過程中，很重要的是，領導人必須塑造能聽到真話、而且不掩蓋事實的企業文化。
- 要塑造能聽到真話的環境，有四個基本做法：
  1. 多問問題，不要直接給答案。
  2. 激發對話和辯論，而非高壓統治。
  3. 事後檢討，但不責怪。
  4. 建立起「紅旗」機制，將資訊轉變為不容忽視的資訊。
- 「從優秀到卓越」的公司所面對的橫逆並不會少於對照公司，但是他們身處逆境時的反應卻和對照公司截然不同。他們會直接面對現實，因此浴火重生後，公司比過去更加壯大堅強。

- 要領導企業從優秀邁向卓越，最好抱著史托克戴爾弔詭的二元心態：無論碰到多大的困難，都堅信自己能獲得最後的勝利；同時，不管眼前的現實多麼殘酷，都誠實面對。
- 領袖魅力是資產，也是負債；在強人麾下的員工往往不敢把殘酷的真相誠實上報。

意外的發現

- 領導的第一步並非提出願景，而是帶領員工面對殘酷現實，並採取行動。
- 把時間花在激勵人心上，完全是在浪費時間。真正的問題不在於「如何激勵員工」，因為如果你打從一開始就找對人上車，那麼他們自然會自我激勵。
- 真正的問題反而是，怎麼樣才不會打擊員工士氣？而最容易打擊士氣的行動莫過於不願正視殘酷的現實。

第五章

刺蝟原則

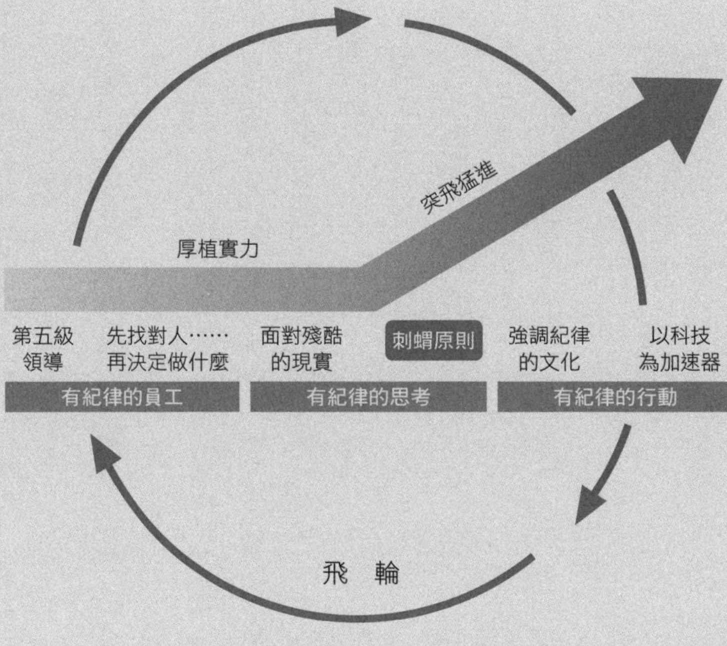

擁有核心事業、核心競爭力，

不見得表示你們在這個領域是全球頂尖的公司。

如果你們在核心事業上，

無法達到全球頂尖的水準，

那麼你們的刺蝟原則就不應該以核心事業為基礎。

你是刺蝟，還是狐狸？

英國思想家柏林（Isaiah Berlin）在著名文章〈刺蝟與狐狸〉（The Hedgehog and the Fox）中，根據古希臘寓言「狐狸知道很多事，但刺蝟只知道一件大事」，把人分成刺蝟和狐狸兩種。狐狸是狡猾的動物，能想出無數複雜的策略來偷襲刺蝟；狐狸每天繞著刺蝟的巢穴走來走去，伺機偷襲，乍看之下，行動敏捷、外表迷人、油腔滑調而又詭計多端的狐狸顯然一定占上風。從另一個角度看，刺蝟是懶惰的動物，其貌不揚，長得好像豪豬和犰狳的混種。刺蝟搖搖擺擺地展開單純的一天，四處尋覓午餐，忙著照顧家裡。

每天，狐狸都狡猾地在小徑路口靜靜等候。刺蝟腦子裡想著自己的事情，漫不經心地逛著逛著，走到了狐狸埋伏的小徑上。「啊哈！這下可逮到你了！」狐狸想，然後迅雷不及掩耳，一躍而上。小刺蝟意識到危險逼近，抬頭往上看，心裡想著：「又來了，牠怎麼老是執迷不悟？」然後立刻蜷縮成一個長滿尖刺的小球。狐狸正要往獵物撲過去時，看到刺蝟嚴陣以待，趕忙打消念頭，撤回森林，開始策畫另一波的攻擊。每一天，狐狸和刺蝟之間都上演著相同的戰役，儘管狐狸比較詭計多端，刺蝟卻總是獲勝。

柏林根據這個小小的寓言，把人分成狐狸和刺蝟兩種。狐狸型的人總是同時追求許多不同的目標，把世界看得很複雜。柏林形容，他們總是「一心多用，同時展開各種不同的行動」，從來不將自己的想法整合成整體的概念或一致的願景。而刺蝟型的人總是把複雜的世界簡化為單一的系統化觀念或基本指導原則；不管外面的世界多麼複雜，刺蝟型的人都能把所有的挑戰和難題化約為單純的刺蝟原則。對刺蝟型的人而言，和刺蝟原則扯不上關係的事情都不太重要。

有一次，普林斯頓大學教授布瑞思勒（Marvin Bressler）和我長談時，指出了刺蝟型的優點：「你知不知道，儘管同樣聰明過人，為什麼有人能發揮重要影響力，有人卻不行？因為前者都是刺蝟型的人。」想想看，佛洛伊德提出潛意識的觀念，達爾文提出物競天擇，馬克思提出階級鬥爭，愛因斯坦提出相對論，亞當・斯密提出勞力分工……他們都是刺蝟型的人，都把複雜的世界單純化。

說得更清楚一點，刺蝟型的人並不笨。恰好相反，他們很清楚如果要獲得高瞻遠矚的洞見，根本之道在於單純。還有什麼觀念比 $e = mc^2$ 更單純？還有什麼觀念比從潛意識發展出來的本我、自我和超我架構更單純？還有什麼觀念比亞當・斯密「看不見的手」更為優雅？不，刺蝟型的人並非頭腦簡單的笨蛋，他們擁有敏銳的洞察力，因此能看穿複雜的表象，找到潛藏的形態。刺蝟型的人重視的是本質，其他一切都置之度外。

刺蝟和狐狸的討論和「從優秀邁向卓越」有什麼關係呢？答案是都有關係。

能推動優秀公司邁向卓越的領導人或多或少都屬於刺蝟型。他們運用刺蝟的天性為公司發展出刺蝟原則。對照公司的領導人則比較像狐狸，從來沒有辦法掌握刺蝟原則的優勢，反而總是一心多用，前後矛盾。

就拿華爾格林和艾克德為例。還記得嗎？華爾格林從一九七五到二〇〇〇年的累計股票報酬率，勝過大盤績效達十五倍之多，表現凌駕奇異、默克、可口可樂和英特爾等偉大企業。對這樣一家沒沒無聞（甚至可以說很沉悶）的公司來說，表現實在驚人（請見圖5-1）。訪問寇克・華爾格林時，我一直請他分析得更深入一點，幫助我們了解他們如何締造了如此非凡的績效。最後他生氣地說：「真的沒有那麼複雜！我們一旦掌握了原則，就勇往直前。」

他們的原則是什麼呢？很簡單，成為最好、最便利的藥店，在每一位顧客上門光顧時，都能從中獲取高利潤。如此而已，這就是華爾格林擊敗英特爾、奇異、可口可樂和默克藥廠的突破性策略。

華爾格林公司展現了典型的刺蝟作風，他們一旦掌握了單純的指導原則，就始終如一，徹底執行。他們擬定計畫，有系統地以更方便的商店取代所有不夠便利的商店，尤其偏好位於街角的店面，因為從不同方向來的顧客都可以方便進出。如果華爾格林找到一個絕佳的角落店面，位置離原本還滿賺錢、地點也不錯的華爾格林商店不到半條街，那麼華爾格林公司寧可為了在街角開一家「卓越」的新商店，而關掉那家舊的還算優秀的商店，即使因為違反租約而必須付出一百萬美元都在所不惜。華爾格林也率先推出得來速服務，當他們發現顧客很喜歡這種服務時，又多開了幾百家這類商店。在都會區，華爾格林商店緊密群聚在一起，希望居民每走幾條街，就一定會看到華爾格林商店。例

圖 5-1　華爾格林和眾多卓越企業比較

投資 1 美元的累計報酬

1975 年 12 月 13 日－ 2000 年 1 月 1 日

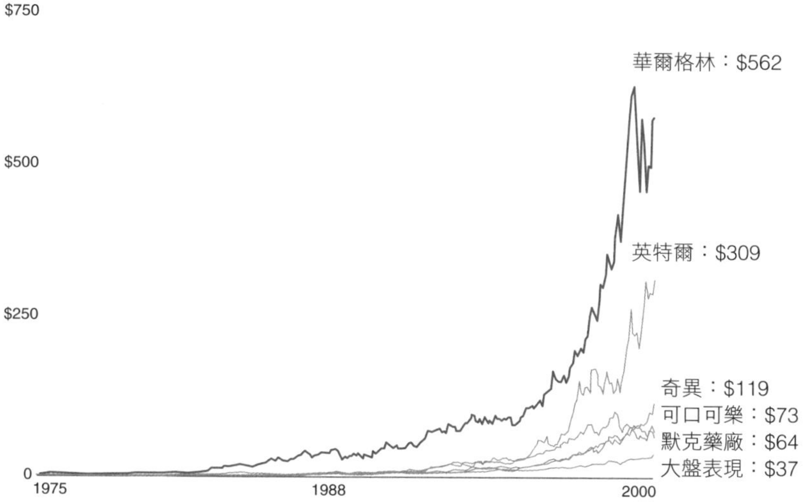

如在舊金山市中心，方圓不到兩公里之內，幾乎聚集了九家華爾格林商店。九家店！如果仔細觀察，你會發現華爾格林商店在某些城市的密集度，幾乎可以媲美西雅圖的星巴克咖啡店。

接下來，華爾格林把便利商店的概念與一個簡單的經濟觀念相連結，即每位上門的顧客帶來的平均獲利。由於密集開店（每兩公里九家店！）達到了地區性的經濟規模，因此流入的現金可以拿來在更多地方密集開店，也吸引更多顧客上門。增加了高利潤的服務（例如一小時快速沖洗相片）之後，每位顧客平均獲利隨之提高。更便利的服務吸引了更多顧客上門，顧客數與每位顧客帶來的高利潤相乘之後，為整個連鎖系統挹注了更多現金，可以用來開設更多便利商店。一家店接著一家店，一條街接著一條街，一座城市接著一座城市，一個地區接著一個地區，由於這個簡單得難以置信的概念，華爾格林愈來愈像始終一以貫之、抱持單純原則的刺蝟。

現今的世界充斥著追逐流行的企業主管、才華洋溢的夢想家、大放厥辭的未來學家、懂得鼓舞人心的管理大師，因此看到有一家企業能夠充分發揮想像力，如此成功而卓越地實現了簡單的概念，真是令人耳目一新。成為全世界最好的便利藥店，穩定地提高每位顧客所創造的利潤，還有什麼策略比這個策略更一目了然、直截了當呢？

但是，如果這個策略如此明顯而直接，為什麼艾克德卻視而不見？華爾格林當時一心一意在都會區發展，因為在城市中比較能有效執行便利／群聚的概念，我們卻沒有看到艾克德有任何類似而一致的成長概念。艾克德的主管基本上只是像狐狸般精明的生意人，忙著到處收購商店，這裡買四十二家店、那裡買三十六家店，卻缺乏明顯而一以貫之的主要概念。

華爾格林的主管深深了解，必須砍掉所有不符合刺蝟原則的事業，才能獲得高利潤的成長，艾克德的主管卻為了成長而成長。在一九八〇年代初期，當華爾格林虔誠地將便利藥店的概念付諸實行時，艾克德卻奮不顧身地投入家庭錄影帶市場，買下了美國家庭錄影帶公司（American Home Video Corporation）。艾克德的執行長在一九八一年告訴

《富比士》雜誌，「有人覺得如果我們的事業單純一點，發展會更好。但我希望公司能成長，而家庭錄影帶的市場才剛萌芽，和藥房連鎖事業很不一樣。」艾克德進軍家庭錄影帶市場的結果，虧損了三千一百萬美元，後來把這家公司賣給了坦迪公司（Tandy），坦迪還得意洋洋地宣稱自己撿到便宜，購買價格比公司帳面價值低了七千兩百萬美元。

在艾克德買下美國家庭錄影帶公司的那一年，華爾格林和艾克德的營業額幾乎完全一樣（十七億美元）。十年後，華爾格林的營收成長為艾克德的兩倍，十年來累計的淨利比艾克德足足多了十億美元。二十年後，華爾格林愈來愈壯大，成為我們研究的企業中最能保住轉型成果的公司。同時，艾克德卻早已賣掉，不再是一家獨立公司。

刺蝟原則的三個圓圈

關於刺蝟原則的概念最初是在研究小組開會時提出的，當時我們正試圖為華爾格林不可思議的高報酬率尋找合理的解釋。

「我們不是在討論策略嗎？」我問，「便利藥店、每位顧客平均獲利……這不就是基本策略嗎？」

「但是，艾克德也有策略，」負責對照分析兩家公司差異的庫柏（Jenni Cooper）說，「我們不能一口咬定他們的差別主要在於有沒有策略，因為兩家公司都各有各的策略。」她的觀察很正確。單單表面的策略並不會讓「從優秀到卓越」的公司有別於對照公司。兩組公司都有策略計畫，而且也沒有證據顯示，「從優秀到卓越」的公司投注了更多時間精力在策略發展和長程規畫上。

「好，所以我們要討論的只是好策略和壞策略的差別？」

小組成員沉思了一會兒。然後威爾班克思（Leigh Wilbanks）注意到：「令我十分震驚的是，他們的概念單純得不可思議。我的意思是說，想想看克羅格的超級商店構想，或金百利克拉克進軍消費性紙製品市場的行動，或華爾格林的便利藥店概念，全都是非常單純、單純、單純的想法。」

他的話掀起一陣騷動。很快的，一切變得非常明朗，所有「從優秀到卓越」的公司都找到了極其簡單的概念作為決策的參考架構，而且時間也相當吻合，他們釐清概念的時間，正好是開始出現突破性經營績效的時候。同時，像艾克德之類的對照公司卻因為趕時髦的成長策略而栽了跟頭。「好，」我步步進逼，「但只是單純就夠了嗎？只不過因為概念很單純，並不表示策略正確。世界上有許多公司都有很單純但錯誤的構想，因此失敗了。」

於是，我們決定系統化地檢視「從優秀到卓越」的公司和對照公司的基本概念。花了幾個月的時間過濾篩選、考慮各種可能性後，我們終於了解「從優秀到卓越」公司的刺蝟原則，並非只是心血來潮的簡單想法。

「從優秀到卓越」的公司和對照公司之間的基本策略差異在於兩方面：第一，「從優秀到卓越」的公司把策略奠基於對三個重要面向的基本了解上，我們稱之為「三個圓圈」。第二，「從優秀到卓越」的公司把這樣的理解轉換為單純而清晰的概念，並成為一切努力的依歸，這就是「刺蝟原則」。

說得更清楚一點，刺蝟原則是對於圖5-2三個圓圈的交集有了深刻理解之後，所發展出來的單純清晰概念：

一、**你們在哪些方面能達到世界頂尖水準？**（同樣重要的是，你們在哪些方面無法成為世界頂尖水準？）這個鑑別標準的重要性遠超過核心競爭力。因為擁有核心競爭力，不見得表示你在這方面能成為世界頂尖。相反的，能成為世界頂尖的領域，也可能根本不是你們目前投入發展的領域。

二、**你們的經濟引擎主要靠什麼驅動？**所有「從優秀到卓越」的公司都有敏銳的洞察力，知道如何才能有效獲取充足的現金和高利潤，並且持久保持營運績效。尤其是他們都發現了單一指標（每X的平均獲利）對於營運績效有巨大的影響。

三、**你們對什麼事業充滿熱情？**「從優秀到卓越」的公司都專心致力於能點燃他們熱情的事業。我的意思並不是鼓勵你去激發員工的熱情，而是希望你們找到能熱情投入

圖 5-2　刺蝟原則的三個圓圈

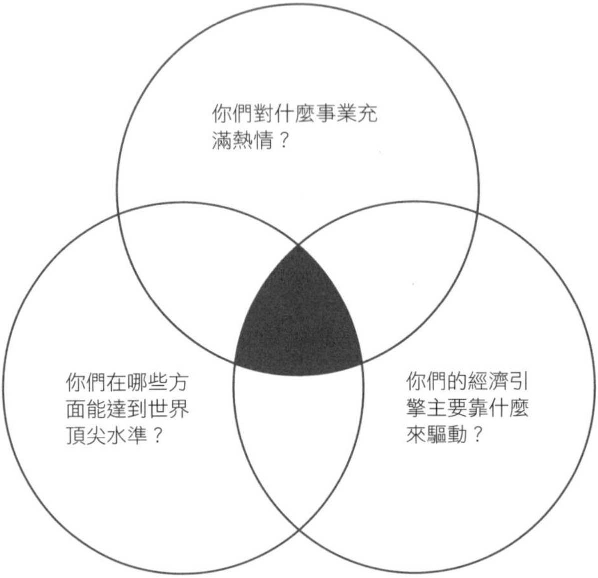
你們對什麼事業充滿熱情？
你們在哪些方面能達到世界頂尖水準？
你們的經濟引擎主要靠什麼來驅動？

的事業。

要很快了解這三個圓圈代表什麼意義，不妨先想一想以下針對個人的分析。假設你要根據以下三個檢驗標準來規畫職業生涯：首先，你在這方面必須特別有天分，因此，充分發揮上天賦予的才華後，你或許能夠成為這個領域的全球頂尖高手。（「我覺得好像生來就應該從事這樣的工作。」）第二，你可以從工作上獲得很好的報酬。（「有人付錢請我做這樣的事？我在作夢嗎？」）第三，你對於所做的事情懷抱著極大的熱情，很喜歡這樣的工作，也能享受整個工作過程。（「我每天早上醒來，都很盼望趕快開始工作，而且我真的相信我做的事情很重要。」）如果你能邁向三個圓圈的交集，並且把交集所代表的意義轉換成簡單而清晰的概念，成為指引你生涯抉擇的指導原則，那麼你就擁有自己的刺蝟原則。

為了完整發展出刺蝟原則，你需要三個圓圈，缺一不可。如果你們在這一行永遠不可能成為全球頂尖，卻靠這個事業賺了很多錢，那麼你們只不過是建立了一家成功的公司，還稱不上是一家卓越企業。但即使你們已經成為某一行的頂尖，如果你們對於所做的事情沒有發自內心的澎湃熱情，那麼你們永遠不可能維持頂尖的地位。最後，你們可能熱情投入，但是如果沒有辦法成為這一行的頂尖，或在經濟上毫無效益，那麼你們或許樂在其中，卻沒有辦法創造出卓越的營運績效。

了解自己的專長

「他們堅守住自己最了解的事業，並且根據自己的能力（而不是太過自我中心）決定發展方向。」巴菲特解釋，儘管他極不看好銀行業，卻仍然投資兩億九千萬美元於富國銀行時。在釐清刺蝟原則之前，富國銀行曾經試圖發展為如同小型花旗銀行般的全球性銀行，但表現平平。後來，在庫利和瑞查德分別擔任執行長的時代，富國銀行的主管開始自問：到底我們在哪方面最拿手，可以表現得比任何公司都好？同樣重要的是，到底我們在哪些方面沒有辦法表現得比其他公司好？如果我們沒有辦法在這方面成為頂尖公司，為什麼還要繼續經營這類的業務？

於是，富國銀行的經營團隊先把自我擺在一邊，結束掉大半的國際業務，坦然面對富國銀行在全球金融業務上敵不過花旗銀行的事實。接著，富國銀行把焦點轉向自己最拿手、可能成為世界頂尖的領域：像經營企業一樣經營銀行，並且把營運重心放在美國西部地區。這就對了，富國銀行之所以能從一心仿效花旗銀行的普通銀行蛻變為全球營運績效最佳的銀行，這就是他們的刺蝟原則的精髓所在。

在轉型期間，擔任富國銀行執行長的瑞查德可說是「刺蝟型」的代表人物。美國銀行界的領導人面臨金融自由化的浪潮時，多半驚恐地以劇烈變革來因應環境的變化，聘請變革大師，採取複雜模式，花費很多時間建立應變小組，但瑞查德剝除複雜的表象，回歸到最根本的單純。接受訪問時，他告訴我們：「這件事沒有太空科學那麼複雜，我們做的事情其實很簡單，而我們也一直讓它保持單純。由於我們的原則太簡單明瞭了，討論起來都覺得很荒謬。處於高度競爭而自由化的產業中，任何一個普通生意人的腦子裡，大概自然都會迸出這樣的想法。」

瑞查德讓員工專注於單純的刺蝟原則上，不斷提醒他們：「我們在加州的莫德斯度（Modesto）可以賺到的錢比在東京還多。」在瑞查德手下做過事的人都十分驚嘆他掌握單純的天分。一位同事說：「如果瑞查德是個奧運跳水選手，他不會做迴旋五圈的高難度動作，而會把優雅的燕式跳水反覆練到盡善盡美，成為世界頂尖好手。」

富國銀行全神貫注於他們的刺蝟原則上，套用公司主管的形容，他們簡直奉刺蝟原則為圭臬。我們訪談的時候，富國銀行的員工不斷重複同樣的主題：「其實沒有那麼複雜。我們只不過腳踏實地檢討目前的事業，並且決定把重心完全放在自己最拿手的事情上，而不要分散注意力，輕易跨足於能滿足自我虛榮心卻不是我們最拿手的領域。」

這段話點出了本章最重要的觀點：刺蝟原則並不是把達到頂尖當成目標、把達到頂尖當成策略、有達到頂尖的意圖，或具備了達到頂尖的計畫，而是了解自己在哪些方面能夠表現得最好，達到頂尖。其中的差別非常重要。

每家公司都希望在某方面達到頂尖，但沒有幾家公司真的了解（以敏銳的洞察力客觀評估），他們在哪些方面真的具備了成為頂尖公司的潛力，同樣重要的是，他們在哪些方面根本不可能成為頂尖公司。而個中差異正是區分「從優秀到卓越」的公司和對照公司的所在。

我們不妨比較一下亞培藥廠和普強藥廠的情況。一九六四年，兩家公司的營業額、利潤、產品線幾乎完全一樣。兩家公司的主要產品都是藥品，尤其是抗生素。兩家公司都是家族企業，兩家公司的發展也都落後同業。但是，一九七四年，亞培開始展現突破性的績效，接下來十五年，亞培的累計股票報酬率是大盤績效的四倍、普強的五．五倍。兩家公司主要差異之一，就在於亞培評估了自己在哪方面最拿手、能成為世界頂尖，並據以發展出刺蝟原則，普強則不然。

亞培跨出的第一步就是面對現實。早在一九六四年以前，亞培就錯失了成為最佳製藥公司的機會。一九四〇和五〇年代，亞培的發展有如牛步，只倚賴金牛產品紅黴素來賺取大量現金，然而像默克藥廠等競爭對手卻勵精圖治，建立起足以與一流學府哈佛和柏克萊匹敵的研究機制。一九六四年以前，坎恩和他所率領的亞培經營團隊早已心知肚明，默克和其他藥廠的研究水準遙遙領先亞培，亞培想要成為全球頂尖的製藥公司簡直是癡人說夢，就好像高中的美式足球校隊妄想挑戰達拉斯牛仔隊一樣。

儘管亞培多年來一直以製藥為主業，未來卻不可能成為全球頂尖的製藥公司。因此在第五級領導人率領下，亞培的經營團隊抱持史托克戴爾的信念（我們一定有辦法成為一家卓越公司，我們一定會想出方法！），開始探討亞培在哪方面最拿手。一九六七年左右，關鍵的想法浮現了：我們已經錯失了成為頂尖製藥公司的機會，但還有機會在最具成本效益的保健領域創造頂尖產品。亞培曾在實驗室中研發了許多醫院營養品，希望能幫助病人在手術後迅速恢復元氣，也開發出各種診斷工具（適當診斷是降低醫療保健成本的主要方式之一）。亞培後來在這兩個領域都成為排名第一的公司，提供深具成本效益的醫療保健產品，成為全球頂尖公司幾乎是指日可待的事。

普強則從來不肯正視殘酷的現實，繼續癡心妄想能擊敗默克。後來，當普強與產業領導公司的差距愈來愈遠時，他們開始多角化發展，把觸角延伸到他們絕對無法成為全球頂尖的領域，例如塑膠和化學品。於是，普強落後其他製藥界巨人更遠了，這時候，他們才回歸本業，重新聚焦於處方藥上。但普強從來不肯正視一個事實，即普強規模太小，在需要龐大資金的製藥業，根本不可能有勝算。雖然他們的研發費用占營業額的比例幾乎是亞培的兩倍，獲利卻日漸萎縮，當普強在一九九五年遭到購併時，獲利還不到亞培的一半。

亞培和普強的例子凸顯了「核心事業」和「刺蝟原則」之間的差異。只不過因為這是你的核心事業（只不過因為多年來、甚至數十年來，你們一直在做這門生意），不見得表示你們在這個領域是全球頂尖的公司。如果你們在核心事業上無法達到全球頂尖的水準，那麼你們的刺蝟原則就不該以核心事業為基礎。

顯然，刺蝟原則和核心競爭力不同。你可能在某方面很有競爭優勢，卻缺乏成為世界頂尖的潛力。例如有個年輕人高中微積分成績全都是A，在SAT的數學測驗中也拿到高分，顯然他在數學科目上具備了核心競爭優勢。這個年輕人因此就該成為數學家嗎？不見得。假定這個年輕人上大學後選了幾門數學課，也繼續拿高分，但他碰到了幾位很有數學天分的同學。有個學生形容他的經驗：「我要花三個小時的時間，才能解完期中考的試題。但是有的人可以在三十分鐘內完成，並且拿到A⁺的高分。他們的腦子構造就是和我們不一樣。我或許可以成為一個十分勝任的數學家，不過我知道，我永遠不可能成為全球頂尖的數學家。」父母朋友可能對年輕人施加壓力，鼓勵他繼續研讀數學，他們會說：「你的數學念得這麼好，輕易放棄不是太可惜了嗎？」許多人就好像這個年輕人一樣，選擇了自己永遠不可能達到頂尖境界和實現自我的生涯發展方向。如果深為能力的詛咒所苦，缺乏清楚的刺蝟原則，幾乎沒有什麼人能夠在錯誤的領域中成為佼佼者。

刺蝟原則必須有嚴格的卓越標準。刺蝟原則談的不只是厚植實力、建立競爭優勢，而是了解你的組織是否真的有潛力在這個領域成為全球頂尖，並且能持久不墜。許多對照公司和普強一樣，拚命守著自己經營得還不錯、但絕不可能達到頂尖的事業，或更糟的是，為了追求快速成長和利潤，而跨入了他們完全沒有希望成為全球頂尖的領域。他們或許一時賺了不少錢，卻永遠不可能成為卓越的企業。

從優秀公司躍升為卓越企業，必須能超越能力的詛咒，必須能很有紀律地說：「只不過因為這是我們擅長的事情（只不過因為我們現在很賺錢，成長很快），不見得表示我們可以成為頂尖公司。」「從優秀到卓越」的公司明白，做自己擅長的事會讓你成為優秀公司；全神貫注於你比其他公司都做得更好的事情，則是邁向卓越的唯一途徑。

每一家從優秀到卓越的公司都深深理解這個原則，並且把資源集中於他們最擅長的少數幾個領域（參考下頁表5-1的內容）。對照公司則通常不明白這點。

經濟引擎中的指標數字

「從優秀到卓越」的公司經常在平凡無奇的行業中創造令人讚嘆的投資報酬績效。當富國銀行的股票報酬率擊敗大盤時（是大盤表現的四倍），銀行業的整體績效只不過列於表現最差的二五％的產業。更令人矚目的是，必能寶和紐可都置身於表現最差的五％的產業，然而這兩家公司的表現都擊敗大盤，是股市整體表現的五倍多。所有「從優秀到卓越」的公司中，只有一家公司有幸置身於卓越的產業中（表現最優秀的前一〇％的產業），五家公司在很優秀的產業，五家則在很差、甚至糟糕得不得了的產業中（請見附錄5A的產業分析）。

表 5-1 「從優秀到卓越」的公司
以及刺蝟原則中「成為世界頂尖」的圓圈

這個表格將顯示「從優秀到卓越」的公司之所以能成功轉型，乃奠基於下列的領悟。請注意，這個表格所顯示的並非公司開始轉型時已經出類拔萃的部分（當時這些公司大半在各方面都表現平平），而是他們開始領悟到，自己在哪些方面可以成為全球頂尖。

亞培藥廠 創造出能降低醫療保健成本的產品組合，在這方面成為全球頂尖。	註：儘管當時藥品銷售是亞培的主要業務，占營業額的99%，亞培仍然正視無法成為全球頂尖藥廠的現實，將發展焦點轉到能降低醫療保健成本的產品組合，包括醫院營養品、醫院用品等。
電路城 將「4-S」模型（服務、選擇、儲蓄、滿足）應用在高價的消費性市場上，成為全球頂尖。	註：電路城認為他們可以成為高價零售市場上的「麥當勞」，能夠藉著遙控的方式，經營散布各處的體系。他們的特色不在於表面上的「4-S」模型，而在於他們能協調一致、徹底執行這個模型。
房利美 在所有與抵押貸款相關的金融業務領域，成為全球頂尖的資本市場營運高手。	註：最重要的是能看出：一、房利美能成為資本市場上的要角，比起任何華爾街公司都毫不遜色。二、能發展出為抵押貸款相關證券做風險評估的獨特能力。
吉列公司 在需要複雜生產技術的日常用品市場上，成為全球主要品牌。	註：吉列公司發現，他們的特色在於能夠結合兩種截然不同的技能：一、有能力大量製造低成本、超高耐力的產品（如刮鬍刀）。二、能建立起全球知名的消費品牌，成為刮鬍刀或牙刷中的「可口可樂」。
金百利克拉克 在消費性紙製品市場上成為全球頂尖公司。	註：金百利克拉克明白，他們非常擅長在紙製品市場各種產品類別中創造殺手級品牌——產品名稱幾乎和產品類別成為同義字（例如可麗舒幾乎成為面紙的代名詞）。
克羅格 成為創新的超級聯合商場。	註：克羅格一向擅長在雜貨店的經營上推陳出新。他們運用這個長處，創造出由眾多高利潤的創新「迷你商店」結合而成的大賣場。

（續下頁）

紐可公司 最擅長運用企業文化和科技的優勢來生產低成本鋼鐵。	註：紐可發現他們特別擅長下列兩件事情：一、塑造講求績效的企業文化。二、很有遠見地投資於新的生產技術上。綜合以上兩個優勢，紐可終能成為美國成本最低的鋼鐵廠。
菲利普莫里斯 成為全世界最擅長建立香菸和其他消費品品牌忠誠度的公司。	註：在轉型初期，菲利普莫里斯自認能成為全球最好的菸草公司。後來他們開始多角化，跨入非菸草領域（所有的菸草公司為了自我保護，幾乎都採取這種策略），但是仍然牢牢掌握自己在「不道德」的產品（例如啤酒、菸草、巧克力、咖啡等商品）和食品市場上的品牌優勢。
必能寶 在需要複雜後勤支援設備的通信領域，成為全球頂尖公司。	註：當必能寶苦思如何跨出郵資機的領域發展時，自認有兩項優勢：一、必能寶不只是一家郵資機公司，可以定義得更寬廣（變成通信公司）。二、他們特別擅長供應後勤部門複雜的機器。
華爾格林 成為全球頂尖的便利藥店。	註：華爾格林明白，他們不只是藥房，也是便利商店。於是，他們開始系統化地搜尋便利商店的最佳設置地點，在小區域中群聚多家便利藥店，並率先推出得來速購物服務，同時大量投資於科技（包括開發網站），以連結全球華爾格林商店，創造一家超大型「街角藥房」。
富國銀行 成為美國西部經營得最像企業的銀行。	註：富國銀行有兩個主要洞見：首先，大多數的銀行都自認是銀行，也表現得像銀行，並且極力保護銀行家文化。富國則自認是一家企業，只不過恰好從事金融業務。「把銀行經營得像企業」、「把銀行當成自家公司來經營」成為他們的信條。第二，富國銀行體認到，他們不可能成為世界頂尖的全球銀行，但是卻有可能成為美國西部最好的地區性銀行。

我們的研究清楚顯示，不一定在卓越的產業中才會出現卓越的公司。每一家「從優秀到卓越的公司」無論所處的是什麼樣的產業，都建立起不可思議的經濟引擎，而他們之所以辦得到，完全是因為他們能敏銳地洞悉公司的經濟狀態。

我無意在本書中討論個體經濟學。每家公司和每個產業都有其經濟現實，我不打算在這裡贅述。我想說的重點是，每一家「從優秀到卓越」的公司都深深了解到驅動公司經濟引擎的關鍵力量是什麼，並且據以建立起整個營運系統。

不過，我們確實也注意到，每一家「從優秀到卓越」的公司都有個重要的「經濟指標」，不妨從下列角度來思考這個問題。如果你只能選擇長期有系統地提升公司營運數字中的某個比例（每X的平均獲利或每X的平均現金流量），X對於你的經濟引擎會有什麼最重大和持久的影響？我們發現，這樣的問題能針對組織內在經濟運作，激發深刻的觀察和洞見。

還記得華爾格林如何把焦點從每家店平均獲利，改為每位上門的顧客所帶來的平均利潤嗎？便利的開店地點都很昂貴，但華爾格林提高了每位顧客平均利潤之後，不僅提高了方便性（兩公里內有九家店），還同時提高了整個系統的獲利率。追求每家店平均獲利的績效標準和講求便利的概念恰好背道而馳（要提高每家店的平均獲利，最快的方法就是減少便利商店的數量，並且在比較便宜的地段開店。然而這種做法完全和講求便利的概念恰好相反）。

再看看富國銀行的例子。當時富國銀行的經營團隊所面對的殘酷現實，就是政府放鬆管制將促使銀行業務商品化。他們充分了解諸如每筆貸款平均獲利和每筆存款平均獲利等傳統的銀行績效標準，將不再是銀行經濟引擎的主要驅動力。於是他們掌握了新的經濟指標，即每位員工平均獲利。根據這個邏輯，富國銀行將原本的分行系統改為簡易分行和自動櫃員機的運作方式，成為最早進行改革的銀行之一。

經濟指標可能非常微妙，有時候甚至不能明顯看出。關鍵在於利用探討經濟指標問題的機會，深入了解公司的經濟模式。

舉例來說，房利美掌握了一個微妙的經濟指標：抵押風險等級的平均獲利。他們的洞察力真是敏銳。房利美的主要經濟驅動力在於，他們比任何人都了解抵押貸款的違約風險，因此可以藉銷售保險和風險分攤管理來獲取利潤。他們的看法單純、觀察敏銳、能見人之所不能見，而且十分正確。

又例如在鋼鐵業激烈的削價競爭中脫穎而出的紐可鋼鐵，經濟指標是每噸成品的平均獲利。乍看之下，你或許會認為員工平均獲利或固定成本平均獲利應該是更適當的指標，但紐可的主管深知，紐可的經濟引擎主要是靠強調工作倫理的企業文化和對先進生產科技的應用能力所驅動。無論是員工平均獲利或固定成本平均獲利，都無法像每噸成品平均獲利這樣確切地掌握了這種二元的特性。

每家公司真的都需要設定單一的經濟指標嗎？不一定，但設法找到單一指標，往往能迫使你們更深切了解公司，而不是隨便找三、四個指標敷衍了事。當研究開始碰觸到經濟指標的問題時，我們拿這個問題測試了好幾家公司的經營團隊，結果發現，這個問題總是激起激烈的辯論。即使經營團隊無法（或拒絕）指出單一的指標，但為了因應這個問題的挑戰，他們仍然對公司有更深刻的了解。這才是重點所在，不應該純粹為了設定經濟指標而設定經濟指標，設定經濟指標是為了更深切了解自己的企業，如此一來，才能達到更扎實而持久的經濟績效。

所有「從優秀到卓越」的公司都找到了關鍵的經濟指標（請見表5-2），而對照公司通常不然。事實上，我們只找到一家對照公司能洞察本身經濟狀況。孩之寶（Hasbro）公司認為，經典的玩具和遊戲系列如「美國大兵玩偶」（G. I. Joe）和「大富翁」遊戲（Monopoly），比時髦的熱門玩具更能長久為公司賺進現金，因此寧可細水長流。事實上，孩之寶是唯一了解刺蝟原則三個圓圈的對照公司。他們蒐購經得起考驗的經典玩具，並加以翻新，挑選適當的時機重新推出上市和回收再利用，以提高每個經典品牌的獲利率，並且在這個領域成為全球頂尖。孩之寶的員工對於玩具業懷抱著高度熱情，從三個圓圈中系統化地厚植實力，成為我們研究的對照公司中績效最佳的公司，這個例子

表 5-2　經濟指標

此表格顯示的是「從優秀到卓越」的公司在關鍵轉型期中重視的經濟指標。

亞培藥廠 每位員工平均獲利	關鍵洞見： 把重心從每條生產線平均獲利改為每位員工平均獲利，以符合低成本、高效益的醫療保健事業的觀念。
電路城 每個地區平均獲利	關鍵洞見： 把重心從每家連鎖店平均獲利改為每個地區平均獲利，反映出當地的經濟規模。雖然每家店平均績效仍然非常重要，但把重心放在地區表現，使電路城的經濟效益超越競爭對手塞羅。
房利美 每個抵押風險等級平均獲利	關鍵洞見： 把重心從每筆抵押貸款的獲利改為每個抵押風險等級的平均獲利，反映了房利美的基本觀念——管理利率風險將可降低利率波動帶來的影響。
吉列公司 每位顧客平均獲利	關鍵洞見： 把重心從每個事業部平均獲利轉為每位顧客平均獲利，反映出重複購買次數與每次購買的高利潤相乘後，將發揮驚人的經濟效益。
金百利克拉克 每個消費品牌平均獲利	關鍵洞見： 把重心從每筆固定資產（工廠）的獲利改為每個消費品牌的獲利；因此比較不會出現週期性循環，並且無論景氣好壞，都更有利可圖。
克羅格 每地人口平均獲利	關鍵洞見： 把重心從每家店平均獲利轉為每地人口平均獲利，反映出當地市場占有率對經濟效益的影響。如果無法在當地市場上成為龍頭老大或老二，就該退出。
紐可 每噸鋼鐵成品平均獲利	關鍵洞見： 把重心從每個事業部平均獲利改為每噸鋼鐵成品平均獲利，反映了紐可融合了高生產力和迷你工廠生產科技的文化，不會只把重心放在產量上。

（續下頁）

菲利普莫里斯 每個全球品牌類別平均獲利	關鍵洞見： 把重心從每個銷售區域的利潤轉為每個全球品牌類別獲利，因為他們充分明白，企業是否卓越的真正關鍵，乃在於是否擁有像可口可樂之類的全球品牌。
必能寶 每位顧客平均獲利	關鍵洞見： 把重心從每個郵資機平均獲利轉到每位顧客的平均獲利，反映的觀念是：必能寶可以把郵資機當做跳板，供應客戶的後勤部門許多複雜的設備。
華爾格林 每位上門的顧客平均帶來的利潤	關鍵洞見： 把重心從每家店平均獲利轉到每位上門的顧客平均獲利上，因為必須找到便利（而且昂貴）的開店地點，才能達到經濟規模，長久經營下去。
富國銀行 每位員工平均獲利	關鍵洞見： 把重心從每筆貸款的平均獲利轉到每位員工平均獲利上，反映出他們充分體認到金融自由化的殘酷現實：銀行業務將日漸商品化。

更加證明了刺蝟原則的重要性。

孩之寶後來無法持久不墜，部分是因為執行長哈森費爾德（Stephen Hassenfeld）過世後，他們無法堅守原則，繼續發展三個圓圈中的事業。孩之寶的例子強化了一個重要教訓：如果你成功應用本書的觀念，但是半途而廢，那麼公司將逐漸退步，從卓越企業退化成優秀公司，或甚至不優秀的公司。保持卓越的唯一途徑，就是一直堅守使公司卓越的基本原則。

了解你的熱情

在訪問菲利普莫里斯的主管時，他們展現的強烈熱情令我們大吃一驚。還記得第三章曾提到，魏斯曼形容他在菲利普莫里斯公司工作的經驗，就好像一場驚心動魄的偉大戀愛。即使菲利普莫里斯推出了一堆「不道德」的產品（例如萬寶路香菸、美樂啤酒、高脂乳酪 Velveeta、為有咖啡癮的人推出的麥斯威爾咖啡、巧克力迷喜歡的三角巧克力等），員工仍對工作懷抱極大的熱情。菲利普莫里斯的高階主管大半都非常愛用自家產品。菲利普莫里斯副董事長米亥瑟（Ross Millhiser）也是個老菸槍，一九七九年，他曾說：「我愛香菸，它是我人生中的一大樂趣。」

菲利普莫里斯的員工顯然都熱愛公司，也熱愛自己的工作，他們眼中的自己就好像萬寶路香菸廣告看板上踽踽獨行的牛仔。我在進行上一個研究時，一位菲利普莫里斯的董事曾對我說：「我們有抽菸的權利，而且我們會保護自己的權利！我真的很喜歡擔任菲利普莫里斯的董事，因為感覺自己參與了很特別的事業！」她一面吞雲吐霧，一面很驕傲地說。

現在你可能會說：「這只不過是香菸業者的防衛性說詞罷了。他們當然會有這樣的感覺啦，否則他們晚上怎麼睡得著呢？」但別忘了，雷諾茲香菸公司也是菸草業者，也同樣受到社會強烈抨擊，然而他們的主管開始發展多角化經營，跨入高成長的產業，完全不管自己對於收購的事業是否有經營的熱情，也不管在新領域能否成為世界頂尖。菲利普莫里斯則更堅守菸草本業，而很重要的原因正是他們熱愛這個行業。相反的，雷諾茲的主管只把菸草事業看成賺錢的工具，《門口的野蠻人》（*Barbarians at the Gate*）一書中就生動地描述，雷諾茲的主管幾乎對任何事情都不再有熱情，只熱中於透過槓桿收購而致富。

在討論策略架構時，把模糊而軟性的「熱情」也視為不可或缺的一部分，似乎有點奇怪。但是在每一家「從優秀到卓越」的公司中，熱情都是刺蝟原則裡很重要的部分。你無法製造熱情或激發員工熱情的感覺，只能設法發掘究竟是什麼點燃了你和周遭同事的熱情。

「從優秀到卓越」的公司並沒有說：「好吧，大家對工作熱情一點！」他們採取的方式完全相反：我們只應該做我們能熱情投入的事業。金百利克拉克的主管決定轉型主要原因是，他們對消費性紙製品事業會有更高的熱情。正如一位主管所說，傳統紙製品沒什麼不好，「但就是缺少了紙尿褲的魅力。」

吉列的主管決定開發複雜而昂貴的刮鬍刀系列產品，而不要迎戰即用即丟、利潤微薄的產品，主要原因是他們對於製造即用即丟的廉價刮鬍刀毫無熱情。一九九六年，一位新聞記者在報導中描述吉列的執行長：「贊恩（Alfred Zeien）談到他們的刮鬍刀系列時表現出對科技的熱情，幾乎像你在波音或休斯公司（Hughes）的工程師身上看到的一樣。」當吉列堅守符合刺蝟原則的事業時，他們總是有最好的表現。《華爾街日報》曾寫道：「對吉列公司缺乏熱情的人，可以不必去那裡應徵工作。」報導中提到，吉列之所以未雇用一位出身一流商學院的應徵者，原因是她對於防臭劑沒有表現出充分的熱情。

或許你也沒有辦法對防臭劑表現得熱情洋溢，或許你很難想像怎麼能對製藥業、雜貨店、菸草或郵資機滿懷熱情。你可能很好奇，什麼樣的人會興致勃勃，一心想把銀行經營得像麥當勞一樣有效率，或是覺得紙尿褲很有魅力。其實到了最後，這一切都無關緊要，重要的是，他們對於自己的工作充滿熱情，而且他們的熱情深切而真摯。

然而，這不表示你需要對於企業經營的技術層面充滿熱情（儘管你有可能真的很感興趣），你可以單單把熱情投注在公司所代表的意義上。舉例來說，房利美的員工對於把抵押業務證券化的技術過程或許沒有太大熱情，但想到能幫助來自不同階層、背景和膚色的人實現美國夢，讓他們擁有自己的家，他們就備受鼓舞。一九八三年，在房利美跌落谷底時加入的奈特（Linda Knight）告訴我們：「這可不是隨便一家陷入困境的老公司，這家公司能為數以千計的美國人實現買房子的美夢，它所扮演的角色非常重要，不只是賺錢而已，這是為什麼我們覺得必須奉獻心力於保存、維護、提升這家公司。」另外一位房利美的主管則說：「我認為我們是強化美國社會結構的關鍵機制。每當我開車經過原本殘破不堪的社區，想到這裡因為有更多家庭擁有自己的房子而逐漸復甦，我回去工作的時候都重新充滿幹勁。」

「前刺蝟」vs.「後刺蝟」狀態

我們在研究小組中，經常討論「前刺蝟」和「後刺蝟」的狀態。在前刺蝟狀態中，彷彿在迷霧中摸索前進。在長途跋涉中，你一直都有進展，不斷向前邁進，自己卻沒辦法看得那麼清楚。每逢交叉路口，你只能看到前面一點點路，必須小心翼翼、幾乎爬著過去。然後，由於有了刺蝟原則，突然雲消霧散，周遭的一切豁然開朗，你可以望見幾公里外的地方。從此以後，你經過交叉路口時不必那麼戒慎恐懼，不再需要用爬的，可以直接走過去，後來甚至還能跑過去。在後刺蝟狀態下，你可以飛奔過好幾公里路，連經過交叉路口時，都可以很快做個決定，奔馳而過，不像在迷霧中那麼猶豫不決。

對照公司令人震驚的是，儘管找來了魅力型領導人推動變革計畫，他們卻極少從迷霧中脫困。他們拚命想跑快一點，經過交叉路口時做了很糟糕的決定，走錯了路，後來不得不掉頭重來；要不就是根本走偏了，結果撞到樹叢，又跌落水溝（噢，而且一定跌得驚天動地）。

「從優秀到卓越」的公司心目中單純而清楚的世界，到了對照公司眼中卻變得複雜而迷霧重重。為什麼呢？有兩個原因：第一，對照公司從來不問正確的問題，也就是關於三個圓圈的問題。第二，他們設定目標和策略時，多半出於好大喜功的逞強心態，而不是深刻的理解。

對照公司盲目追求成長的舉動就是最好的例子：三分之二的對照公司都極端渴望成長，卻沒有從刺蝟原則得到好處。關於對照公司的報導中充斥著「我們的經營哲學一向是『要不計一切代價，拚命追求成長』」、「企業規模也就代表成功」之類的句子。相反的，沒有一家「從優秀到卓越」的公司一心只關注成長，然而他們卻能創造出持久而獲利的成長佳績，幅度遠遠大於奉成長為圭臬的對照公司。

以大西部（Great Western）和房利美為例。《華爾街紀錄》（*Wall Street Transcript*）曾描述：「大西部是個笨重的小個子，想盡辦法追求成長。」他們把觸角伸到金融、租賃、保險等領域，不斷收購公司、拚命擴張，想變得更大、擁有更多。一九八五年，大西部的執行長告訴一群分析師：「你們喜歡怎麼稱呼我們都成。」

房利美則很清楚，他們可以在資本市場與抵押貸款相關的所有業務上成為全球頂尖，甚至比高盛（Goldman Sachs）和所羅門兄弟投資公司（Salomon Brothers）都懂得如何在資本市場上經營抵押業務。他們建立了威力十足的經濟機制。把新的商業模式重心放在風險管理，而不是推銷抵押商品，並且以高度的熱情來驅動經濟機制，房利美的員工認為，他們在推動住者有其屋的民主化過程中扮演了關鍵角色。

直到一九八四年以前，兩家公司的股價波動曲線簡直一模一樣。接著在一九八四年，房利美釐清了刺蝟原則之後，股價一飛沖天，大西部卻一直蹉跎光陰，終於在一九九七年遭到收購。而房利美堅守單純的發展觀念，不要一味追求「成長」，因此從一九八四年轉折點開始，直到一九九六年，房利美的營業額成長近三倍。相反的，儘管大西部一直迫不及待地追求成長，但是同時期的營業額和收益卻只成長二五％，後來乾脆在一九九七年賣掉公司（請見圖5-3、5-4）。

房利美和大西部的例子點出了一個基本重點：「成長」稱不上刺蝟原則。如果你有正確的刺蝟觀念，並且在決策時也一以貫之，自然能創造出成長的動力；主要的問題不在於如何成長，而是如何避免成長太快。

在優秀公司邁向卓越公司的路途上，刺蝟原則是重要的轉捩點。在大多數的案例中，通常在釐清刺蝟原則之後的幾年內，公司就會出現重大轉折。更重要的是，本書從此處開始，在討論企業時，都將以掌握刺蝟原則為前提。讀者在接下來幾章中將清楚了解到，唯有掌握刺蝟原則，有紀律的行動才有意義。

儘管刺蝟原則很重要（或者應該說，正因為刺蝟原則如此重要），不加思索就跳躍式地迸出刺蝟原則，將釀成可怕的錯誤。你不可能離開辦公室兩天，拿出幾張掛圖討論一番，然後就有了深入的了解。這就好像愛因斯坦有一天突然說：「我想現在差不多該

圖 5-3　房利美與大西部及股市整體表現比較

1970-1984，投資 1 美元的累計報酬

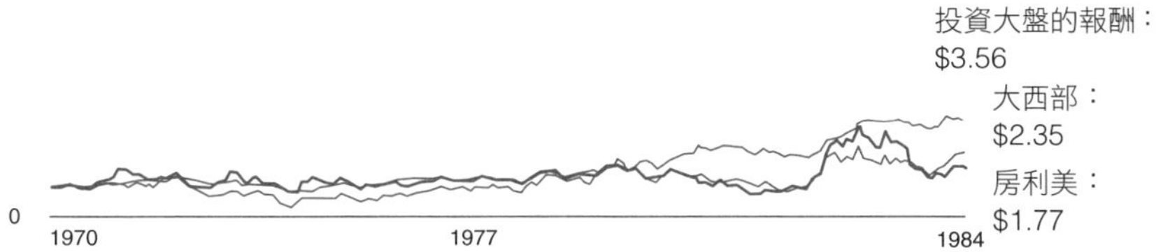

註：1. 曲線圖顯示了從 1970 年 12 月 31 日到 1984 年 1 月 1 日投資 1 美元的累計價值。
2. 股利都重新投入股市。

圖 5-4　房利美與大西部及股市整體表現比較

1984-2000，投資 1 美元的累計報酬

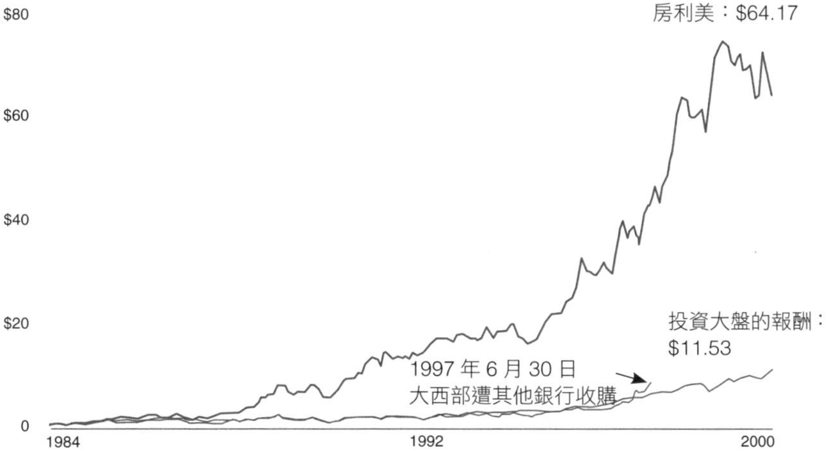

註：1. 房利美的轉折點出現在 1984 年。
2. 曲線圖顯示了從 1984 年 12 月 31 日到 2000 年 1 月 1 日投資 1 美元的累計價值。
3. 股利都重新投入股市。

圖 5-5　釐清刺蝟原則是反覆循環的過程

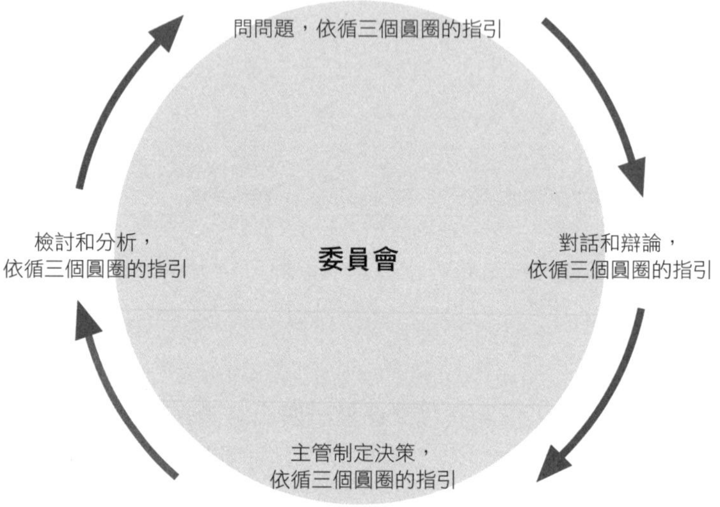

是成為偉大科學家的時候了，所以這個週末我要去四季飯店，打開掛圖，解開宇宙的奧祕。」敏銳的洞見絕對不是如此產生的。愛因斯坦足足花了十年的時間在迷霧中摸索，才發展出相對論，而且他還是個絕頂聰明的科學家。

「從優秀到卓越」的公司平均要花四年的時間，才能釐清自己的刺蝟原則。這就好像科學上的偉大洞見一樣，刺蝟原則能將複雜的世界單純化，讓決策變得更容易。但是儘管掌握了刺蝟原則，觀念本身其實是極其清晰而單純的，釐清概念的過程卻曠日費時，十分困難。讀者必須有心理準備，釐清刺蝟原則的過程是反覆循環的長期抗戰，而不是單一事件。

在過程中，很重要的是要邀請適當的人參與激烈的對話與辯論，面對殘酷的現實，並且依循三個圓圈問題的指引。我們真的了解自己在哪方面能成為世界頂尖，而不只是很成功而已？我們真的了解自己的經濟引擎是靠什麼在背後驅動？我們應該選擇什麼作為經濟指標？我們真的了解什麼事業最能點燃熱情？

還有一個很有用的機制是「委員會」。委員會由一群適當的人組成，長時間不斷參與由三個圓圈所引導的對話和辯論，討論組織的重要議題和決策（請見下頁「委員會的特色」之說明。）

當有人問到：「我們應該如何找到刺蝟原則？」我會指著上頁圖5-5說：「組成委員會、問正確的問題、參與激烈的辯論、制定決策、檢討成果，並且從中學習，完全以三個圓圈為指導原則。不斷透過這個循環，尋求深入的理解。」

當有人問到：「如何加速找到刺蝟原則的過程？」我會回答：「在特定期間內，更頻繁地重複整個循環。」如果你經歷循環的次數夠多，並且以三個圓圈為指導原則，最後一定能獲得刺蝟原則所需的深入理解。這一切不會在一夕之間發生，但終究會發生。

委員會的特色

1. 委員會的設計是為了了解組織所面對的重要問題。
2. 委員會由最高主管召集，通常由五到十二名委員組成。

3. 每位委員都可以透過爭辯，對問題有更深入的了解。但爭辯不是為了滿足自我、在辯論中獲勝，或出於本位主義。
4. 每位委員都必須尊重其他委員，絕無例外。
5. 委員背景、觀點不同，但對於組織某方面和經營環境都很清楚。
6. 委員包括了經營團隊的重要成員，但不限於經營團隊的成員，公司主管不一定自動成為委員。
7. 委員會是個常設單位，不是為了某個特殊目的而成立的特別委員會。
8. 委員會定期開會，可能某個星期開會一次或每季才開會一次。
9. 由於充分認知共識決定往往不是明智的決定，委員會並不尋求共識，最後的決策權仍然操縱在最高主管手中。
10. 委員會不是正式機構，因此不會出現在正式組織圖或正式文件上。
11. 委員會可能有各種不同的名稱。在「從優秀到卓越」的公司中，這類委員會通常取名叫做「長期利潤改善委員會」、「企業產品委員會」、「策略性思考委員會」或「主管會議」。

是否每個組織都有個刺蝟原則尚待發掘？如果你清晨醒來，環顧四周的殘酷現實，結論是：「我們在任何方面都不是佼佼者，從來都不是。」這是整個研究中最有趣的部分。在大多數案例中，「從優秀到卓越」的公司在任何方面都不是世界頂尖，也看不出有成為世界頂尖的可能。然而抱著史托克戴爾弔詭的精神（「我一定能在某方面成為世界頂尖，而且會找到自己的特長！我們一定要面對殘酷事實、承認弱點，知道哪些方面不可能做得比別人好，絕不欺騙自己！」），每一家「從優秀到卓越」的公司無論最初的營運狀況多麼淒慘，在尋找刺蝟原則的過程中，終究都能扭轉乾坤，獲得勝利。

尋找自己的刺蝟原則時要切記：當「從優秀到卓越」的公司終於找到自己的刺蝟原則時，他們完全沒有對照公司那種討厭而愚蠢的誇耀作風。「對，我們在這方面可以表現得比任何人好！」他們只是實事求是地說明事實，就像觀察到天空是藍的、草地是綠的一樣。當你找到正確的刺蝟原則，會發現一切都是如此順理成章，就像滿堂聽眾都屏氣凝神、靜靜聆聽莫札特鋼琴協奏曲中溫柔的樂章，鋼琴家敲下最後的音符，做了完美的結束，而餘音還兀自迴盪在空氣中。根本無須多言，沉默的事實已說明一切。

我可以提供家人的經驗來說明逞匹夫之勇和真正的理解之間有多大不同。

內人瓊安在一九八〇年代初開始參加馬拉松賽跑和三項運動的比賽。當她累積了愈來愈多的經驗之後，她開始有追求成功的動力。有一天，她和全世界頂尖的女子三項運動選手同場較勁，儘管她在游泳項目表現得很差，抵達終點時，遠遠落後頂尖好手，而且單車爬坡時也非常辛苦，但是她最後居然躋身前十名之列。

幾個星期後，我們正在吃早餐時，原本埋頭看報的瓊安抬起頭來，靜靜對我說：「我想我可以在鐵人三項比賽中獲勝。」鐵人三項比賽是三項運動的世界冠軍賽，賽程包括三・八公里的海泳、一百八十公里的自由車競賽，再加上四十公里的馬拉松賽跑，而且競賽地點是炎熱、熔岩覆蓋的夏威夷可納海灘。

「當然，我得辭掉工作，放棄到研究所進修的計畫（原本已經有好幾家一流的企管研究所錄取她當研究生），並且把所有時間拿來訓練，不過……」

她完全不是在逞匹夫之勇，也無意自欺欺人、鼓動我的情緒，或懇求我的支持。她根本不是在試圖說服我。她純粹體認到一個事實，一個順理成章的事實，就好像說牆是白色的一樣，毫不令人驚訝。她有熱情、有天分，如果她贏了比賽，經濟問題也就迎刃而解。她因為及早掌握了自己的刺蝟原則，而訂定了贏得鐵人三項比賽的目標。

於是，她決定追求這個目標。她辭掉工作，婉拒了研究所，賣掉工廠！（不過還把我留在她的車上。）三年後，一九八五年一個炎熱的十月天，她是第一個在夏威夷鐵人三項比賽中衝過終點線的選手。當她立志贏得鐵人三項時，並不知道自己最後會不會真的成為全球頂尖的三項運動選手，但她明白自己有潛力，明白成功的可能性確實存在，並不是癡心妄想。而最大的不同就在這裡。想要從優秀公司躍升為卓越企業的話，必須掌握住這點差異，而無法成為卓越企業的公司往往不曾認清個中差異。

本章摘要

刺蝟原則

重點

●從優秀躍升到卓越，必須對於三個互相交集的圓圈有深入的理解，並且把這種理解轉化為單純而清楚的概念（刺蝟原則）。

刺蝟原則的三個圓圈

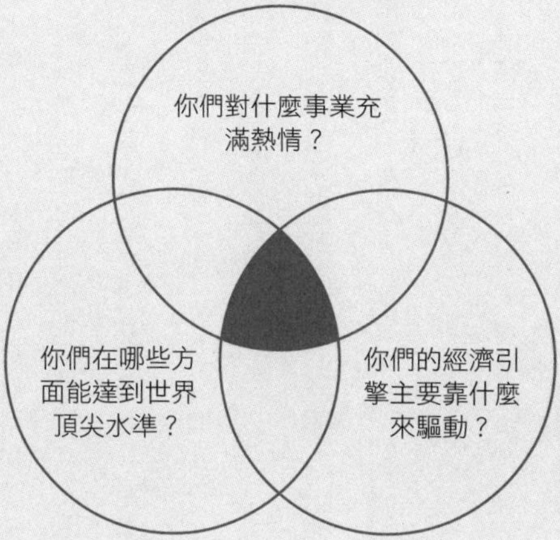
你們對什麼事業充滿熱情？
你們在哪些方面能達到世界頂尖水準？
你們的經濟引擎主要靠什麼來驅動？

- 關鍵在於必須了解你的組織在哪些方面能成為世界頂尖，同樣重要的是，也要了解你們在哪些方面無法成為世界頂尖，而不是你們「想要」在哪方面成為世界頂尖。刺蝟原則不是目標、策略或意圖，而是深入的理解。
- 如果你們在核心事業上無法達到全球頂尖的水準，那麼你們的刺蝟原則就不該以核心事業為基礎。
- 這種對於自己「是否達到世界頂尖水準」的理解，是比核心競爭力還要嚴格的評估標準。你們可能在某方面具備了核心競爭力，卻缺乏真的達到世界頂尖水準的潛力。反之，或許你們在某些領域有達到世界頂尖水準的潛力，但目前毫無競爭力。
- 為了洞悉你們的經濟引擎背後的驅動力，找出組織中影響最大的單一經濟指標（每X平均獲利或每X現金流量）。
- 「從優秀到卓越」的公司都依據深刻的自我理解來設定目標和策略；對照公司則出於好大喜功的逞強心理來設定目標和策略。
- 釐清刺蝟原則是個反覆循環的過程。委員會可能是個很有用的機制。

意外的發現

- 「從優秀到卓越」的公司比較像刺蝟，單純、憨厚，只懂得「一件大事」，但是能一以貫之；對照公司則比較像狐狸，詭計多端、行動敏捷，懂得許多事情，但前後矛盾，缺乏一致性。
- 「從優秀到卓越」的公司平均要花四年時間，才能釐清他們的刺蝟原則。
- 單單從表面的策略看不出「從優秀到卓越」的公司與對照公司之間的差異。兩組公司都各有其策略，而且也沒有證據足以顯示，「從優秀到卓越」的公司比對照公司花更多的時間在策略規畫上。
- 你絕對不需要在卓越的產業中，才能達成卓越的營運績效。無論產業的景況多麼糟糕，每家「從優秀到卓越」的公司仍有辦法創造卓越的績效。

第六章

強調紀律的文化

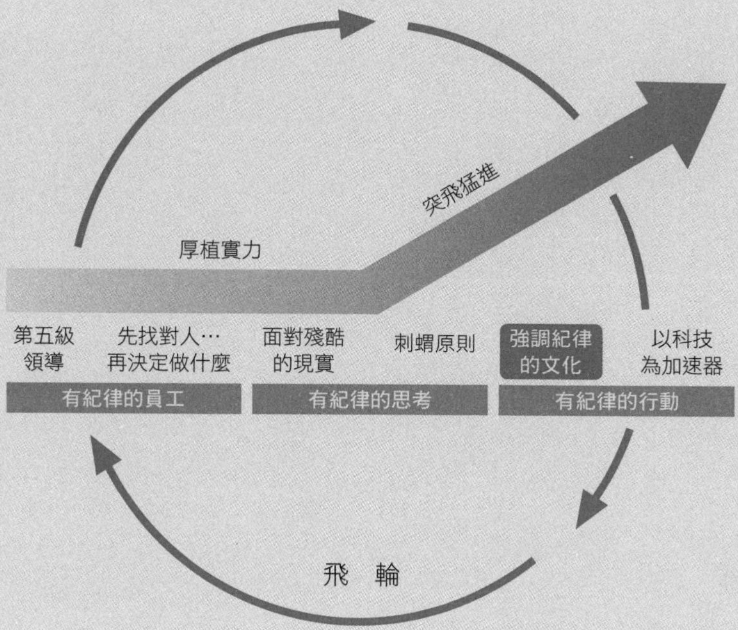

卓越的企業多半不是因為機會太少而餓死，

而是因為機會太多、消化不良而敗亡。

真正的挑戰不在於如何創造機會，

而在於如何選擇機會。

一九八〇年，拉斯曼（George Rathmann）創辦了安進生物科技公司（Amgen）。此後二十年，安進從一家步履蹣跚的新公司，壯大為三十二億美元、六千四百名員工的大企業，他們的血液產品大幅改善了化療和洗腎病人的生活品質。在拉斯曼的領導下，安進成為少數幾家能持續獲利和成長的生物科技公司之一。由於安進的獲利狀況一直很穩定，因此從一九八三年一月上市以來，一直到二〇〇〇年一月為止，安進的股價扶搖直上，漲了一百五十倍。當初花七千美元買下安進股票的投資人早已成為百萬富翁，獲得的報酬是投資大盤的十三倍。

新公司踏出成功的第一步後，真正能在日後蛻變為卓越企業的卻寥寥無幾，主要原因是他們採取了錯誤的方式來因應成功和成長的壓力。創造力、想像力、勇於向未知的領域挑戰、有遠見、有熱誠，都是創業成功的原動力。然而隨著公司成長，組織變得日益複雜，成功反而成為絆腳石——新進員工太多、新客戶太多、新訂單太多、新產品也太多，原本創業帶來了無窮的樂趣，現在卻愈理愈亂；規畫不足、缺乏會計、沒有制度、用人毫無節制等都帶來衝突，無論顧客、現金流量、進度都開始出現問題。

看到這種情形，有的人（通常是公司董事）會說：「公司應該長大了，這個地方需要專業的管理。」於是企業開始聘請企管碩士，還從績優公司挖來經驗豐富的高階主管，種種流程、規定、查核清單都好像雨後春筍般冒了出來。過去大家都是平起平坐，現在則開始有層級之分，還破天荒地第一遭規畫了指揮體系，明確訂定上下從屬關係，享有特別津貼的主管階級也逐漸成形。「我們」和「他們」變得涇渭分明，愈來愈像其他公司。

專業經理人終於設法控制住混亂的狀況。他們在渾沌中創造了秩序，但也扼殺了創業精神。創業團隊變得滿腹牢騷：「現在一點都不好玩。以前我只要把事情辦好就成了，現在還得填一堆愚蠢的表格、遵守無聊的規定。最糟糕的是，我得花很多時間開一堆沒有用的會議。」由於厭惡變本加厲的官僚文化和層級制度，最有創意的人才紛紛求去，公司開始揮不動創造的魔棒。原本令人激賞的新公司光芒不再，變成另外一家不值一提的普通公司，平庸的癌細胞開始激增。

拉斯曼卻避免了這種創業的死亡漩渦。他深深了解，官僚制度的目的是為了彌補能力不足和缺乏紀律的缺點。但如果從一開始就找對了人，那麼這個問題幾乎完全不存在。許多公司訂定了種種規定來管理少數不適任的員工，卻也因此趕跑了有用的人才，結果反而需要制定更多的官僚制度來彌補能力和紀律的不足，令優秀人才更待不下去，以此類推，形成惡性循環。拉斯曼明白，還可以另闢蹊徑來解決問題：避免官僚制度和層級組織的弊病，創造出強調紀律的文化。當你結合了兩種互補的力量，即強調紀律的文化加上創業精神，你就得到持久卓越的神奇力量。

為什麼本章一開始要以生物科技新公司為例，而不是一家「從優秀到卓越」的公司呢？原因在於拉斯曼認為他之所以能夠成功創業，都要歸功於他在亞培藥廠工作時學到

圖 6-1「從優秀到卓越」公司的創造性紀律

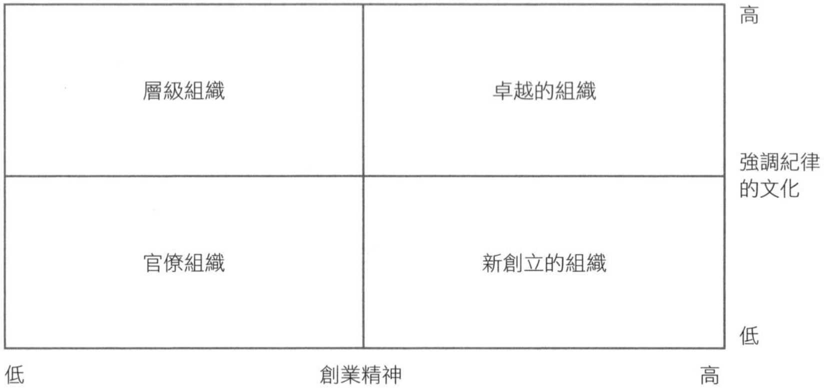

的經驗：

我從亞培藥廠學到的教訓是，當你設定年度目標時，必須把目標具體寫下來。你可以改變計畫，但是絕不要改變自我評估的方式。到了年終的時候，你要嚴格地自我審視，看看自己有沒有說到做到。你沒有機會主觀評論，沒有機會修改目標、自欺欺人，覺得做不做得到都沒關係，反正你原本也不是真心打算做到。你絕不會只把焦點放在今年已經完成的工作上，而會把已經完成的目標和你說自己打算達到的目標相比較，無論訂下的評量標準多麼難以達成，都要誠實面對。這是我在亞培學習到的紀律，我們在安進也如法炮製。

談到亞培的紀律，這就要回溯到一九六八年，那時候亞培藥廠雇用了一位名叫桑姆樂

（Bernard H. Semler）的傑出財務主管。桑姆樂不以傳統的財務控管人員或會計師自居，他發明了許多方法來改變企業文化。他創造了嶄新的會計制度，稱之為「責任會計」，簡單的說，就是不管成本、收入或投資，每個會計項目都有明確的負責人。這在一九六〇年代是非常激進的觀念，在責任會計的制度下，不管在任何職位上，每一位亞培的經理人都必須為自己的投資報酬率負責，就好像投資人對企業家的要求一樣嚴格。他們沒辦法躲在傳統的會計項目下，也無法東挪西補來遮掩管理缺乏效能的事實，更沒有機會尋找代罪羔羊。

但是，亞培制度最大的好處不僅在於嚴謹，而在於他們如何利用嚴謹和紀律來激發創造力和創業精神。「亞培建立了非常有紀律的組織，但是他們並沒有採取線性思考，」拉斯曼說，「他們在財務上嚴守紀律的同時，又能展現創造性工作的多元思考，足以作為大家的典範。我們把財務上的紀律視為替創造性的工作提供資源的方式之一。」在同業中，亞培的行政管理成本占銷售額的比例堪稱最低（而且差距很大），他們的創新引擎可以媲美３Ｍ，每年營業額中，有六五％來自於近四年所推出的新產品。

亞培轉型期的企業文化，在各方面幾乎都展現了這種創造性的二元特性。一方面，亞培藥廠網羅了具創業精神的領導人才，並且充分授權，讓他們自由決定什麼是達到目標的最佳途徑。另一方面，每位員工都必須完全遵守亞培的制度，並且為自己的目標負責。他們很自由，但他們所擁有的自由是在某種架構規範下的自由。亞培在機會主義的彈性中注入了創業家的熱情。一位亞培的主管曾經說：「我們知道規畫非常重要，不過計畫通常沒什麼用。」不過亞培人也有充分的紀律，如果未能通過三個圓圈的檢驗，即使見到大好商機，他們也會堅持說不。他們在各事業部中廣泛鼓勵創新的研究，同時也堅守刺蝟原則——投入成本效益高的保健事業。

亞培藥廠正好展示了研究中的重要發現：強調紀律的文化。「文化」原本就不是容易討論的話題，更不像三個圓圈的架構那麼一目了然。然而本章的中心思想是，企業應該建立起一種文化，讓員工能在三個圓圈中採取有紀律的行動，堅守刺蝟原則。

說得更明確一點，也就是說：

一、企業應該在既定的系統架構下，建立以自由和責任為基礎的文化。

二、在這樣的企業文化中，如果能多方網羅自律的員工，他們將願意盡一切努力，履行自己的責任。

三、不要把強調紀律的文化和執行紀律的強人作風混為一談。

四、必須堅守刺蝟原則，把重心放在三個圓圈的交集上。同樣重要的是，列出所有需要「停止做的事情」，並且有系統地淘汰不相干的事業。

管理制度，而非管理員工

想像一下飛機起飛前的情景：機師坐進駕駛艙，艙中有幾十種複雜的開關和儀器，總價高達八千四百萬美元。乘客開始把隨身物品塞進頭上的置物櫃，空中小姐來回巡視，設法安頓好每位乘客，機師則按部就班地照著規定一一進行起飛前的檢查。準備就緒後，機師開始和航管人員聯絡，完全遵照航管人員的指示：往哪個方向滑行、駛離登機門、使用哪一條跑道、從哪個方向起飛。獲准起飛之前，他不會任意飛上青天。一旦飛上青天後，機師仍會繼續和航管中心保持聯繫，不會擅自跨越商用客機的飛航範圍。

但是天有不測風雲，即將飛抵目的地時碰到強烈的暴風雨，空中雷電交加、狂風怒號，飛機左右搖晃。乘客往窗外望去，只見到團團烏雲和不斷拍打窗戶的雨水，根本看不見地面。空中小姐宣布：「各位女士，各位先生，飛機降落前，請繼續坐在位子上，不要擅自離開座位。請把座椅恢復原狀，並且將隨身物品放在前方座椅下方。我們應該很快就會降落地面。」

「希望不會太快，」很少搭機旅行的乘客暗自擔心，窗外的狂風和閃電弄得他坐立不安。經常搭機的旅客則繼續看雜誌、和鄰座聊天，或準備待會兒開會的資料。他們心裡想：「以前已經碰過很多次這樣的狀況了，飛機一定要確定安全才會降落。」

當然，最後飛機放下了輪子，重達百萬磅的龐然大物以超過兩百公里的時速向下滑行，突然引擎嘎嘎作響，機上的乘客被重重拋回座椅上，飛機再度加速，爬升回空中，繞了一圈後，重新往機場飛去。過了一會兒，機師拿起對講機向乘客廣播：「各位，非常抱歉，我們剛剛碰到強烈側風，所以現在得再試一次。」這一回，風變得小多了，因此飛機安全降落。

現在，我們倒帶回去，思考一下剛剛的模式。機師一直遵循嚴格的操作程序，不能隨便違反規定。（你可不希望聽到機師說：「嘿，我剛剛讀了一本談管理的書，裡面提到授權的重要——我們應該自由實驗，不斷創新，表現創業精神，做各種不同的嘗試，然後採取其中比較成功的做法！」）但是同時，實際駕駛飛機時會面臨許多關鍵的決定，例如要不要起飛、要不要降落、要不要重飛、要不要改在其他機場降落，這時候，決定權完全操在機師手中。儘管已經有層層嚴苛的規定，但有一件事情的重要性凌駕一切：駕駛飛機的人要為這架飛機和所有乘客的安危負最大的責任。

我並不是要強調企業的制度應該像飛航系統一樣嚴格而缺乏彈性，畢竟，一般公司的制度規章即使窒礙難行，也不至於讓數百人在焚燒而扭曲的機體中喪生。航空公司的顧客服務也許很差，但最重要的是，旅客能安全抵達目的地。這個比喻的重點在於，當我們深入探討「從優秀到卓越」公司的內部操作狀況時，會聯想到客機駕駛運作模式中最大的優點：在成熟的系統架構中享有自由，也承擔責任。

「從優秀到卓越」的公司通常都能建立起調和一致的制度，也訂定明確的限制，但是他們同時也在這樣的系統架構下，賦予員工充分的自由和責任。他們網羅能充分自律、不需費心管理的人才，因此能把更多的心力花在管理制度，而非管理員工。

電路城的里瓦斯（Bill Rivas）說：「我們能夠靠著遙控，遠到千里之外開店的祕訣就在這裡——必須有很多傑出的分店經理，在卓越的系統中運作，同時又為他們經營的店負起全責。公司的管理階層和員工都必須相信這套體制，並且願意盡一切努力，讓這套體制順利運作。但是在制度容許的範圍內，分店經理一方面擔負了重大責任，相對的也有很多自由發揮的空間。」從某方面看，電路城在消費電子零售業的地位，就好像餐飲業中的麥當勞一樣，雖然不能帶給消費者最新奇的經驗，卻始終如一。隨著電路城逐漸引進電腦、錄影機等新商品（就好像麥當勞推出滿福堡等早餐食品一樣），公司的體制也陸續改變。然而無論何時，電路城的每位員工都在同樣的系統架構之下運作。紀爾登（Bill Zierden）說：「我們和一九八〇年代早期的許多同業的差別就在這裡。他們就是沒有辦法繼續擴展，而我們可以。我們可以在全國各地複製出幾乎一模一樣的商店。」這也是為什麼電路城在一九八〇年代初能夠一飛沖天，在接下來的十五年，股票表現擊敗大盤高達十八倍之多。

從某個角度來看，本書花了大半篇幅來談如何創造強調紀律的文化。然而要創造強調紀律的文化，首先應該從網羅能自律的人才開始，企業轉型不應該從訓練不適任的員工、試圖讓他們表現出正確的行為著手，反而應該從一開始就網羅有紀律的人才進入工作。接下來是有紀律的思考，一方面必須有充分的紀律，願意坦然面對殘酷的現實，另一方面則堅信自己一定能邁向成功。更重要的是，你還必須有嚴謹的紀律，能鍥而不捨地透過對公司的深入理解，找到刺蝟原則。最後是本章的首要目標，也就是有紀律的行動。以上的順序非常重要。對照公司通常企圖直接跳到有紀律的行動，但如果缺乏能自律的員工，有紀律的行動將無法持久；如果缺乏有紀律的思考，那麼有紀律的行動將導致災難。

的確，紀律本身並不能產生偉大的成果。我們發現，歷史上有許多組織徒有嚴謹的紀律，卻仍然一敗塗地。不，重點在於，必須先網羅思考嚴密又嚴以律己的人才，他們進入公司後，則在根據刺蝟原則而設計的公司體制中，採取有紀律的行動。

在研究過程中，像「有紀律、嚴謹、執著、很有決心、努力、精確、吹毛求疵、有條有理、很有做事方法、苦幹實幹、要求嚴格、始終如一、專心一志、值得信賴、有責任感」等形容詞一再出現，充斥在有關「從優秀到卓越」公司的各種報導、訪談和資料中，卻鮮少被用來形容對照公司，這點令我們印象十分深刻。「從優秀到卓越」公司的員工為了履行職責，有時甚至到了匪夷所思的地步。

圖 6-2　沖掉乳酪上的油脂

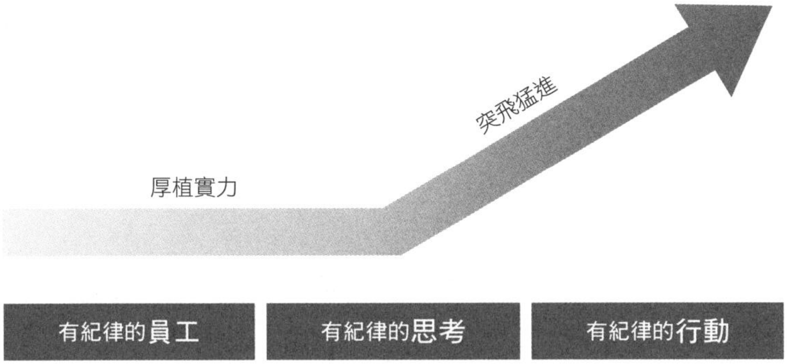

我們稱這種情形為「沖掉乳酪上的油脂」因素。故事要從一位很有紀律的世界級運動員史考特（Dave Scott）說起，他曾經六度贏得夏威夷鐵人三項比賽的冠軍寶座。在訓練期間，史考特平均每天都騎單車一百二十公里，游泳兩萬公尺，加上路跑二十七公里。史考特並不會過胖，然而他認為高醣低脂的飲食能增強自己的優勢，因此儘管他每天訓練時都至少會消耗掉五千卡熱量，但他每天用餐前仍不厭其煩地沖洗乾乳酪希望能多沖掉一點油脂。其實，完全沒有任何證據顯示，史考特必須沖洗乳酪，才能贏得鐵人三項。但我說這個故事的用意不在這裡，重點在於，沖洗乳酪只不過是他認為能幫助自己表現更好的另外一個小動作，這個小小的動作加上其他許多調和一致的小步驟，就構成了史考特需要超高紀律的訓練計畫。我經常在腦海中浮現史考特跑四十公里馬拉松時的景象——在海中游了三·八公里，並且在強風中騎了一百八十公里單車後，他在攝氏三十八度高溫下賣力奔馳於可納海灘的黑色熔岩上，腦子裡想著：「和每天沖洗乳酪比起來，其實這還不算太糟。」

我知道這個比喻很奇怪。不過就某個角度而言，「從優秀到卓越」的公司和史考特的情況很相似。為什麼有的優秀公司能夠躍升為卓越公司、有的卻不能，許多問題的解答其實就在於他們是否擁有充分的紀律，能夠盡一切的努力，在精挑細選出來的領域中，想盡辦法成為世界頂尖，然後再不斷地自我改善。真的沒有那麼困難，其實就是如此簡單。

每個人都希望自己出類拔萃，但是大多數的組織缺乏充分的紀律，因此無法客觀地釐清自己在哪方面能成為世界頂尖，並且盡一切努力充分發揮潛能、實現目標。他們缺乏了「沖洗乳酪」的嚴格紀律。

比較一下富國銀行和美國銀行的情形好了。瑞查德從來不曾懷疑富國銀行一定能在金融自由化的浪潮中脫穎而出，變得更壯大，而不是更虛弱。他認為成為卓越公司的關鍵不在於是否採行聰明的新策略，而是必須下定決心，擺脫百年來根深柢固的傳統銀行家心態。瑞查德說：「銀行業一直都太浪費了。要革除舊習，需要的是不屈不撓的決心，而不是聰明才智。」

瑞查德向高階主管說清楚：我們絕不可能自己高高在上、坐享清福，只要求其他員工受苦，我們要先沖掉自己乳酪上的油脂，而且就從高階主管辦公區做起。於是他凍結高階主管的薪水兩年（儘管當時富國銀行是有史以來最賺錢的時候），關掉豪華的主管餐廳，請承辦大學宿舍伙食的人來掌廚。他還停掉主管專用電梯，賣掉公司專用噴射機，同時禁止在主管辦公區擺設盆栽，因為每天澆水花費太多，更取消了主管的免費咖啡，聖誕節也不再布置聖誕樹。當屬下用花俏的紙夾來包裝書面報告時，他把報告丟回去，同時訓斥他們：「如果你花的是自己的錢，你會這麼浪費嗎？多加一個紙夾能為報告增加任何價值嗎？」瑞查德和其他主管開會時，他的椅套破舊，連裡面的填塞物都露出來了。瑞查德有時候會坐在那裡，一面撥弄著破舊的椅墊，一面聽屬下侃侃而談他們的花錢計畫，一篇報導指出：「許多必須花錢的計畫就這麼無疾而終。」

對街的美國銀行主管同樣也面對金融全球化的衝擊，體認到必須減少浪費。然而和富國銀行不同的是，美國銀行的主管缺乏沖洗乳酪的嚴格紀律。他們仍然在舊金山市區宏偉的高樓中保有豪華的主管辦公區，《美國銀行的衰敗》書中形容執行長的辦公室：「有個很大的會議室、東方地毯，還有從天花板直到地板的整片落地窗，可以遠眺舊金山灣金門大橋的壯麗美景。」（我們也沒看到任何證據顯示，主管的座椅破得連椅墊填塞物都露出來。）從主管辦公室可以搭乘電梯直達地面，完全不必受到低階員工的干擾。主管辦公區偌大的空間，把落地窗襯托得格外高大寬廣，給人一種飄浮在雲霧中的感覺，他們彷彿一群與世隔絕的菁英份子，高高在上，統治世界。在他們眼中，人生是如此美好，何需沖掉乳酪上的油脂呢？

後來在一九八〇年代中期，美國銀行在三年內虧損了十八億美元，終於不得不因應金融自由化，進行必要的改革（他們延攬了多位富國銀行離職主管來擔任改革的推手）。但即使在最黑暗的日子裡，美國銀行的主管仍然不願放棄原本的派頭。在美國銀行深陷危機的時候，有一次在董事會中，一位董事建議「賣掉公司的專用噴射機」，其他人卻只是聽聽他的提議，然後就置之不理。

塑造文化，而非推行暴政

我們差點就沒有把本章涵括在本書中。一方面，「從優秀到卓越」的公司遠比直接對照公司有紀律，就好像富國銀行和美國銀行的對比一樣。但另一方面，未能長保卓越的對照公司往往和「從優秀到卓越」的公司一樣有紀律。

哈根（Eric Hagen）探討了各家公司的領導文化後說：「根據我的分析，我不認為我們可以把紀律當做本書的發現。顯然，未能長保卓越的對照公司執行長也在公司推行嚴苛的紀律，這是為什麼他們在一開始的時候能創造出耀眼的佳績。所以，紀律稱不上是造成差異的變數。」

出於好奇，我們決定深入探討這個議題，於是哈根做了更深入的分析。當我們進一步檢視證據時，一切豁然開朗，兩組公司對待紀律的態度的確有很大不同。

「從優秀到卓越」的公司裡都有一位第五級領導人，建立起能長治久安的紀律文化。反之，未能長保卓越的公司領導人通常只是第四級，他們施展鐵腕，強力推行組織紀律。

想想一九六四年接掌寶羅斯電腦公司（Burroughs）的邁當諾（Ray MacDonald）好了。邁當諾才幹出眾，但不好相處。他在談話中總是控制話題，包辦所有的笑話，還喜歡批評不如他聰明的人（他幾乎看不起周遭的每一個人）。他靠強人性格向員工施壓，的確大刀闊斧地推動了許多計畫。在他掌舵時期，創造了非凡的經營績效。一九六四年投資在寶羅斯的每一塊錢，到了一九七七年底邁當諾退休的時候，已經產生了六・六倍的報酬，遠遠超過股市整體表現。然而寶羅斯公司並沒有建立起強調紀律的文化，因此一旦邁當諾下台就無以為繼，他的親信遇事躊躇不前，結果寸步難行。根據美國《商業週刊》的報導，寶羅斯公司「什麼事都做不了」。後來，寶羅斯日漸沒落，從邁當諾時代結束後直到二〇〇〇年，寶羅斯股票的累計報酬率足足落後大盤九三％（請見圖6-3）。

高爾特領導下的樂柏美，情況也是如出一轍。還記得在討論第五級領導人（參見第

圖 6-3　寶羅斯一度攀上高峰，卻未能長保卓越

累計股票報酬和大盤表現相比的比值

將邁當諾上任當天的比值設定為 1.0

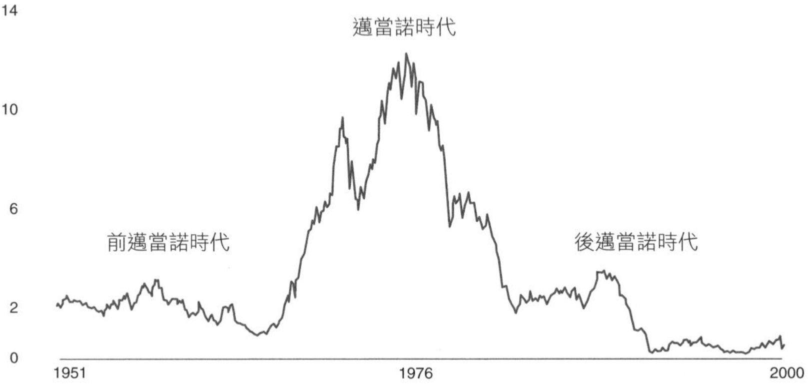

二章）時，面對獨裁者的指控，高爾特的託辭是：「沒錯，但我是個真誠的獨裁者。」高爾特為樂柏美樹立了嚴格的紀律：嚴謹的規畫和競爭者分析、系統化的市場研究、利潤分析、踏實的成本控制等。一位分析師曾經描述：「這家公司嚴守紀律到不可思議的地步，樂柏美自有一套一絲不苟的人生態度。」的確，高爾特向來做事一絲不苟，有條不紊。他每天清晨六點半就到辦公室，每個星期工作八十小時，而且期望部屬也和他一樣勤奮。

由於公司的紀律主要仰賴高爾特來維護，因此他也是樂柏美的頭號品管人員。有一天，高爾特信步走到曼哈頓的鬧街上，看到一個門房一面把垃圾掃進樂柏美生產的畚斗中，嘴裡一面低聲咒罵。蓋茲（Richard Gates）告訴《財星》雜誌這個故事時，他描述說：「高爾特纏著那個門房，問清楚他為什麼這麼不高興。」門房認為，畚斗嘴做得太厚了，高爾特接受了這個意見，回公司後立刻命令工程師重新設計產品。「談到品質的時候，我可是六親不認。」他的營運長也同意，「他會氣得臉色發青。」

在這樣一位紀律嚴明的領導人雷厲風行下，樂柏美戲劇化地異軍突起，但是在高爾特離開之後，又戲劇化地一蹶不振。高爾特在位時期，樂柏美在股市的表現凌駕大盤三．六倍。高爾特離開後，樂柏美在出售給紐威爾公司之前，市值已經下跌了五九％（請見圖6-4）。

在紀律嚴明者所引發的種種症候群中，艾科卡在克萊斯勒反敗為勝的故事顯得格外有趣。艾科卡在一九七九年當上了克萊斯勒總裁後，施展強人作風，希望能把克萊斯勒琢磨成器。艾科卡描述他剛上任時，「我立刻知道公司簡直是無政府狀態，需要好好整頓一番，建立起秩序和紀律。」他上任第一年，就把整個管理架構大大翻修一遍，實施嚴格的財務控管，改進品管措施，合理化生產時程，並且展開大規模裁員，以保存現金。「我覺得自己好像軍醫一樣……必須動一次大手術，盡可能挽救還能挽救的部分。」和工會打交道時，他說：「如果你們不幫忙我脫困，我也不再手下留情。我明天一早宣布破產，你們就全都保不住飯碗了。」結果，艾科卡締造了驚人成就，克萊斯勒反敗為勝的故事也成為工業史上最為人稱頌的案例。

圖 6-4　樂柏美一度攀上高峰，卻未能長保卓越

累計股票報酬和大盤表現相比的比值
將高爾特上任當天的比值設定為 1.0

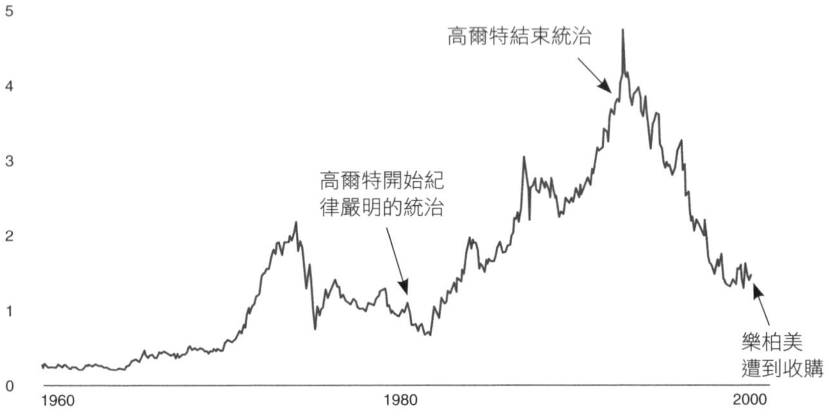

但是，艾科卡在任期將屆一半時，似乎不再把全副心力放在經營公司上，於是克萊斯勒又開始逐漸衰敗。一九九○年九月十七日《華爾街日報》報導：「艾科卡先生既是自由女神像重建委員會的主席，又參加國會的預算削減委員會，同時還寫了第二本書。他開始定期為報紙撰寫專欄，在義大利買了別墅，自己釀酒、製作橄欖油……有人批評他外務太多，不夠專心，導致克萊斯勒目前的問題……無論這些外務是不是真的令艾科卡分心，很顯然，擔任民族英雄還真不是個簡單的兼差。」

更糟的是，艾科卡缺乏堅守本業的嚴格紀律，克萊斯勒沒能固守克萊斯勒可能成為世界頂尖的事業，反而漫無章法地進行多角化。一九八五年，艾科卡禁不住誘惑，跨入了航太工業。大多數的執行長只要擁有一架灣流噴射機就心滿意足了，艾科卡卻決定買下整個灣流噴射機公司！一九八〇年代中期，他還和義大利跑車製造商瑪莎拉蒂（Maserati）進行一場所費不貲的合資計畫，但最後沒有成功。「艾科卡一碰到義大利人就沒轍了。」一位已經退休的前克萊斯勒主管說。《商業週刊》則評論：「業界人士指出，艾科卡在托斯卡尼置辦了一些產業，他太希望和義大利人結盟，因此忽略了商業現實。」有人估計，和瑪莎拉蒂合資失敗，克萊斯勒損失了大約兩億美元。根據《富比士》雜誌的說法：「由於敞篷汽車的單價高、數量少，這樣的虧損數字實在非常驚人，畢竟未來這類汽車充其量也不過生產幾千輛而已。」

艾科卡在前半段任期中，創造了非凡的經營績效，原本瀕臨破產邊緣的克萊斯勒公司，後來的表現居然幾乎是大盤的三倍。但在艾科卡的後半段任期中，克萊斯勒每下愈況，不但股票表現落後大盤三一％，還面臨二度破產的危機。一位克萊斯勒高階主管曾經寫道：「克萊斯勒就好像許多心臟病患一樣，在動過心臟手術後，原本已經多年安然無事，直到後來重蹈了過去不健康的生活方式後，終於舊病復發。」

以上案例顯示的形態幾乎出現在每一家未能長保卓越的對照公司：在強人鐵腕下，公司在市場上異軍突起，表現非凡，但當強人功成身退後，卻沒能留下強調紀律的文化，或強人本身變得愈來愈沒有紀律，跨出三個圓圈的領域，肆無忌憚地向外擴展。沒錯，要產生卓越的績效，根本之道在於建立紀律，但如果不能先有紀律地理解三個圓圈的意義，並據以產生有紀律的行動，那麼就不可能創造出卓越的績效。

堅守刺蝟原則

將近四十年來，必能寶公司一直安全地躲在獨占事業的溫暖保護膜中。必能寶和美國郵政總局有密切關係，又掌握了郵資機的專利權，整個郵政市場可說有如它的囊中之物。直到一九五〇年代末期，美國幾乎一半的郵件都要通過必能寶的機器來檢測郵資，蓋上戳印。必能寶獨占了廣大市場，沒有任何競爭對手，毛利率高達八〇％以上，景氣蕭條對他們幾乎毫無影響，與其說他們是一家卓越的公司，不如說他們是享有龐大獨占利益的事業。

後來，就像保護膜剝除後的所有獨占事業，必能寶一路走下坡。首先，必能寶簽署協議規章，被要求免費授權競爭者使用他們的專利。六年內出現了十六個競爭對手後，必能寶憂心忡忡，瘋狂地多角化發展，投下大筆現金進行購併及合資，但是都沒有什麼好下場。一九七三年，必能寶史無前例地出現虧損。必能寶的遭遇，正是受到獨占保護的公司一旦面對殘酷競爭、逐漸衰敗的典型故事。

幸運的是，這時一位名叫艾倫（Fred Allen）的第五級領導人企圖扭轉乾坤，提出幾個很難回答的問題，引導員工更深入了解必能寶所扮演的角色。他們不再把必能寶看成一家「郵資機」公司，反而認為必能寶可以更廣義地看待「通信」的意義，為企業提供辦公室後勤支援服務，並且在這個領域成為出類拔萃的企業。他們也發現，複雜的後勤作業設備如高級傳真機、具備特殊功能的影印機等，正好符合他們訂定的每位顧客平均獲利的經濟指標，可以藉此建立起廣大的銷售和服務網絡。

艾倫和接班人哈維（George Harvey）展開有紀律的多角化，樹立了很好的榜樣。舉例來說，必能寶的高級傳真機後來在大企業市場上達到了四五%的占有率，是獲利很高的賺錢機器。哈維還有計畫地投資於新科技和新產品，包括能封裝信件和寄信的模範牌（Paragon）信件處理機。到了一九八〇年代末期，必能寶有一半的營業額來自於過去三年推出的產品。後來，必能寶又率先將辦公室設備連結上網際網路，創造了另一個有紀律的多角化機會。關鍵在於，多角化和創新的每一個步驟都必須在三個圓圈的範圍內。

從簽署協議規章到一九七三年陷入谷底，必能寶的股票直線下滑，表現落後大盤七七%。後來必能寶反敗為勝，在一九九九年初，已經是大盤的十一倍。從一九七三到二〇〇〇年，必能寶的績效超越可口可樂、3M、嬌生、默克、寶鹼、惠普、迪士尼，甚至奇異公司。還有哪一家公司原本舒適地躲在獨占事業的保護膜中，後來卻能破繭而出，創造如此非凡的績效？AT&T 辦不到，全錄辦不到，甚至連 IBM 都辦不到。

必能寶的故事告訴我們，當公司缺乏堅守三個圓圈的紀律時會有什麼後果。相反的，這個故事也顯示了當這家公司重新建立紀律時，又會出現什麼樣的轉機。

「從優秀到卓越」的公司在最佳狀況下都遵守一個簡單的原則：「凡是不符合刺蝟原則的事情，我們一律不做。我們不會跨入毫不相干的事業，我們不會收購毫不相干的公司，我們不會參與毫不相干的合資計畫。如果不符合刺蝟原則，我們就不會做這門生意。」

相反的，我們發現幾乎所有對照公司敗亡的關鍵因素，都是因為他們沒有辦法嚴守紀律待在三個圓圈之內。這些對照公司要不是缺乏充分的紀律，沒能深入了解自己的三個圓圈，就是缺乏待在三個圓圈內的紀律。

雷諾茲菸草公司就是典型的例子。直到一九六〇年代之前，雷諾茲公司的經營理念一直都很簡單明確，即成為全美最好的菸草公司，而且他們至少曾經長達二十五年之久，一直是美國最好的菸草公司。然而美國衛生署在一九六四年發布了一份報告，認為抽菸可能致癌，雷諾茲為了因應新趨勢，開始多角化發展，跨入菸草以外的領域。當然，當時所有的菸草公司都為了同樣的原因開始多角化發展，菲利普莫里斯也包括在內。但雷諾茲跨出了三個圓圈的範圍，漫無章法地多角化發展。

一九七〇年，雷諾茲幾乎把三分之一的公司資產拿來買一家貨櫃公司（海陸公司〔Sea-Land〕）和阿敏石油公司（Aminoil），想靠運送自己的石油來賺錢。好吧，這個主意不算太差，但是這和雷諾茲的刺蝟原則到底有什麼關係呢？這是一宗毫無紀律的購併案，發生的原因有部分是因為海陸公司的創辦人和雷諾茲的董事長是好朋友。

雷諾茲投資了將近二十億美元到海陸公司，總投資額幾乎相當於股東權益淨值的總額。雷諾茲拚命要菸草事業勒緊褲帶，卻把資金都挹注到岌岌可危的貨運事業，最後還是要承認失敗，賣掉海陸公司。一位雷諾茲家族的第三代子孫就抱怨：「這些傢伙是全世界最懂得製造香菸和銷售香菸的人，但是他們哪懂貨運或石油呢？我倒不是擔心他們破產，只不過他們看起來就好像口袋裡裝了太多現金、招搖過市的鄉下孩子。」

持平而論，菲利普莫里斯的多角化成績也不怎麼光彩，收購七喜就是最好的例子。然而和雷諾茲公司比起來，菲利普莫里斯在面對一九六四年衛生署報告時，卻展現了較高的紀律。他們沒有完全放棄原本的刺蝟原則，而是重新定義刺蝟原則，希望在不是那麼健康的消費產品領域中（如菸草、啤酒、飲料、咖啡、巧克力、乳酪等），建立起全球品牌。儘管兩家公司面對的機會和威脅完全一樣，但菲利普莫里斯發揮了超高紀律，始終堅守三個圓圈。一九六四年衛生署報告發表後，兩家公司的績效出現戲劇化的差異，這是主要原因之一。從一九六四到八九年（雷諾茲在這一年遭到槓桿收購，從股市中消失），投資一美元於菲利普莫里斯的報酬遠高於投資一美元於雷諾茲的報酬，而且差距高達四倍。

能夠展現紀律、釐清刺蝟原則的公司已經寥寥無幾，更不用說還要有充分的紀律，始終如一地堅守刺蝟原則。他們沒能看清一個簡單的弔詭：企業愈能維持充分的紀律、堅守三個圓圈，就愈有機會成長。的確，卓越的企業多半不是因為機會太少而餓死，而是因為機會太多、消化不良而敗亡。真正的挑戰不在於如何創造機會，而在於如何選擇機會。

面對大好機會時必須很有紀律，才有辦法說：「不，謝謝你。」如果超出了三個圓圈的範圍，即使是「千載難逢」的大好良機，都不適合跨入。

這種堅守刺蝟原則的觀念不止關係到企業策略活動跨足的領域，也影響公司管理和建構組織的整個方式。紐可的成功乃是奠基於核心的刺蝟原則，利用企業文化和新科技作為生產鋼鐵的動力（請見圖6-5）。紐可的核心觀念是，當公司建立起沒有階級之分、人人平等、唯才是用的機制，員工的利益將和主管及股東的利益一致。艾佛森在一九九八年出版的著作《有話直說》（*Plain Talk*）中表示：

大多數的企業仍充斥著不平等的風氣，我指的是層級上的不平等，因此「我們」和「他們」變得涇渭分明……公司高層不斷攫取愈來愈多特權，在實際做事的員工面前耀武揚威，然後還一直納悶，為什麼當公司要求大家削減成本、提高獲利時，員工都無動於衷……每當我想到身居高位的那些人花幾百萬美元，來激勵在公司層級組織中不斷受到

圖 6-5　1970-1995 年期間，紐可的三個圓圈

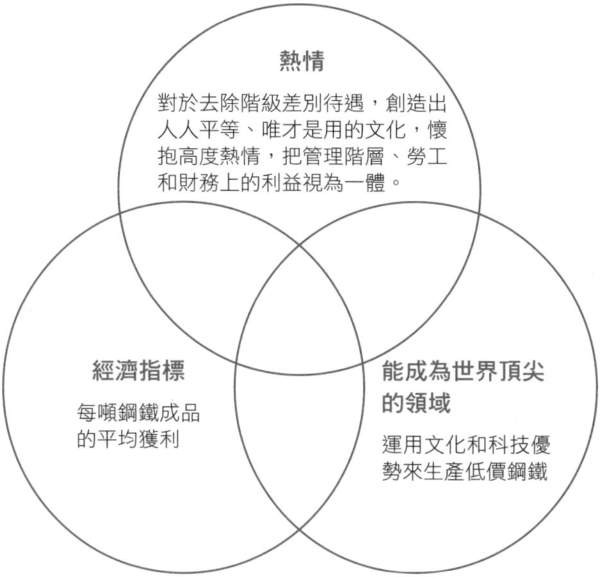
熱情
對於去除階級差別待遇，創造出人人平等、唯才是用的文化，懷抱高度熱情，把管理階層、勞工和財務上的利益視為一體。
經濟指標
每噸鋼鐵成品的平均獲利
能成為世界頂尖的領域
運用文化和科技優勢來生產低價鋼鐵

壓制的員工，我只能搖頭嘆息，感到大惑不解。

我們訪問艾佛森的時候，他告訴我們，紐可公司的成功百分之百是因為他們能把簡單的概念轉化為有紀律的行動。紐可公司只有四個管理層級，總公司主管和負責財務、行政等工作的職員加起來還不到二十五人，全都擠在一個小診所大小、租來的辦公室裡工作，會客室比衣櫃大不了多少，裡面擺設的全是廉價家具。公司沒有自己的餐廳，每逢達官顯要來訪時，主管都請他們到對街的餐廳吃三明治。這樣的一

家公司卻能不斷成長壯大，終於躋身《財星》五百大企業排行榜，成為有三十五億美元規模的大公司。

紐可公司主管享受的福利並不會比第一線工人優厚，事實上，主管獲得的優惠反而更少。舉例來說，紐可每一位工人（主管除外）的子女中學畢業後，連續四年都能獲得兩千美元的教育津貼，補助他們接受高等教育。有一次，一個工人去找波爾曼（Marvin Pohlman），對他說：「我有九個小孩。你們的意思是說，不管他們念的是大學、專科或什麼學校，公司都會補助我每個孩子四年學費？」波爾曼說沒錯，正是如此。波爾曼說：「那個工人當場哭了起來。我永遠忘不了這幕景象，這短暫的剎那充分點出我們想做的事情所包含的真正意義。」

在紐可格外賺錢的年頭，公司每個員工也都口袋飽滿。由於紐可公司的待遇實在太好了，有位員工眷屬竟然對丈夫說：「如果你保不住紐可的飯碗，我就會和你離婚。」但是當紐可身處逆境時，全公司從上到下都有難同當，而且高階主管吃的苦更多。例如，一九八二年不景氣的時候，紐可的工人一律減薪二五%，主管減薪六〇%，執行長更減薪七五%。

紐可也特別防範、不希望像大多數組織一樣，逐漸出現階級差別待遇。他們在公司年報中列出全公司七千名員工的名字，而不只列出主管的名字。除了保全人員和訪客之外，所有人都戴上相同顏色的安全帽。安全帽的顏色聽起來似乎是件微不足道的小事，卻曾引起一陣騷動，招致領班抱怨，因為安全帽顏色不同，能顯示他們在生產線的地位比較高，是很重要的身分地位象徵。紐可為此還特別召開了一系列討論會，說明一個人在紐可公司的地位和權威來自於領導能力，而非職位。如果你不喜歡這種制度（如果你真的覺得階級差別待遇這麼重要），那麼紐可公司可能不適合你。

和紐可公司只有診所大小的總公司辦公室相比，伯利恆鋼鐵公司則為在總公司上班的主管和幕僚蓋了二十一層的辦公大廈。他們還特地耗費巨資，把辦公大廈設計成十字形，而不是長方形，因此才能為眾多副總裁都安排到靠角落的辦公室。

「副總裁的辦公室……（必須）兩面都有窗戶，因此我們才想出這樣的設計。」一位伯利恆鋼鐵的主管解釋。在《伯利恆的危機》（*Crisis in Bethlehem*）中，作者史特龍梅爾（John Strohmeyer）鉅細靡遺地描繪下的伯利恆文化，和紐可簡直有天淵之別。他形容伯利恆的公司專用機隊有時甚至用來送高階主管的孩子上大學或度週末。他還描繪了利用伯利恆基金修建的主管鄉村俱樂部，內部有世界級的十八洞高爾夫球場，伯利恆的主管甚至連在俱樂部中淋浴的優先順序都得依官階高低來決定。

我們得到的結論是，伯利恆的主管認為，階層制度讓他們高高在上，成為金字塔尖端的菁英，因此他們一切活動的目的都是為了延續這個制度。伯利恆在一九七〇和八〇年代走下坡的主要原因，並不是進口鋼鐵的競爭或科技創新，而是企業文化的問題。伯利恆的文化令員工花很多心思在錯綜複雜的社會階級中爭取細微的差別待遇，而不是把全副心力放在顧客、競爭者和外在世界的變化。

從一九六六（公司初創之時）到九九年，紐可公司連續三十四年都賺錢，伯利恆卻曾經有十二年虧損，而且累計獲利率也是負數。到了一九九〇年代，紐可每年的獲利率都超越伯利恆。十年前，紐可的企業規模還不到伯利恆的三分之一，到了二十世紀末，年營業額卻已經超越伯利恆。更令人震驚的是，紐可的員工平均五年獲利幾乎凌駕伯利恆十倍。對投資人而言，投資一美元到紐可公司的效益，超過投資伯利恆的效益二百倍以上。

持平而論，紐可並不像伯利恆那樣，面臨嚴重的工會入侵、勞資關係敵對等問題。紐可的員工根本沒有成立工會，勞資關係可說是水乳交融。事實上，當推動工會組織的人士拜訪紐可的工廠時，由於工人對公司太過忠心耿耿，工人開始大聲叫囂，對工運人士丟沙子，管理當局甚至得派人保護工運人士的安全。

但是，拿工會當理由為伯利恆辯護，卻暴露了一個關鍵問題：為什麼紐可公司的勞資關係遠遠勝過伯利恆？原因在於艾佛森和經營團隊有一個單純而清晰的刺蝟原則，視員工利益和管理階層的利益為一體，更重要的是，他們願意盡一切努力依照這個原則建立起整個企業。或許你覺得他們有一點瘋狂，但是要創造卓越的績效，原本就需要對刺蝟原則有一種近乎瘋狂的執著。

開始擬定「不做之事」清單

你有沒有一份「需做之事」清單？

大多數人都忙碌而缺乏紀律地過日子。我們不斷加長「需做之事」清單，想藉著不斷做事、做事、做事、做更多的事來激發衝勁，但往往徒勞無功。「從優秀到卓越」的公司領導人使用「不做之事」清單的頻率，幾乎和他們使用「需做之事」清單一樣多。他們展現了超凡的紀律，能夠排除所有不相干的事情。

當史密斯成為金百利克拉克執行長時，他充分運用了「不做之事」清單。他認為，許多人由於和華爾街一起大玩年度財測的遊戲，變得太注重短線績效，因此他決定不再這麼做。史密斯說：「我不認為我們年年預測未來收益，會對股東帶來什麼好處，所以我們不再這麼做。」他認為，重視頭銜是階級意識和官僚階層的象徵，因此他徹底拔除頭銜。除非員工擔任的職位和外界打交道時必須有頭銜，否則金百利克拉克公司的員工一律沒有頭銜。史密斯認為，帝國建立之後，層級自然會愈來愈多，因此他乾脆用一個很簡單的方法來縮減層級：如果對同事而言，你的工作並不需要十五名以上的同事向你報告才得以完成，那麼就取消你這個層級（別忘了，他這麼做的時候還是一九七〇年代，精簡組織的做法還未風行）。同時，為了讓員工開始把金百利克拉克當成一家製造消費性產品的公司，他下令金百利克拉克退出所有和紙業相關的公會。

「從優秀到卓越」的公司藉著獨特的預算機制，貫徹「不做」的紀律。請在這裡暫且停下來，好好思考一下：編列預算的目的是什麼？多半人都會回答，編列預算是為了決定公司每個計畫分配到的資源占多大的比例，或編列預算是為了控制成本，或說兩者都是。但是在「從優秀到卓越」的公司眼中，這兩個答案都不對。

在從「優秀公司」躍升為「卓越企業」的轉型過程中，編列預算也是一種紀律，預算決定了哪些領域應該獲得充裕的資金，或者哪些領域根本不該投資下去。換句話說，預算程序最重要的意義不在於每個項目應該分配到多少錢，而在於決定哪些計畫最能呼應刺蝟原則、應該得到完全的支持，哪些計畫根本就該整個刪除。

金百利克拉克不只是重新分配資源，把重心從紙業轉移到消費性事業，他們根本是整個退出紙業，賣掉紙廠，把所有的資金都投入剛萌芽的消費性事業。

我曾經和一家紙廠的主管談話，內容很有意思。這是一家很優秀的公司，但還稱不上卓越，在金百利克拉克轉型之前，他們直接和金百利克拉克在市場上競爭。出於好奇，我問他們對於金百利克拉克有什麼看法。他們說：「金百利這麼做太不公平了。」「不公平？」我十分疑惑。

「當然啦，他們變成一家更成功的公司。但是你知道，如果我們賣掉紙廠，成為一家消費性紙製品公司，也可能變得很成功。可是我們已經投資這麼多錢在紙廠上，沒有辦法下定決心這樣做。」

如果你回頭來看這些「從優秀到卓越」的公司，你會發現他們都具備了非凡的勇氣，能集中所有資源投入單一或少數幾個領域中。一旦他們了解公司的三個圓圈是什麼，他們就孤注一擲，很少兩面下注。還記得當 A＆P 為了安全起見而緊抓著傳統老店不放時，克羅格卻決心要改革整個體系，創立新的超級商店。還記得當亞培藥廠決心發展診斷工具和醫院營養品時，普強還緊抓著核心製藥業不放（但他們永遠沒辦法成為世界頂尖的藥廠）。還記得華爾格林如何義無反顧地退出賺錢的餐飲事業，傾全力實現他們的構想：創設最好、最方便的藥房。還記得吉列和感應式刮鬍刀、紐可和迷你鋼鐵廠，還有金百利克拉克賣掉紙廠，把所有資源都投入發展消費性紙製品。一旦他們了解什麼是公司的刺蝟原則之後，都大膽投資。

最有效的投資策略是，當你找對方向之後，發展出極端不多角化的投資組合。聽起來好像我在說笑，但是「從優秀到卓越」的公司確實採取這樣的策略。「找對方向」就表示要掌握刺蝟原則，「極端不多角化」則表示要把資源完全投入符合三個圓圈的領域，停止其他不相干的投資。

當然，關鍵在於「當你找對方向時」。但是，你怎麼知道什麼時候才找對了方向呢？在研究這些公司時，我們學到的是，如果你每一部分都做到，其實要「找對方向」並不困難。如果公司有第五級領導人，能把對的人放在對的位置上；如果你們能坦然面對殘酷的現實，如果在這樣的組織氣氛下，管理階層能聽進真話；如果你們成立了委員會，並且在三個圓圈的範圍之內發展；如果你們所有的決策都以清楚的刺蝟原則為依歸；如果你們的一切行動都出於對公司的深刻理解，而不是好大喜功……如果以上這些全都做到了，那麼你們很有可能會做對重大決策。真正的問題在於，一旦知道怎麼做才對，你們是否有充分的紀律能大膽去做對的事情，同樣重要的是，是不是能不再繼續做錯的事情。

本章摘要

強調紀律的文化

重點

- 要持續展現卓越績效，必須先建立起強調紀律的文化。公司聘請的都是能自律的員工，他們能採取有紀律的行動，並且瘋狂地執著於三個圓圈的觀念。

- 官僚文化之所以興起，是為了彌補員工無能與缺乏紀律，而員工無能與缺乏紀律，卻往往肇因於一開始就用錯人。如果你能找對人上車，把不適合的人請下車，就不需要制定一堆愚蠢的官僚制度。
- 強調紀律的文化具備了二元特性。一方面，強調紀律的文化要求員工遵守一致的制度；但另一方面，在系統架構下，又允許員工享有充分的自由，並承擔責任。
- 強調紀律的文化不只關乎行動，還包括促使有紀律的員工透過有紀律的思考，採取有紀律的行動。
- 「從優秀到卓越」的公司外表看起來平凡無奇，但是近距離審視，你會發現他們的員工都孜孜不倦，非常賣力工作（他們「會沖掉乳酪上的油脂」）。
- 不要把強調紀律的文化和以強人作風執行紀律混為一談，這兩種觀念根本南轅北轍，前者非常有效，後者毫無效果。扮演救星角色的執行長靠強人個性施展鐵腕，建立紀律，即使一時奏效，通常績效都沒有辦法維持長久。
- 要保持長久的績效，最重要的紀律就是堅守刺蝟原則，並且願意放棄超出三個圓圈之外的發展機會。

意外的發現

- 組織愈是能展現充分的紀律，以近乎宗教信仰般的執著，在三個圓圈之內發展，成長的機會反而變得更多。
- 你是否碰上了「千載難逢的大好機會」並不重要，除非這個機會正好落在三個圓圈中。卓越的公司都會碰到許多千載難逢的大好機會。
- 在「從優秀到卓越」的公司裡，編列預算的目的不是決定每個計畫可以分配到多少錢，而是決定哪些計畫最符合刺蝟原則，公司應該鼎力支持，另外，哪些計畫根本不該投入任何一分錢。
- 「不做之事」清單比「需做之事」清單更重要。

第七章

以科技為加速器

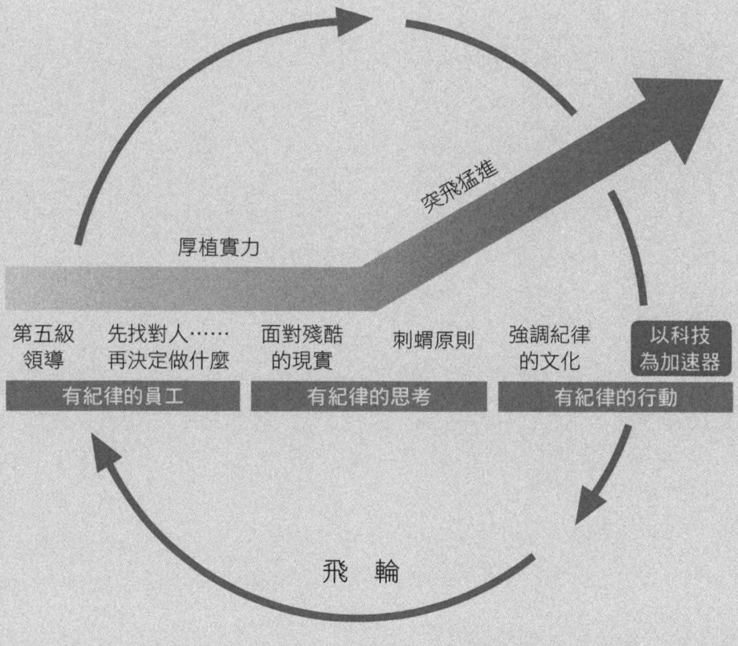

當用對科技時，

科技可以變成企業發展的動力加速器。

「從優秀到卓越」公司的轉型從來都不是始於開創性的科技，

原因很簡單，除非你知道與公司發展密切相關的是哪些科技，

否則你沒有辦法好好運用科技。

一九九九年七月二十八日，第一家網路藥店drugstore.com在美國上市。股市才開盤幾秒鐘，股價就飆漲三倍，直逼六十五美元。四個星期後，網路藥店的收盤價是六十九美元，市值則超過三十五億美元。網路藥店開張做買賣還不到九個月，員工也不到五百名，眼看未來數年內（即使不是數十年內）投資人都分不到股利，而且原本的營運計畫中也早已料到，在賺到第一塊錢之前，公司會先虧損上億美元。就這樣一家公司而言，網路藥店在股市初試啼聲的成績還真不壞。

投資人究竟要怎麼合理化這些不尋常的數字呢？他們的邏輯不外乎：「新科技會改變一切。」企管大師也高唱：「所有的產業都將因為網際網路而改頭換面。」企業家更大聲疾呼：「這是一場偉大的網路爭霸戰。無論要花多大的代價，都必須想辦法先馳得點，奪下市占率，才能成為大贏家。」

目前，我們進入歷史上的非常時期，建立卓越企業的想法似乎變得不合時宜，「創辦一家公司，然後想辦法把公司賣掉賺錢」。反而變成今天的金科玉律。無論做什麼都好，只要告訴其他人你的生意和網路有關，即使還沒開始賺錢（甚至還沒有建立起實體公司），轉眼間，你已經順利上市，單靠賣股票給投資大眾就大撈一筆。當你只要高喊「新科技」或「新經濟」，就可以說服投資人從口袋裡掏出幾億美元來，何必還要辛辛苦苦、腳踏實地設立公司，追求突破性成長，創造具體可行的商業模式呢？

有的創業家甚至壓根兒沒有設立實體公司的打算，更遑論建立起一家卓越的企業了。美國有一家公司只架設了網站，擬了一份營運企畫書，其他什麼都沒有，居然也在二〇〇〇年三月申請上市。儘管創業家向《工業標準》（*Industry Standard*）的記者坦承，公司還沒開張做生意就先申請上市，的確有點奇怪，不過在沒有收入、沒有員工、沒有顧客、甚至連真正的公司都還不存在的情況下，他仍然嘗試說服投資大眾以每股七到九美元的價格，買下他的公司一百一十萬股的股份。有了網路新科技，誰還需要老掉牙的舊經濟遺跡呢？這就是他們的邏輯。

在網路熱達到高峰的時候，網路藥店成為華爾格林的一大威脅。起初，華爾格林的股價跌跌不休，網路藥店上市後幾個月內，華爾格林的股價下跌了四〇%。一九九九年十月號的《富比士》雜誌指出：「投資人似乎認為在網路競賽中，像網路藥店這類的競爭者將是贏家，網路藥店的市值是營業額的三百九十八倍，而華爾格林只是一．四倍。」華爾街分析師也降低了華爾格林股票的評等，由於股價慘跌，華爾格林一百五十億美元的市值就這麼憑空消失了，這時候華爾格林的壓力也與日俱增，必須對網路的威脅有所反應。

在網路熱中，華爾格林的反應是什麼？

面對網路威脅，喬恩特仍然一本深思熟慮、按部就班的因應方式，他向《富比士》雜誌說明：「我們是一家先會爬、再學走路、然後跑步的公司。」他們沒有因為憂心天快塌了而病急亂投醫，反而採取了極不尋常的行動，決定動動自己的腦子，三思而後行，暫時按兵不動。

起初，他們的腳步真的很慢（還在學爬的階段）。華爾格林開始實驗性地架設了一個網站，並且在內部不斷熱烈討論和爭辯在刺蝟原則的內涵中，網站究竟代表什麼意義。「網際網路和我們創辦便利藥店的理念有什麼關係？經營網站能提高每位顧客帶來的平均利潤嗎？我們怎樣才能利用網站來加強華爾格林的頂尖核心能力，並且讓所有員工都熱情投入？」在整個思考過程中，華爾格林的主管始終抱著史托克戴爾弔詭的態度：「我們有絕對的信心，最後一定能在網路世界中脫穎而出，成為一家卓越公司；但是我們必須先面對目前網際網路所造成的殘酷現實。」有一位華爾格林的高階主管說了一個在這非常時期發生的滑稽故事。一位網路界領導人談到華爾格林時的口吻是：「喔，華爾格林。他們對網路世界而言實在太老舊、太顢頇了，他們一定會被遠遠拋在後面。」儘管傲慢的網路菁英吐出的尖刻批評，聽在華爾格林人耳中實在很不是滋味，但他們始終沒有公開回應。一位高階主管說：「我們還是靜靜做我們該做的事情，他們很快就會知道，他們說錯話了。」

接著，腳步又加快了一點（走路的階段），華爾格林開始找到方法，把網際網路直接用在複雜的庫存和物流模式上，並且連結到便利商店的概念上。你只要上網填好處方單，然後坐上車，把車子開到附近任何一家華爾格林藥店得來速窗口（不管你當時在哪個城市），不到一分鐘就可以拿到需要的藥品；如果對你來說，網路訂購、送貨到家的服務更方便，他們也可以照辦。他們沒有在興頭上毛毛躁躁、輕舉妄動，也沒有好大喜功、自我吹捧，而是先經過冷靜而深思的自我理解後，再採取冷靜而深思的行動。

最後，他們終於起跑了，華爾格林大手筆推出自己的網站，網站精巧的設計與複雜的功能和純粹的網路公司比起來毫不遜色。在動筆撰寫本章之前，約二〇〇〇年十月，我們上網使用華爾格林的網站 Walgreens.com，發現無論是使用的便利、交貨的可靠或網站設計的周延，華爾格林網站都足以媲美亞馬遜網路書店（當時美國電子商務的霸主）。就在《富比士》雜誌那篇報導文章刊出一年後，華爾格林終於想清楚應該如何利用網際網路來加速發展腳步，增進不可遏止的動力。他們在網站上大舉招攬人才，以因應持續的成長。從一九九九年遭受網路威脅而跌落谷底，華爾格林的股價在一年內翻揚了兩倍。

至於原先那家網路藥店 drugstore.com 呢？他們仍舊虧損累累，不得不宣布裁員，以保存現金。在我們撰寫本章時，網路藥店的股價已經直線下滑，只有一年前達到高峰時的二十六分之一，昔日剛上市時的市值也幾乎消失不見。當華爾格林從爬到走、最後終於邁步奔馳時，網路藥店卻從領先開跑，到不得不慢下來走路，最後甚至寸步難行，只能在地上爬。

或許，網路藥店也終將找出行得通的長期發展模式，蛻變為一家卓越的企業，但他們的卓越絕對不是靠時髦炫目的新科技、浮誇不實的宣傳和不理性的股市來塑造。唯有當他們想清楚應該如何把新科技應用在協調一致、反映了三個圓圈內涵的經營理念時，才能成為一家卓越企業。

科技和刺蝟原則

現在，你可能心裡在想：「但網路熱不過是個股市投機泡沫，而且泡沫也已經破滅了，所以又怎樣呢？大家都知道泡沫根本維持不了多久，這件事又能告訴我們什麼『從優秀到卓越』的教訓呢？」

我要先說清楚，本章的重點和網路泡沫的種種細節沒什麼關係。翻開歷史，泡沫不斷形成，而又破滅。在美國，同樣的情形曾經發生在鐵路事業，發生在電力事業，發生在收音機、個人電腦崛起之時，也發生在網際網路。未來，還會繼續不斷發生在我們無法預見的新科技上。

然而在不斷的變動中，唯有適者得以生存；卓越的企業都能適應劇變、屹立不搖。的確，過去百年來，從沃爾瑪到華爾格林，從寶鹼到金百利克拉克，從默克到亞培藥廠，回溯起來，真正卓越的企業多半都曾歷經好幾代的技術變化，包括電力、電視或網際網路等。他們在過去就曾經努力適應，並且浴火重生，這些頂尖的企業在未來也將繼續努力應變，永保長青。

自古以來，科技一向都會帶動改變。真正的問題不在於科技將扮演什麼角色；真正的問題反而在於，「從優秀到卓越」的公司如何從不同的角度來思考科技。

我們原本早該預料到，華爾格林最終還是會想清楚該怎麼應用網路科技，因為早在其他同業還渾然不知什麼是網路科技時，華爾格林已經大手筆投資於新科技上。在一九八〇年代初期，他們曾經引領風氣之先，推出 Intercom 的大型網路系統。他們的構想很單純：藉著電子網路，把所有華爾格林連鎖店連線之後，就可以將顧客資料傳輸到中央資料庫，如此一來，全美國每一家華爾格林連鎖店都變成顧客住家附近的藥房。例如你原本住在佛羅里達州，但你現在正在鳳凰城訪友，需要補充一些藥物。鳳凰城的藥店就可以連線到中央資料庫，找到你的資料，就好像你到住家附近的華爾格林藥店買藥一樣方便。

用今天的眼光來看，這是很普遍的做法，但是當華爾格林在一九七〇年代末投資於 Intercom 時，在業界卻是一大創舉。最後，華爾格林總共投資四億美元於 Intercom 上，其中包括投資一億美元建立自己的衛星系統。參觀 Intercom 總部時，一家雜誌曾經形容：「到處都擺滿令人目瞪口呆的複雜電子儀器，感覺好像走進美國太空總署的太空中心一樣。」華爾格林的技術人員能以純熟的技術自行擔負起所有的維修工作，不必依賴外界專家。華爾格林並沒有因為踏出成功的第一步而就此停下腳步，反而繼續率先應用掃描器、機器人、電腦化庫存控制系統，以及先進的倉庫追蹤系統。網際網路其實不過是在華爾格林持續不斷的科技應用中，再往前踏進一步而已。

華爾格林並不是為了追求先進的科技或害怕落後才採用先進的科技，他們把科技視為即將有所突破時加速動能的工具，並且把科技的應用與便利藥店提高每位顧客平均利潤的刺蝟原則緊密相連。另外一個有趣的插曲是，一九九〇年代末，科技日趨複雜，但華爾格林的資訊長是藥劑師出身，而不是科技專才。華爾格林始終非常清楚，刺蝟原則將引導科技的應用，而不是科技的應用引領刺蝟原則。

華爾格林的案例反映了一個常見形態。在每個「從優秀到卓越」的例子裡，我們都見到複雜的科技應用，他們都能率先採用精挑細選出來的新技術。每一家「從優秀到卓越」的公司都是科技應用的先驅者，但他們所應用的科技卻各不相同（請見表7-1）。

舉例來說，克羅格很早就領先同業，採用條碼掃描機。克羅格藉著這項新科技，連結起前線的採購數量和後勤的庫存管理，因此能快速超越A＆P。聽起來似乎不怎麼有趣（庫存管理從來都不是吸引讀者的題材），但是這麼想好了：想像你走進倉庫裡，你看到的不是一盒盒早餐穀類食品或一箱箱蘋果，而是一疊疊鈔票，剛出廠、沙沙作響的嶄新鈔票躺在貨架上，直堆到天花板高。你對庫存的想法原本應該如此。倉庫中存放的每一箱紅蘿蔔罐頭都不只是紅蘿蔔罐頭而已，而是白花花的鈔票，而且直到你把這箱紅蘿蔔罐頭賣掉為止，這筆現金就這麼呆放在那兒，完全沒有辦法動用。

表 7-1 「從優秀到卓越」公司的科技加速器

公司	轉型期符合刺蝟原則的科技加速器
亞培藥廠	率先應用電腦科技來提高員工平均獲利。在新藥研發上並非領導企業，落後默克、輝瑞和其他刺蝟原則不同的藥廠。
電路城	率先採取複雜的銷售點資訊和庫存追蹤科技——結合刺蝟原則（成為高價產品零售業中的「麥當勞」），因此能在散布各地的連鎖店之間建立起調和一致的營運系統。
房利美	率先應用精密的演算法和電腦分析，準確評估抵押品風險，因此能提高每個風險等級的平均獲利。房利美採取「更聰明」的風險分析系統，提高了低收入家庭抵押貸款購屋的機會，熱情實現「住者有其屋」的理想。
吉列	率先採用精良的製造技術，大量生產低成本、高耐力、品質穩定的產品。他們嚴密保護專利技術，就好像可口可樂嚴密保護他們的可樂配方一樣。
金百利克拉克	率先應用製程科技（尤其在不織布材料方面），追求產品的卓越。產品研發實驗室的設備精良：「溫度與溼度感應器四處追蹤地板上爬行的嬰兒。」
克羅格	率先應用電腦與資訊科技，不斷將超商現代化。是業界第一家認真試用條碼掃描機的公司，因此現金流動更加順暢，提供了充足的資金進行商店汰舊換新。
紐可鋼鐵	率先採用最先進的迷你工廠鋼鐵生產技術。他們搜尋全球最尖端的技術，願意投下龐大的賭注（幾乎占公司淨值的一半）於同業認為風險很高的新技術上（例如連續性薄板鑄造技術）。
菲利普莫里斯	率先採用新的包裝與製造技術，並研發製造可掀開盒帽的新式菸盒，這是菸草業二十年來首度在香菸包裝上創新。他們也率先應用電腦製造技術，並投下巨資設立製造中心，以試驗、檢測和改善先進的製造和品質技術。

（續下頁）

必能寶	率先應用先進科技於郵遞事業。起初他們推出的是機械式郵資機。後來，必能寶不斷投下巨資為最精密的後勤支援設備發展電力、軟體、通訊和網路工程技術。在一九八〇年代，更耗費巨資重新研發基本郵資機技術。
華爾格林	率先運用衛星通訊和電腦網路技術，將科技結合街角便利藥店的觀念，並且因應特殊人口結構和地理位置的個別需求，打造不同的便利藥店。更大筆投資於衛星系統，連結起所有的藥店，成為一個巨大的街角藥房網。華爾格林領先同業至少十年。
富國銀行	率先應用能提高員工平均獲利的科技。富國銀行最早推廣二十四小時電話銀行，最早採用自動櫃員機，是第一家容許顧客利用自動櫃員機買賣共同基金的銀行，也是網路和電子銀行的開路先鋒，同時還率先運用精密的數學運算對貸款做更好的風險評估。

現在，回想一下克羅格如何有系統地淘汰老舊的小雜貨店，以舒適明亮的大型超商取而代之。完成這項汰舊換新的任務需要投入九十億美元，而且必須從利潤微薄的雜貨事業中擠出這筆資金。

結果連續三十年，克羅格每年都將超過兩倍利潤的金額投入資本支出。更驚人的是，儘管在一九八八年，為了對抗來犯的企業狙擊手，克羅格發行了五十五億美元的垃圾債券，但克羅格在一九八〇和九〇年代，仍然繼續投下鉅額資金，推動汰舊換新。後來，克羅格所有的商店都煥然一新，他們還改善了顧客的購物經驗，大幅增加銷售商品的種類，並且清償了數十億美元的債務。克羅格利用條碼掃描機把幾億美元從倉庫中搬出來，另外發揮了更好的用途，克羅格之所以能神奇地從一頂帽子裡變出一隻、兩隻、三隻兔子，懂得應用新科技正是關鍵要素。

吉列也是科技應用的先鋒。但吉列的加速器（加速企業發展的科技利器）主要是製造技術。想想看，要製造出幾十億片成本低、耐力強的刮鬍刀，需要何等精良的技術啊。當你我拿起吉列刮鬍刀時，通常都預期刀片毫無瑕疵，而且每次刮鬍子的成本很低。吉列公司為了創造出感應式刮鬍刀，投資了兩億多美元於產品設計和開發，在製造技術上的突破更獲得二十九項技術專利。他們率先把雷射焊接技術大規模應用於製造刮鬍刀，過去這種技術通常用在心臟節律器之類複雜而昂貴的產品上。吉列刮鬍刀系列產品的致勝之鑰，就在於他們獨特的專利製造技術，因此吉列公司警衛森嚴地保護專利技術，就好像可口可樂悉心保護他們的祕密配方一樣。

加速，而非啟動

當強森繼麥克斯威爾之後成為房利美的執行長時，他和經營團隊請顧問公司對房利美展開一場技術稽核。領頭的顧問克爾威（Bill Kelvie）把技術層次的評等從一到四分為四級，四代表尖端科技應用，一則代表石器時代的落後技術，結果房利美的評等只有二。所以，房利美遵循「先找對人」的原則，延攬克爾威來協助房利美提升技術能力。當克爾威在一九九〇年到房利美任職時，房利美在科技應用上落後華爾街其他公司足足有十年。

接下來五年，克爾威有系統地將房利美的技術層次從二推升到三．八。他的工作小組開發了三百多種電腦應用，包括用來控制六千億美元抵押組合的複雜分析程式、涵蓋六千萬種資產和工作流程的線上資料庫，大幅減少了公文往來和行政作業。「我們不只將科技應用在後勤作業，更應用科技將整個公司改頭換面，」克爾威說，「我們所創造的專家系統降低了消費者的購屋成本。貸方採用了我們的技術以後，審核貸款的時間大幅降低，從過去需要三十天，降低到現在只需要三十分鐘，並且每筆貸款的相關成本也降低了一千美元以上。」今天，這套資訊系統為購屋者省下的錢已經將近四十億美元。

房利美在一九八一年麥克斯威爾上任後開始轉變，但直到一九九〇年代初期，房利美在科技應用方面仍然遠遠落後同業。沒錯，這時候，科技成為房利美的當務之急，但房利美是在釐清刺蝟原則、並且開始突破之後，才將科技應用列為當務之急。科技在房利美領導人口中的「第二波」改革扮演了要角，充當加速器的角色。克羅格、吉列、華爾格林和所有「從優秀到卓越」的公司在發展過程中，都顯現了同樣的形態；開創性的科技應用從來都不會在企業轉型之初就出現，總是在轉型期後半段才發揮功效。

這就談到了本章的核心要點：當用對科技時，科技可以變成企業發展的動力加速器。「從優秀到卓越」公司的轉型從來都不是始於開創性的科技，原因很簡單，除非你知道與公司發展密切相關的是哪些科技，否則你沒有辦法好好運用科技。那麼，哪些科技是與公司發展密切相關的科技呢？唯有直接與刺蝟原則三個圓圈相關的科技，才是公司需要的科技。

從優秀公司躍升為卓越公司的過程中，如果想充分發揮科技的效用，必須先自問以下的問題：這項科技是否直接與刺蝟原則相關？如果直接相關，那麼你們必須在這方面成為科技應用的先鋒。如果不相干，那麼再問自己，你們是否真的需要這項科技？如果答案是肯定的，那麼你們需要的只是差不多的科技（你們不一定需要裝設全世界最先進的電話系統，才能成為一家卓越的公司）。如果答案是否定，那麼這項科技和你們毫不相干，可以完全置之不理。

開創性的科技應用是「從優秀到卓越」的公司嚴守刺蝟原則的另外一種方式，科技應用對他們而言，其實和其他重大決策沒什麼兩樣（必須由公司裡有紀律的人才根據有紀律的思考，採取有紀律的行動）。如果新科技並不符合三個圓圈的原則，他們會將深恐落後的焦慮拋到腦後，冷靜沉著地照常做生意。然而一旦他們了解哪些科技和公司密切相關，他們就會變得非常狂熱，極有創意地應用科技。

反之，我們發現在所有的對照公司中，只有三家公司能開創性地應用新科技。包括克萊斯勒（電腦輔助設計）、哈里斯（應用電子科技於印刷上）、樂柏美（先進的製造技術）這三個例子都是未能長保卓越的對照公司，也證明了單靠科技本身無法創造出持久的卓越績效。舉例來說，克萊斯勒在電腦輔助設計和其他設計科技的應用上表現非凡，但無法將這些科技與他們的刺蝟原則相結合。當克萊斯勒在一九八〇年代中期偏離常軌、跨出了三個圓圈的領域、投資於灣流噴射機和瑪莎拉蒂跑車時，沒有任何尖端科技可以挽救克萊斯勒再度潰敗的命運。如果沒有清楚的刺蝟原則，也缺乏堅守三個圓圈的紀律，單靠科技的力量絕對無法使一家公司變得卓越。

科技的陷阱

我在撰寫本章的時候，腦子裡浮現了兩件事。第一件事是一九九九年美國《時代》雜誌挑選愛因斯坦為「二十世紀風雲人物」。我們不妨從以下角度來思考風雲人物的選拔：如果沒有這號人物，今天的世界會有多大不同？那麼，如果拿愛因斯坦和邱吉爾、希特勒、史達林和甘地等真正改變歷史的人物相比，《時代》雜誌的選擇非常令人驚訝。物理學家指出，無論愛因斯坦是否提出相對論，科學界遲早都會了解相對論的理論，或許遲了五年或十年，但絕不會是五十年後才發現。納粹從未真的製造出原子彈，因此即使沒有原子彈的幫助，盟軍仍然會在第二次世界大戰中獲勝（儘管會因此而犧牲更多人）。《時代》雜誌為什麼獨獨挑選愛因斯坦為二十世紀的風雲人物呢？

《時代》雜誌的編輯在解釋他們的選拔標準時指出：「權衡政治家和科學家的影響

力，是十分困難的事情。儘管如此，我們還是注意到，在某些時代中，政治的影響力凌駕一切，有的時代文化掛帥，有的時代則出現科學與技術的大躍進……那麼，二十世紀留給後代最重要的記憶是什麼？沒錯，民主在二十世紀蓬勃發展；沒錯，民權意識高漲。但二十世紀最令人難忘的還是在科學與技術上的重大進展……而且科技的進步比任何政治家的事蹟都有助於促進自由的社會。在這個因科技發展而令人難忘的世紀……有一位突出的偉人特別能作為這個時代的象徵……那就是愛因斯坦。」

所以基本上，與其說《時代》雜誌編輯挑選的是二十世紀風雲人物，不如說他們先挑選了二十世紀最重要的主題（科學與技術），從中挑選出科技界最知名的代表人物。有趣的是，在《時代》雜誌宣布愛因斯坦為二十世紀風雲人物之前幾天，他們也公布了一九九九年的年度風雲人物。他們選了誰呢？當然是電子商務的典範，即亞馬遜網路書店的創辦人貝佐斯（Jeff Bezos）啦，正好再度反映出我們的社會文化對於科技所驅動的改變是多麼令人著迷。我要先聲明一點，我既不同意也不反對《時代》雜誌的選擇，只是覺得他們的選擇十分有趣，同時發人深省，因為我們可以從中一窺現代人的心態。顯然在我們的集體心智中，科技本身以及科技所代表的意義是一件非常重要的事情。

這裡正好談到了我前面所說的第二件事。寫書期間，我曾經放自己幾天假，到明尼蘇達州的大師論壇去教幾堂課。為企業主管開辦的大師論壇已經舉辦了十五年，我很好奇十五年來有哪些主題一再出現。計畫主持人艾力克森（Jim Ericson）和楊生（Patty

Jensen）說：「科技、變動，以及科技與變動的關係，是經常出現的討論主題。」

「你覺得原因是什麼？」我問。

「許多人都不清楚自己不知道的事情，」他們說，「因此他們總是害怕新科技會冷不防地從背後冒出來偷襲。他們不了解科技，害怕科技。他們唯一確定的事情是，科技是推動改變的一大力量，最好密切注意科技的發展。」

由於我們的文化對科技如此著迷，而且「從優秀到卓越」的公司又有這麼多開創性的科技應用，你可能會認為我們在訪問這些公司的高層主管時，「科技」一定是很重要的話題。

我們很訝異地發現，在訪問過的「從優秀到卓越」的公司高階主管中，有八成甚至沒把科技列為轉型成功的五個關鍵要素之一。而且即使有人提到了科技，他們平均只把科技列為第四重要的因素，在我們訪問過的八十四位企業主管中，只有兩位把科技列為首要因素。

如果科技這麼重要，為什麼「從優秀到卓越」的公司主管都不太提科技呢？當然不是因為他們漠視科技的重要性，這些公司在科技應用上都非常先進，遠遠超越競爭對手，其中還有好幾家公司曾經因為開創性的科技應用而獲獎，並廣受媒體報導。然而這群企業主管很少談到科技，彷彿媒體報導的公司和企業主管口中的公司不是同一家。

舉例來說，紐可鋼鐵因為率先應用迷你工廠生產技術而聲名大噪，數十篇媒體報導和兩本著作都大大讚揚他們大膽投資於連續性薄板鑄造技術和電弧煉鋼爐的行動。紐可採用先進的新科技、推翻舊制的故事，成為商學院的基本教材。

但是，當我們訪問紐可轉型期的執行長艾佛森，請他列出從優秀躍升到卓越的五個重要因素時，你猜他把科技擺在第幾位？第一位？猜錯了。第二位？不對。第三位？也不對。第四位？甚至還沒有這麼重要。那麼是第五位囉？抱歉，還是沒猜中。艾佛森說：「最重要的因素是公司必須有調和一致的理念，同時必須能向組織上下清楚闡明我們的經營哲學，由於我們公司層級很少，沒有官僚制度，因此可以做到。」

且慢，先想一想這是怎麼回事。我們手上有個藉由新科技推翻舊秩序的絕佳範例，但是一手推動變革的企業執行長，根本沒把科技列為公司轉型成功的最重要因素！

我們訪問紐可的時候，同樣的事情一再發生。訪談過的七位重要主管和董事中，只有一位將科技列為成功的首要因素，其他人多半更重視其他因素。有幾位主管在訪談中的確提到紐可投下大賭注發展技術，但他們更強調其他因素的重要性，例如延攬的人才必須具備腳踏實地的工作態度、重要的管理職位必須放對人、組織架構盡量簡化、不要形成官僚制度、永不懈怠地設法提升每噸成品的平均獲利。科技只不過是紐可方程式的一部分，而且是比較次要的部分。一位紐可的主管下的結論是：「我們的成功有兩成是

圖 7-1　伯利恆鋼鐵長期以來一直走下坡

累計股票報酬率與大盤表現之比
1966 年 6 月 – 2000 年 12 月

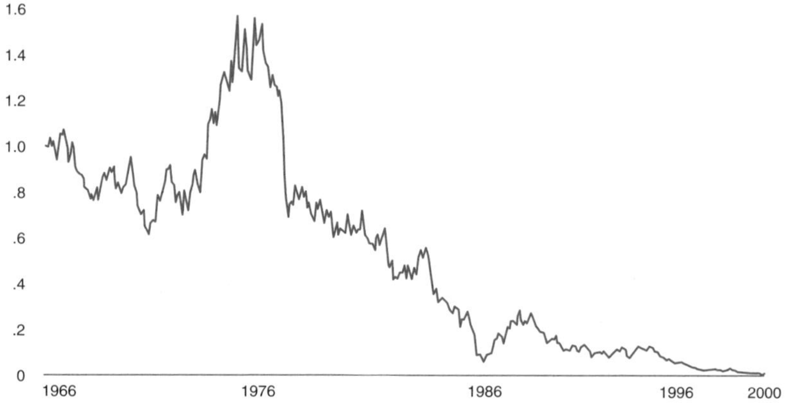

仰賴所採用的新科技……（但是）更有八成是靠企業文化。」

的確，你可以在同樣的時間，把一模一樣的技術交給和紐可資源相同的公司，但他們還是無法創造出像紐可這麼出色的經營績效。這就好像在著名的德通納大賽車（Daytona 500）中，獲勝最主要的關鍵不在於車子好壞，而在於賽車手和他的團隊。我並不是說車子好壞一點都不重要，車子雖然重要，卻退居次要地位。

企業表現平平的首要原因通常是管理不當，而非技術不佳。伯利恆鋼鐵之所以深陷泥沼，主因是長期敵對的勞資關係，和鋼鐵生產技術反而沒有太大關係，而勞資關係惡劣主要又肇因於缺乏效能且落伍的經營管理方式。在紐可和其他迷你鋼鐵廠蠶食鯨吞市場之前，伯利恆鋼鐵就已經走下坡了。事實上在一九八六年，當紐可開始在連續性薄板鑄造技術上有所突破時，伯利恆的市值已經下跌了八〇%（請見圖7-1）。我並不是說，伯利恆的衰敗和科技落伍毫無關係；科技的確扮演了相當重要的角色，但科技落伍只不過加速了伯利恆的衰敗，並沒有導致伯利恆的衰敗。我要重申一遍同樣的原則，即「科技只是加速器，而不是起因」，只不過在這個對照的案例中，科技加速的是企業走下坡的腳步。

的確，當我們審視對照公司的情況時，並未看到任何一家公司因為新科技的侵襲而慘遭淘汰出局。雷諾茲喪失了全球菸草業龍頭老大的地位，不是因為技不如人，而是因為管理階層毫無紀律地盲目多角化發展，並且陷入「瘦了公司，肥了主管」的收購熱中。A&P從美國第二大企業變成一家不重要的小公司，不是因為他們在掃描技術的應用上落後克羅格，而是因為沒有足夠的紀律來面對雜貨店已經今非昔比的殘酷事實。

我們的研究所得到的證據，並不支持「曾經風光一時的卓越企業之所以沒落（或有些公司之所以一直表現平平、沒有起色），是因為追不上科技的變遷」這樣的說法。當然，科技很重要，你不可能一直科技落後，卻奢望可以變成卓越的企業，但科技本身從來都不是企業興衰的主因。

在企業發展史上，早期的科技先鋒極少能成為最後的大贏家。舉例來說，VisiCalc是最早上市的個人電腦試算表應用程式。如今，VisiCalc安在哉？你認識的人當中，還有誰在用VisiCalc嗎？當初率先推出這個軟體的公司又安在哉？早就不見了，根本已經關門大吉。VisiCalc後來成為蓮花公司（Lotus）的應用軟體Lotus 1-2-3的手下敗將，而Lotus 1-2-3又不敵微軟推出的Excel。蓮花軟體公司後來陣腳大亂，賣給ＩＢＭ後才得以繼續生存。同樣的，推出第一部筆記型電腦的奧斯本電腦公司（Osborne）也早已慘遭淘汰。今天，我們用的筆記型電腦主要都是戴爾（Dell）、索尼（Sony）等公司的產品。

早期的開路先鋒帶頭陣亡，反而由排名第二（甚至第三、第四）的追隨者贏得最後勝利的模式，在科技與經濟變遷史上一再出現。ＩＢＭ早期並不是電腦業的領導企業。事實上，由於ＩＢＭ當時遠遠落後雷明頓蘭德公司（Remington Rand，第一部在市場上成功的大型電腦ＵＮＩＶＡＣ就是他們的產品），因此當ＩＢＭ推出第一部電腦時，大家都稱之為「ＩＢＭ的ＵＮＩＶＡＣ」。波音並非首先推出商用客機的公司，迪哈佛蘭公司（De Havilland）才是開路先鋒，他們率先推出了彗星客機（Comet），但是自從有一次迪哈佛蘭的噴射機在空中爆炸後，就開始節節敗退。波音雖然在市場上起步較晚，卻投下巨資，製造出最安全可靠的噴射機，因此連續三十多年都穩居航空市場的霸主地位。例子多得不勝枚舉。奇異公司並沒有率先開發出交流電電力系統（AC electrical system），西屋公司（Westinghouse）才是技術首創者。Palm Computing並沒有率先推出個人數位助理，蘋果電腦推出的牛頓（Newton）才是開路先鋒。美國線上（AOL）並沒有率先在消費性網際網路市場上開疆闢土，電腦服務網路（CompuServe）和天才網路（Prodigy）才是開路先鋒。

我們可以列出長長的名單，名單上的公司在科技創新的表現都傲視群雄，卻都無法贏得最後勝利，未能成為持久不墜的卓越公司。這份名單將非常有趣，但是這一長串例子要強調的只有一個基本事實：單靠科技本身，無法讓一家優秀公司蛻變為卓越企業，也沒有辦法防止大難臨頭。

歷史一再教導我們這個教訓。想想看美國在越戰中的潰敗。美國武裝部隊擁有全世界最尖端的科技：超級戰鬥機、武裝直升機、各種先進的武器、電腦、精良的通訊設備、方圓數里之內都難逃偵測的高科技邊界感應器。的確，由於過度依賴科技，美軍真的以為自己所向無敵，是金剛不壞之身。其實美軍需要的不是科技，他們欠缺的是單純而統一的作戰觀念，科技只是助力而已。然而美軍只是反覆試驗各種無效的戰略，從來不曾在這場戰爭中占據優勢。

同時，科技落後的北越部隊卻能堅持單純而統一的原則：打一場持久的游擊戰、消耗戰，目標是有系統地瓦解美國民眾對越戰的支持。北越部隊採用的科技實在落伍得可憐，他們用的是AK47來福槍（因為比複雜的M－16可靠，同時容易在戰地中維修），但他們採用的技術卻與他們的戰略緊密相關。大家都知道，結局是儘管美軍擁有尖端科技，卻沒能在越戰中獲勝。如果你以為有了科技就掌握了成功之鑰，那麼最好想一想越戰的例子。

的確，盲目倚賴科技是負債，而非資產。當用對科技時（當科技的應用能與單純、清晰而一致的理念密切結合時），科技能加速企業向上躍升的動力。但是用錯科技的時候（當還不清楚應該如何將科技與清晰一致的經營理念相連結，就將科技當做簡單的解方），那麼科技只會促使你們加速走向自掘的墳墓。

深恐落後的心態

研究小組曾經激烈辯論是否應該另闢一章來討論科技的問題。瓊斯（Scott Jones）說：「書裡面一定要有一章專門討論科技。商學院的老師一天到晚對我們耳提面命科技的重要性，如果我們不討論科技，這本書將會出現很大的漏洞。」拉森（Brian Larsen）說：「但是，我認為我們在科技方面的發現，只能算是有紀律的行動中的特殊案例，應該在前一章討論。有紀律的行動代表的意義是，你必須堅守三個圓圈的核心領域，這才是有關科技發現的真正本質所在。」

席德柏格（Scott Cederberg）指出：「你說的沒錯，但是現在的情況很特別。每一家『從優秀到卓越』的公司都早在其他公司沉迷於科技之前，就率先應用新科技。」

楊格（Amber Young）反駁：「但是和第五級領導、刺蝟原則以及『先找對人』等觀念比起來，科技的議題似乎不是那麼重要。我同意拉森的說法。科技的確很重要，但只不過是討論紀律或飛輪時附帶的議題罷了。」

我們整個夏天都在辯論這個問題。後來，瓊斯以他一貫冷靜深思的態度，提出一個關鍵問題：「當絕大多數公司都慌慌張張、忙著因應科技的變化時，就好像我們看到的網路熱現象，為什麼『從優秀到卓越』的公司還能對科技保持這麼平衡的觀點？」

的確，為什麼呢？

瓊斯的問題讓我們看到卓越企業和優秀公司之間的根本差異，而正因為這個差異，我們決定增闢一章來討論科技。

如果你有機會坐下來，閱讀厚達兩千多頁的訪談紀錄，你會很訝異這些企業主管完全沒有談到「競爭策略」的問題。沒錯，他們確實談到策略，他們也談到績效、談到成為頂尖的企業，甚至還談到獲勝，但他們從來不會為了因應其他人的行動而擬定策略，他們談到策略的時候，強調的都是他們希望創造什麼，以及希望在哪些方面有所改善，以達到卓越的絕對標準。

當我們請哈維描述他在一九八〇年代銳意改革必能寶的動機時，他說：「我一直希望看到必能寶成為一家卓越公司，讓我們就從這裡開始討論，好不好？這是很自然的想法，我們不需要多加證明或解釋。今天必能寶還不是一家卓越公司，明天也還不是一家卓越公司，在一個不斷變動的世界裡，要達到卓越的境界，總是需要更多的努力。」或是就像桑德斯在描述金百利克拉克內部運作的典型特色時所說的：「我們從不自滿，我們可能會覺得很高興，但是從不曾感到滿意。」

「從優秀到卓越」的背後驅動力絕不是恐懼。他們不會因為恐懼自己不了解的事物而奮發向上，他們也不是因為害怕看起來像傻瓜，或眼看著別人大發特發，自己卻趕不上潮流，他們更不怕競爭對手的威脅。

不，「從優秀到卓越」的公司領導人都有一股發自內心的創造性驅動力，因為渴望追求卓越而追求卓越；至於表現平平的公司，領導人背後的驅動力通常只是害怕落後。

要說明個中差異，最好的例子莫過於一九九〇年代後期的科技泡沫，網路泡沫發生的時候，我們恰好正在進行本書的研究。因此，網路泡沫提供了絕佳的舞台，我們得以觀察優秀公司和卓越企業的不同演出方式：卓越企業的反應和華爾格林大同小異，他們冷靜面對，從容不迫，按部就班地默默跨步向前，而表現平平的公司反而倉皇不安，迫不及待地採取激烈的反應。

的確，本章的重點不是討論科技本身。無論是多麼驚人的新科技，不管是電腦、電訊、機器人、網路都好，單靠科技不可能推動一家公司從優秀邁向卓越。沒有任何科技能將你塑造為第五級領導人，沒有任何科技能把不適任的員工轉變為適合的人才，沒有任何科技能為組織注入勇於面對殘酷現實的紀律和絕不動搖的信心，沒有任何科技能取代深入理解三個圓圈的內涵，並且把自我了解轉換為刺蝟原則的需求，沒有任何科技能塑造有紀律的文化，更沒有一種科技能灌輸你們一個簡單的信念：沒有充分發揮潛力，當有機會變得卓越時，卻滿足於只是追求優秀，其實是一種罪惡。

即使在變動劇烈的年代，依然能忠於這些基本原則並保持平衡的公司，將能累積足夠的動能，時機一到，便能有所突破。而未能堅守原則的公司，慌慌張張地忙著因應外界的變動，將漸漸走下坡，或始終表現平平，沒有起色。這是優秀公司和卓越公司最大的差別，飛輪和命運環路的比喻說明了整個研究的形態，這也正是我們在下一章即將討論的主題。

本章摘要

以科技為加速器

重點

- 每一家「從優秀到卓越」的公司和表現平平的公司對於科技和科技變遷有不同的想法。
- 「從優秀到卓越」的公司在科技發展上不喜歡趕時髦，但他們總是能率先應用精挑細選出來的技術。
- 關於科技的關鍵問題是：這項科技是否直接符合你們的刺蝟原則？如果符合的話，那麼你們必須在這方面成為科技應用的先鋒。如果不符合的話，那麼你們只需要差不多的科技就可以了，或乾脆置之不理也無妨。
- 「從優秀到卓越」的公司把科技當做動力加速器，而不是啟動器。沒有一家「從優秀到卓越」的公司以科技創新來啟動轉型的變革，然而一旦公司開始展現突破性的績效，並且了解如何結合科技與三個圓圈的概念之後，這些公司都成為科技應用的開路先鋒。
- 我們可以把「從優秀到卓越」的公司率先採用的尖端科技，免費奉送給對照公司使用，而對照公司仍舊無法產生同樣的營運績效。

- 從企業如何因應科技的變遷，可以看出他們是否具備追求卓越的內在驅動力，還是安於平庸。面對科技變遷，卓越的企業通常都經過審慎評估後，採取極富創意的方式來因應，渴望充分發揮潛力，創造非凡的績效；平庸的公司則只是被動反應，因為害怕落後而病急亂投醫。

意外的發現

- 我們得到的證據並不支持「曾經風光一時的卓越企業之所以沒落（或有些公司之所以一直表現平平，沒有起色），是因為追不上科技的變遷」這樣的說法。當然，企業不可能一直技術落後，卻奢望可以變成卓越企業，但科技本身從來就不是企業興衰的主因。
- 我們訪問過的八十四位「從優秀到卓越」的公司高階主管中，有八成甚至沒有把科技列為轉型成功的五個關鍵要素之一。即使是在開創性的科技應用上享有盛名的公司（例如紐可鋼鐵）亦是如此。
- 即使在科技日新月異的時代，「先爬、再走、然後跑步」仍然是非常有效的方法。

第八章

飛輪與命運環路

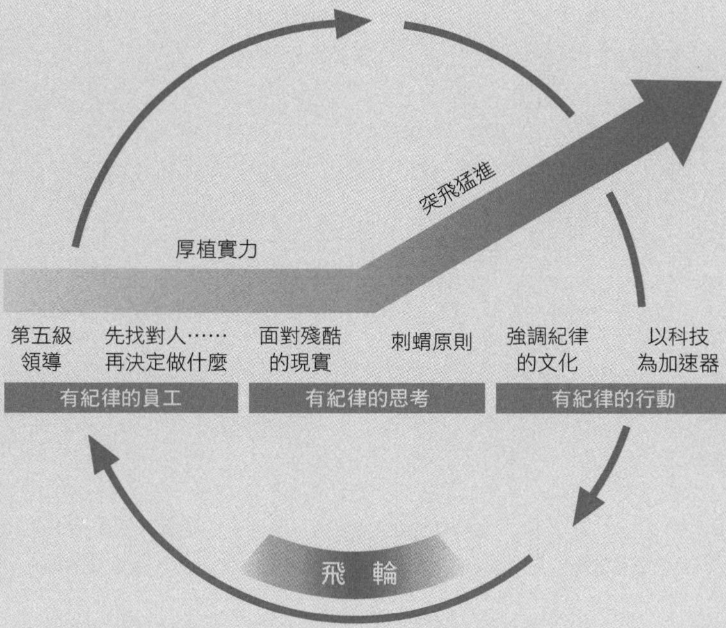

從優秀到卓越的公司轉型往往遵循穩定的形態，

必須先厚植實力，然後才突飛猛進。

就好像推動巨大笨重的飛輪一樣，

開始，得費很大的力氣才能啟動飛輪，

但只要朝著一致的方向繼續不斷往前推動飛輪，

經過長時間後，飛輪累積了動能，終究能有所突破，快速奔馳。

想像有一個巨大笨重的飛輪——直徑九公尺、六十公分厚、重達兩千三百公斤的巨大金屬盤架在輪軸上。現在，假定你的任務是讓這個飛輪在輪軸上跑得愈快愈好，愈久愈好。

你使勁把飛輪往前推進三公分，起先幾乎無法察覺到飛輪在移動。你繼續推，不斷努力了兩、三個小時以後，飛輪終於轉了一圈。

你繼續推，飛輪移動的速度加快了一點，繼續推，飛輪又轉了第二圈。第三圈……第四圈……第五圈……第六圈……飛輪愈轉愈快……第七圈……第八圈……你繼續推……第九圈……第十圈……動能逐漸累積……第十一圈……第十二圈……每一圈都轉得比前一圈快……二十圈……三十圈……五十圈……一百圈。

然後，就在某個關鍵時刻——終於有了重大突破！累積的動能開始助你一臂之力，飛輪一圈又一圈地向前飛奔……哇！……這時候飛輪的重量反而成為助力。你花的力氣和推動飛輪轉動第一圈時其實差不多，但飛輪轉動的速度愈來愈快。每轉一圈，都為下一圈累積更多的動能，前面所花的力氣到後面都發揮了相乘效果。飛輪轉動的速度比之前快了一千倍、一萬倍、十萬倍。巨大的飛輪以不可遏阻之勢，向前飛馳而去！

假定有人這時候才跑來，他問：「到底是哪一次推力使輪子跑得這麼快？」

這個問題毫無意義，你根本沒有辦法回答。究竟是第一次推輪子的力量發揮了效用？還是第二次？第五次？第一百次？都不是！其實是朝著一致的方向不斷努力之後累積下來的成果。有的時候，你可能用力一點推，但無論你用了多大力氣，每一次努力都只是飛輪上所有累積動能的一小部分而已。

厚植實力，突飛猛進

飛輪的比喻說明了眼看著公司從優秀邁向卓越時，公司內部人士心中的感觸。無論最後的結果是多麼戲劇化，「從優秀到卓越」的轉型過程都絕非一蹴可幾。企業絕不是靠一次決定性的行動、一項卓越的計畫、一個殺手級創新應用、一點點好運氣或一場痛苦的革命，就能脫胎換骨。優秀公司躍升為卓越企業靠的是累積的努力，腳踏實地一步一步，一個行動接著一個行動，一項決定接著一項決定，一圈接著一圈地轉動飛輪，點點滴滴累積起來，終於達到了持久不墜的非凡績效。

但是，如果你看到報章雜誌上關於這些公司的報導，你得到的印象可能截然不同。媒體通常都等到飛輪已經達到每分鐘轉一千圈的驚人速度時，才會報導這家公司，之前則隻字不提。因此，這類報導也扭曲了我們對於企業轉型的認知，似乎企業都是在一夕之間脫胎換骨，突飛猛進。

舉例來說，一九八四年八月二十七日，《富比士》雜誌刊登了一篇關於電路城的報導，這是全國性的媒體首次報導電路城。這篇文章其實只有兩頁，不算什麼重要文章，而且報導中還質疑電路城能否持續近年來的成長趨勢。然而，這篇文章仍然代表主流財經媒體首度公開肯定了電路城近年來突破性的成長。撰文的記者把電路城當成一夕成功的故事來報導，彷彿電路城是他剛剛發掘的熱門新公司。

事實上，這家一夕成名的公司已經默默努力了十幾年。一九七三年，沃澤爾從父親手中接下了企業執行長的棒子，當時公司正瀕臨破產邊緣。沃澤爾首先重新建立經營團隊，客觀地審視公司內外的殘酷現實。一九七四年，電路城依然負債累累，但沃澤爾和他的團隊開始實驗新的大賣場零售方式（賣場中展售各種電器品牌、提供各式折扣，還有立即送貨服務），他們在維吉尼亞州的里其蒙市建立起第一家電器大賣場的模式。一九七六年，他們更試著以大賣場方式銷售消費性電子產品，一九七七年，第一家電路城商店正式誕生了。

結果，新模式非常成功。他們有系統地把原先的音響店全都改成電路城商店。一九八二年，飛輪連續滾動了九年之後，沃澤爾和經營團隊決定傾全力發展電路城超級賣場。接下來五年，電路城成為在紐約證券交易所掛牌的公司中股東報酬率最高的公司。從一九八二到九九年，電路城累計的股票報酬率勝過大盤績效，更凌駕英特爾、沃爾瑪、奇異、惠普和可口可樂等公司。

當然，電路城也成為媒體寵兒。我們發現，在電路城轉型之前的十年間，幾乎沒有一篇關於電路城的重要媒體報導；但在轉型後十年，我們卻找到了九十七篇值得一讀的報導，其中有二十二篇都是重要文章。儘管從一九六八年起，電路城就已經上市，而且

圖 8-1　電路城

投資 1 美元的累計價值及蒐集到的報導文章篇數

1972 年 12 月 31 日–1992 年 12 月 31 日

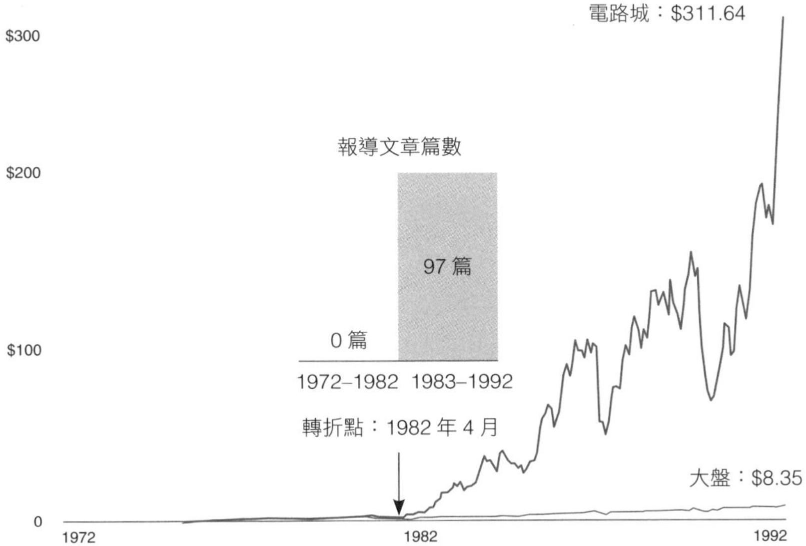

在轉型前十年間，電路城在沃澤爾領導下進步神速，但在媒體眼中，他們彷彿不存在。

電路城的故事反映了一個常見的形態。我們發現在許多案例中，企業在轉折點之後十年間，媒體報導都遠多於轉折點前十年，而且比例高達三比一（請見圖 8-1）。

舉例來說，艾佛森和席格爾在一九六五年開始推動紐可的飛輪。此後十年，他們一直沒沒無聞，無論是財經媒體或其他鋼鐵公司，都不曾注意到他們的存在。如果你在一九七○年問伯利恆鋼鐵或美國鋼鐵公司（U.S. Steel），對於「紐可的威脅」做何感想——如果他們聽過紐可公司的名字（連這一點都很值得懷疑），一定一笑置之，絲毫不以為意。到了一九七五年，也就是紐可公司股價開始起飛的轉折點，紐可已經建好第三座迷你鋼鐵廠，厚植獨特的生產力文化，並且逐步成為美國最賺錢的鋼鐵公司。然而美國《商業週刊》直到紐可踏出轉型腳步後十三年，也就是一九七八年，才刊登第一篇關於紐可公司的重要報導，《財星》雜誌更晚，在紐可著手推動轉型後十六年，才開始報導紐可公司。從一九六五到七五年，我們只找到十一篇關於紐可的報導，而且都是不太重要的報導。然後從一九七六到九五年，我們蒐集到九十六篇關於紐可的報導，其中四十篇都是重要的公司特寫或是刊登於全國知名媒體的報導。

你心裡可能想：「原本就理當如此呀。企業成功之後，當然會更受媒體矚目。這又有什麼大不了的呢？」

接下來，我就來解釋為什麼這件事如此重要。外界對企業轉型的觀感往往主導了我們的印象，以至於我們誤以為企業內部人士對於轉型過程也抱著同樣的想法。事實上，在外界眼中極端戲劇化、甚至革命性的突破，在內部人士眼中卻截然不同，他們看來，轉型的過程更像是逐步演化的發展過程。

想像眼前有一顆蛋。原先大家都沒有怎麼注意到這顆雞蛋，直到後來有一天，蛋裂開了，一隻小雞從裡面跳出來！所有主流雜誌和報紙都爭相報導這樁大新聞——「從蛋到雞的蛻變過程！」「雞蛋的偉大變革！」「雞蛋大翻身！」——說得彷彿一夕之間，這顆雞蛋就改頭換面，變成一隻雞。

但是，從雞的角度看來，又是怎麼一回事呢？當全世界都對這顆不起眼的雞蛋不屑一顧時，小雞早已在雞蛋裡面發育、成長、孵化。從雞的眼中看來，雞蛋裂開只不過是小雞孵化過程中一連串步驟的一步罷了，當然，雞蛋裂開是其中的一大步，卻不是旁觀者眼中一步登天式的劇烈蛻變。

我承認，以孵小雞為例是頗愚蠢的比喻。但我之所以舉這個例子，是為了強調我們的重要研究發現。我們原本一直以為能找到「獨一無二的關鍵大事」，導致突破的決定性一刻。我們甚至在訪談中不斷地想要挖掘出答案，「從優秀到卓越」的公司主管卻無法歸納出單一的決定性事件或關鍵時刻。我們硬要他們為關鍵因素列出優先順序，或根據重要性打分數時，他們通常都很惱火。在每一家「從優秀到卓越」的公司裡，至少都有一位受訪者提出警告，說了些諸如此類的話：「你們不能把整件事就這麼輕易地切成幾個小方塊、歸納成幾個因素，或找出『啊哈！』的神奇時刻或『決定性的大事』，整個轉型過程其實是由一連串緊密相關的因素，一環扣一環累積而成的結果。」

即使在研究中最戲劇化的案例——金百利克拉克賣掉紙廠，他們的主管仍將之描述為漸進的過程。一位主管指出：「史密斯並不是在一夜之間改變了公司的方向，而是長時間演變出來的結果。」另一位主管說：「轉型過程並不像日夜般分明，而是漸進的，我不認為每個人都從一開始就完全清楚公司的發展方向，而是等到幾年之後，大家才慢慢摸索出一條路。」當然，賣掉紙廠是加諸於飛輪的一大推力，但也只是其中的一股推力。賣掉紙廠後，還需要在飛輪上增加幾千股推力，不分大小的推力逐步累積之後，金百利克拉克才能成功轉型為頂尖的消費性紙製品公司。更不知須花費多少年的時間，累積起充足的動能之後，媒體才會公開宣揚金百利克拉克「從優秀公司躍升為卓越企業」的努力。《富比士》雜誌寫道：「當金百利克拉克決定正面迎戰寶鹼時……我們曾經預測那將是一場災難。他們怎麼會想出這麼笨的點子！結果顯示，他們一點都不笨，這是個很聰明的主意。」而兩篇《富比士》的報導相隔了多少年呢？足足有二十一年。

在我們進行研究期間，每當企業主管來參觀我們的研究室時，我們通常問他們想從研究中學到什麼。一位企業執行長問：「那些『從優秀到卓越』的人怎麼稱呼他們正在進行的事？他們會取名字嗎？當時他們是怎麼討論這件事情？」真是大哉問哪，於是我們回頭去檢視研究資料。結果非常令人震驚：轉型計畫往往沒什麼特別的名稱。

「從優秀到卓越」的公司通常沒有為轉型計畫取什麼特別的名稱，沒有大張旗鼓的揭幕式，也沒有漂亮的口號或精心營造的氣氛。有的主管甚至說，在公司新面貌逐漸浮現之前，他們甚至沒有察覺公司正在經歷重大的轉型過程。他們往往往在事後才看清楚整個轉型經過。

這時候，一切才豁然開朗：根本沒有什麼神奇的關鍵時刻（請見表8-1）。儘管在外界看來，這些公司似乎是一舉成功，在真正經歷了公司轉型過程的內部人士眼中，卻全然不是這麼回事。他們反而認為，轉型是深思熟慮、默默演進的過程，必須想清楚需要採取哪些做法，才能在未來創造出最佳績效，然後按部就班，一一實施計畫的步驟，一圈一圈推動飛輪前進。飛輪朝著同一方向前進了一段時間之後，自然就會達到突破點，開始突飛猛進，快速奔馳。

每當講到這個部分，我有時候會超越研究的範圍，另外舉例說明我的意思：美國加州大學洛杉磯分校（UCLA）曾經從一九六〇年代直到一九七〇年代初期，建立起著名的棕熊（Bruins）籃球王朝。美國籃球迷大都曉得，棕熊隊在傳奇教練伍登（John Wooden）的率領下，曾經在十二年內贏了十次美國大學籃球聯賽（NCAA）冠軍，有一度還曾創下連贏六十一場的驚人紀錄。

但是，你知道棕熊隊第一次拿到NCAA冠軍之前，伍登已經擔任棕熊隊教練幾年嗎？十五年。從一九四八到六三年，伍登一直沒沒無聞，直到一九六四年率領UCLA校隊登上第一個冠軍寶座，才一鳴驚人。在此之前，伍登年復一年，為UCLA球隊打下了堅實的根基，發展出優良的求才制度，貫徹統一的理念，並且精益求精，不斷演練

表 8-1 「從優秀到卓越」的公司不曾有過「奇蹟出現的一刻」

（以下為訪談中代表性的引言）

亞培	「我們並不是突然靈光一閃或受到神諭。」「儘管我們經歷了非常重大的改變，然而從許多方面來看，這只不過是一系列漸進的改變，這也是為什麼我們能成功轉型。我們按部就班，而且正在推動的方向和現有的專長之間總是有許多共通點。」
電路城	「我們轉型為超級賣場的形式，並不是在一夕之間發生的。我們最早在一九七四年思考這個概念，但是直到十年後整個概念更成熟，並且累積了足夠的動能，足以把公司未來都押在上面時，我們才徹底轉型為電路城超級賣場。」
房利美	「我們不是靠一次奇蹟出現或某個關鍵轉折點，就扭轉乾坤，而是許多事情加總起來的結果。儘管結果非常戲劇化，過程卻比較像是演化的漸進過程。」
吉列	「我們不是有意識地做了重大決定，或推出偉大計畫，來啟動變革或轉型。不管是透過個別思考或集體共識，我們都慢慢得到一個結論，知道該怎麼做才能大幅改善公司的經營績效。」
金百利克拉克	「我不認為我們的做法是那麼直截了當，這些事情不是一夕之間突然發生的，而是慢慢醞釀出來的。這些想法慢慢萌芽、成長，然後付諸實現。」
克羅格	「這一切並非靈光乍現下的產物。我們一直觀察實驗性超級商店的發展，並且因此相信我們這一行終於會走上這個方向。萊爾．埃佛林罕主要不過是說，我們必須改變，而且從現在就開始改變，不過我們是在審慎規畫的基礎上進行改變。」
紐可	「我們並沒有在哪個特別的時刻下定決心說，這就是我們想走的方向，而是經過許多痛苦的爭辯後才慢慢發展出來的。我甚至不確定當時我們了解自己在爭什麼，一直等到事後回顧的時候，我們才明白，當時我們爭辯的其實是紐可到底要變成什麼樣的企業。」

（續下頁）

菲利普莫里斯	「我們實在想不出來有哪件大事最足以代表『從優秀到卓越』的轉型過程，因為我們的成功是漸進的，由一次次成功經驗累積而成，而不是革命性的。我不認為有哪個單一事件具有決定性的影響力。」
必能寶	「對於如何改變，我們其實沒有討論太多。早期，我們並沒有對變革想太多，反而認為我們需要慢慢演化，採取不同的做事方式。我們明白，演化和改變是兩種截然不同的觀念。」
華爾格林	「沒有神蹟顯現的時刻，不像燈泡一般，突然亮起耀眼的光芒，反而比較像演化的過程。」
富國銀行	「我們不是一舉成功，而是點點滴滴，方向漸漸變得愈來愈清楚。當卡爾當上執行長後，沒有帶頭來個大轉彎。狄克先領導公司演進到一個階段，接著卡爾又帶領我們演進到下個階段，整個轉型過程進行得十分平穩，而不是驟然間大轉向。」

全場盯人的打球方式。在這段期間，沒有人注意到這位沉默溫和的籃球教練和他所率領的球隊，直到——哇！——他們突飛猛進，十多年間在美國大學籃壇所向無敵。

「從優秀到卓越」的企業和伍登王朝都遵循著同樣的蛻變模式：先厚植實力，然後突飛猛進。在其中一些案例中，企業花了很長的時間，才從厚植實力走到突飛猛進的階段；有的案例則只花了很短的時間。例如電路城花了九年時間來打好根基、厚植實力，紐可花了十年，吉列則只花了五年，房利美只花了三年，必能寶花的時間更短，只有兩年。但是無論花多少時間打基礎，每一家「從優秀到卓越」的公司都遵循相同的模式：一圈又一圈累積飛輪的動能，直到有一天，在既定的基礎上一飛沖天。

不受機運左右

很重要的是，你必須了解，從厚植實力到突飛猛進的模式並不是受機運左右的奢侈品。有的人會說：「嘿！可是我們受到很大的限制，沒有辦法採取這種長程規畫。」切記，「從優秀到卓越」的公司不管環境多麼惡劣，都還是遵循這個發展模式，例如富國銀行當時正面臨金融自由化的衝擊，紐可和電路城瀕臨破產邊緣，吉列和克羅格險遭購併，房利美則每天虧損一百萬美元。

同時，也必須頂得住華爾街的壓力。房利美的麥克斯威爾說：「那些人老是說，你不可能建立起持久不墜的卓越公司，因為華爾街會從中作梗，我不同意他們的說法。我們和華爾街分析師充分溝通，向他們說明我們目前的做法和未來的方向。起初，許多人都不買帳，你必須接受這種情況。然而一旦我們熬過了最艱難的困境，每年業績蒸蒸日上，幾年之後，由於我們的實質績效實在太好了，房利美就變成了熱門股。」房利美確實是支熱門股。麥克斯威爾剛上任頭兩年，股價表現仍然落後大盤，但後來就扶搖直上。如果在一九八四年底投資一美元於房利美的股票，到了二〇〇〇年，這筆投資的價值已經大漲為六十四美元，投資報酬擊敗大盤表現，即使是一九九〇年代末期大漲特漲的那斯達克整體表現，都瞠乎其後。

「從優秀到卓越」的公司和對照公司一樣，都會面臨華爾街要求短期績效的壓力。然而和對照公司不同的是，在壓力下，「從優秀到卓越」的公司仍然有足夠的耐性和紀律遵循先厚植實力、再突飛猛進的飛輪模式。最後，他們終能展現驚人的績效，即使按照華爾街的標準來看，都非常成功。

我們發現，關鍵就在於如何利用飛輪來管理短期壓力。其中一個好方法是亞培藥廠稱之為「藍色計畫」的做法。亞培每年都會向華爾街分析師公布未來成長數字，例如一五％。同時，他們也會在內部設定一個比較高的成長目標，例如二五％，甚至三○％。亞培內部有一份依照重要順序排列、還沒有拿到資金補助的創新計畫，也就是「藍色計畫」。到了年底的時候，亞培會挑選一個超越華爾街預期、但尚未達到亞培實質成長率的數字來公布，然後利用「討好分析師」的成長數字和亞培實質成長率之間的差距，把多出來的資金投入藍色計畫。他們利用這個聰明機制一方面管理短期壓力，同時又有系統地投資於未來成長。

我們在亞培的直接對照公司身上，沒有看到任何類似「藍色計畫」的機制。相反的，普強的高階主管會拚命宣傳，拉抬自己公司的股價（「買下我們的未來」），尤其當他們無法展現出色的短期績效時，更是不斷地虔誠頌揚「長期投資的重要」。普強不斷地將大把資金投入像羅根（Rogaine）禿頭治療劑等草率的研發計畫，希望能跳過打根基的階段，直接一飛沖天。的確，普強令人聯想到拉斯維加斯的賭徒，不斷借籌碼來豪賭，嘴裡卻還說：「你瞧，我們在投資未來。」當然，等到未來真正降臨時，他們卻很少能交出原先答應的成績單。

很自然的，亞培的績效表現十分穩定，成為華爾街的最愛，而普強卻一再令人失望。從一九五九到七四年亞培的轉折點為止，兩家公司在股市的表現幾乎亦步亦趨，不分軒輊。但接下來就戲劇化地分道揚鑣，普強在一九九五年被購併之前，股價落後亞培六倍之多（請見圖8-2）。

所有「從優秀到卓越」的公司就像房利美和亞培一樣，在厚植實力到突飛猛進的階段中，都能有效因應華爾街的壓力，並且不認為兩者之間有何衝突。他們只是一心一意累積績效，展現紀律；他們不亂開支票，表現卻總是超出預期。當績效開始逐漸累積，飛輪的動能愈來愈大時，華爾街的投資者自然也會熱情支持。

飛輪效應

「從優秀到卓越」的公司了解一個簡單的事實：持續的改善和提升績效中蘊藏了巨

圖 8-2　亞培 VS. 普強

從 1959-1995 年期間投資 1 美元的累計價值

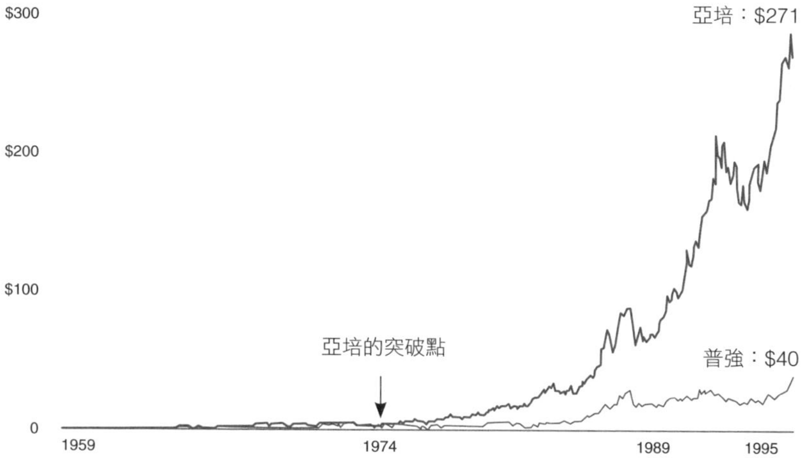

大的力量。只要指出實際的成就，儘管最初還在逐步累積的階段，然後說明這些步驟如何呼應具體可行的經營理念。當你這麼做的時候，其他人逐漸了解並察覺公司正在加速向前衝，他們因此也會團結一致，熱情支持。我們稱之為飛輪效應（請見圖8-3），飛輪效應不只會發生在外部投資人身上，也能凝聚內部員工。

我要在這裡分享一下研究期間發生的小故事。在研究的關鍵時刻，研究人員幾乎要發動叛變。他們把訪談紀錄重重摔在桌上，問我：「我們一定得問這些笨問題嗎？」

我問：「你們指的到底是什麼笨問題啊？」

「就是關於他們的決心、團結，還

圖 8-3　飛輪效應

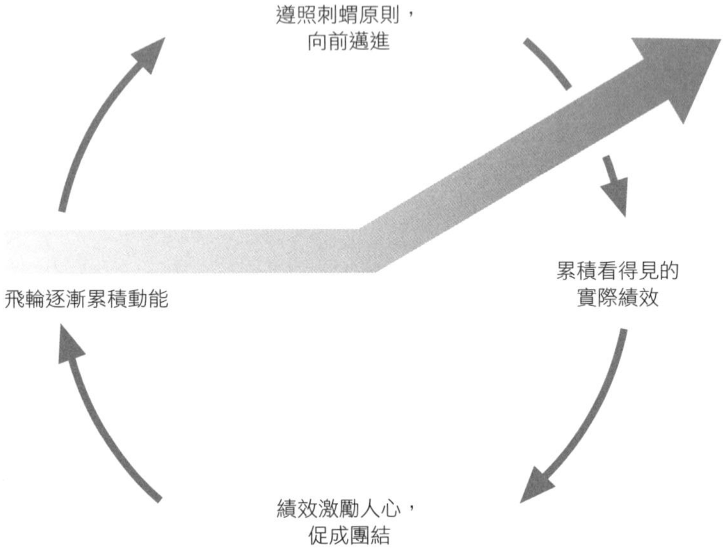

有如何管理變革之類的問題。」

「這不是笨問題，而是最重要的問題。」我回答。

一位研究人員說：「但許多領導轉型的企業主管都認為這是笨問題，有的人甚至不明白我們的問題到底要問什麼！」

「沒錯，我們還是得繼續問這個問題，」我說，「在所有的訪談中，我們的問題都必須一致。此外，正因為他們不明白我們的問題，反而更有趣。所以，繼續想辦法問出答案吧，我們必須了解他們如何克服員工抗拒改變的問題，讓公司上下團結一致。」

我原本認為，如何讓公司上下團結一致，絕對是設法推動轉型的企業領導人最大的挑戰之一。「我們怎麼樣才能掉轉船頭行進的方向?」「怎麼樣才能讓員工願意為新願景奉獻心力?」「我們怎麼樣鼓勵員工團結一致?」「員工怎麼樣才會願意接受改變?」

令人訝異的是,我們發現,「從優秀到卓越」的企業領導人所面臨的最大挑戰,並不是員工凝聚力的問題。

顯然,「從優秀到卓越」的公司並非登高一呼,員工就團結一致,竭誠奉獻,他們以純熟的手腕來管理變革,卻從來不曾花很多時間認真思考如何管理變革的問題,似乎他們對一切都瞭然於心。我們發現,當有了適當的條件時,員工的投入、團結、激勵和變革等問題都自然會迎刃而解,完全不成問題。

就拿克羅格為例好了。如何讓五萬多名員工(包括出納、包裝工人、倉儲管理員、農產品清洗員等)全都接受即將改變整個雜貨店作業的激進新策略呢?答案是,克羅格並沒有設法讓他們全都接受,至少不是靠一次大活動或大計畫來達到這個目的。

領導克羅格轉型的第五級領導人賀陵告訴我們,他們避免採取任何激勵措施,反而開始推動飛輪,以實際的績效證明計畫的確行得通。「我們想辦法讓員工親眼看到我們的成果,」賀陵說,「我們按部就班地實施計畫,設法產出成功的結果,因此員工會從我們的成功中得到信心，而不是只靠空口說白話來激勵他們。」賀陵明白，當提出大膽的新願景時，如果要得到員工的支持，必須朝著新願景不斷轉動飛輪（從第二圈到第四圈，第四圈到第八圈，然後第八圈到十六圈），然後說：「有沒有看到這件事情進展得多麼順利呀？從這裡可以看出，這就是我們未來要走的方向。」

「從優秀到卓越」的公司比較不喜歡在八字還沒有一撇時，就對外大肆宣揚偉大的目標。他們只是開始轉動飛輪，先深入了解，然後採取具體行動，一步接著一步，一圈接著一圈。等到飛輪慢慢累積了龐大的動能之後，他們才抬起頭來說：「嘿，如果我們一直這樣推動下去，沒有理由達不到目標。」

舉例來說，紐可在一九六五年開始推動飛輪，起初只試圖避免踏上破產的命運，後來則因為找不到可靠的供應商，而開始建立起第一座自己的鋼鐵廠。紐可的員工發現，他們有辦法把鋼鐵煉製得比別人好，也比別人便宜，因此後來又建了兩座迷你煉鋼廠，接著又建了三座廠。開始有客戶向他們採購，然後又有更多的客戶上門（哇！），一圈又一圈，月復一月，年復一年，飛輪累積了充足的動力。在一九七五年左右，紐可人猛然醒悟，如果他們一直推動飛輪，紐可將可成為美國排名第一、獲利率最高的鋼鐵公司。波爾曼解釋：「還記得一九七五年有一次我和艾佛森談話的時候，他說：『波爾曼，我想我們應該可以成為美國排名第一的鋼鐵公司。』一九七五年欸！我問他：『那麼，你打算什麼時候成為全美第一？』他說：『我不知道。但是只要我們繼續做我們目前在做的事情，我看不出有什麼理由我們不能成為全美第一？』」儘管花了二十年才達到這個目標，紐可一直努力不懈地推動飛輪，終於成為《財星》一千大企業排行榜上最會賺錢的鋼鐵公司。

當你讓飛輪說明一切時，你不需要熱烈宣傳你的目標，其他人自然能從飛輪累積的動能看出你的方向。「嘿，如果我們一直像這樣努力下去，看看我們可以到達什麼樣的地步！」當員工自動自發地想發揮潛力、展現績效時，他們已經自行訂定了目標。

暫且停下腳步，思考一下。正確的人才最渴望得到的是什麼東西？他們希望成為勝利團隊的一份子；他們希望能有所貢獻，創造實際可見的績效；他們希望感受到努力參與工作的興奮。當正確的人才看到面對殘酷現實之後的簡單計畫時（經由深刻的自我理解而發展出來的計畫，而非好大喜功的計畫），他們很可能會說：「這個計畫一定行得通，算我一份吧。」當他們看到計畫背後有一位無私奉獻的第五級領導人和一群團結一致的主管時，他們會拋掉冷嘲熱諷的態度。當人們開始感覺到動能的神奇力量（當他們開始看到具體的成果，當他們開始感覺到飛輪轉動得愈來愈快），這時候，許多人都會自動請纓，用肩膀頂著飛輪，大家一起用力推。

命運環路

我們在對照公司身上，卻看到截然不同的發展形態。對照公司不是先默默思考需要採取什麼樣的做法，然後將之付諸實施，他們通常都大張旗鼓推出新計畫，宣稱目的是「激勵士氣」，結果成效往往無法持久。他們總是企圖藉著一次決定性的行動、一項偉大的計畫、一個殺手級創新構想，或剎那間奇蹟出現，略過扎穩根基的階段，直接一舉突破。他們會把飛輪朝一個方向推，然後停下來，改變路線，朝另一個方向推；然後又停下來，改變路線，把飛輪推往另外一個方向。這樣反反覆覆幾年後，對照公司無法持久累積動能，墜入了所謂的「命運環路」（請見圖8-4）中。

就拿吉列公司的直接對照公司華納蘭茂為例好了。

一九七九年，華納蘭茂告訴美國《商業週刊》，他們打算成為消費性紙製品的領導品牌。

一年後，也就是一九八〇年，華納蘭茂來了個一百八十度大轉彎，相中了保健事業。

一九八一年，華納蘭茂又改變路線，回到多角化和消費性產品的領域。

六年後，華納蘭茂在一九八七年再度施展大轉彎的功力，又把目光從消費性產品身上轉移，再度企圖變成默克藥廠第二。（但同時，華納蘭茂為消費性產品打廣告的花費是研發經費的三倍，對一家口口聲聲要擊敗默克的公司而言，這樣的策略實在很奇怪。）

圖 8-4　命運環路

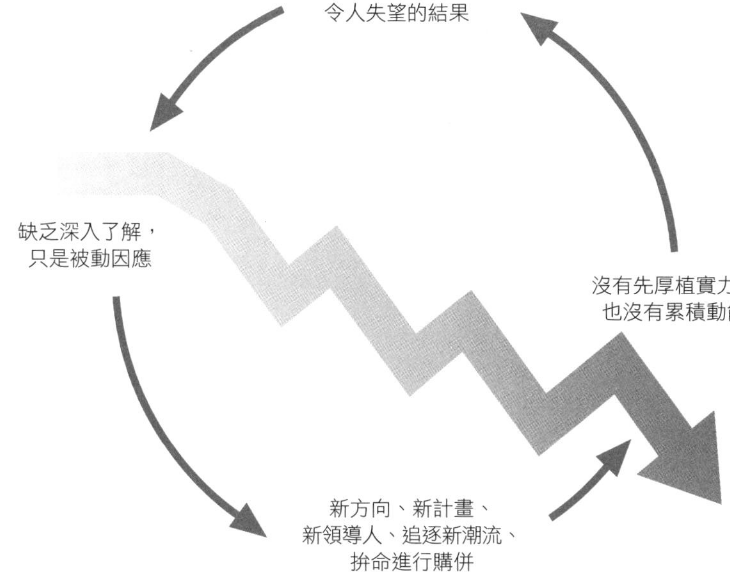

一九九〇年代初期，為了因應柯林頓主政時期的醫療保健改革措施，華納蘭茂的方向再度逆轉，重新擁抱多角化的策略和消費性品牌。

每位新上任的華納蘭茂執行長都推出自己的新計畫，遏止前任執行長啟動的力量。一九八二年，海根（Ward Hagen）想藉著花大錢買下醫院用品供應商，帶來突破；三年後，繼位的威廉斯（Joe Williams）決定撤出醫院用品供應事業，沖銷了這筆五億五千萬美元的壞帳，一心一意想擊敗默克，但繼任的執行長又領導公司走回多角化和消費性產品的老路子。就這樣反反覆覆、躊躇徘徊，每位執行長都希望推動自己的計畫，留下自己的印記。

從一九七九到九八年，華納蘭茂經歷了三次大型企業重組（平均每位執行長一次）為了快速獲得突破性的成果，裁減了兩萬名人力。一次又一次，華納蘭茂先是出現爆炸性突破，然後就後繼無力，永遠沒有辦法像「從厚植實力到突飛猛進」的飛輪般產生持久的動能。華納蘭茂的股票報酬率和大盤比起來始終表現平平，後來則根本為輝瑞藥廠所併吞，不再是一家獨立的公司。

華納蘭茂是個極端的例子，但是我們在每一家對照公司的案例中，都找到類似的命運環路（請參見附錄8A〈對照公司的命運環路行為〉）。儘管每家公司的命運環路內容不盡相同，我們也觀察到一些非常普遍的形態，其中有兩種形態特別值得注意：錯把購併當手段，以及選錯領導人，導致前人的努力毀於一旦。

錯把購併當手段

彼得．杜拉克（Peter Drucker）曾有一個重要的觀察：購併的背後往往沒有充分的理由，很多時候，企業進行購併只不過是因為談判購併交易比實際的工作要有趣刺激多了。的確，對照公司看到一九八〇年代流行的車廂貼紙內容，一定深有同感：「當事情不順的時候，我們就去購物商場瞎拼一番！」

為了了解購併在「從優秀到卓越」的過程中所扮演的角色，我們針對所研究的公司從轉折點之前十年到一九九八年進行的所有購併案，有系統地做了質化和量化的分析。就購併案的數量和規模而言，我們看不出任何特別的形態，然而我們注意到「從優秀到卓越」的公司和對照公司在購併案的成功率上，卻出現明顯的差異（參見附錄8B）。

為什麼「從優秀到卓越」的公司購併的成功率較高，尤其在進行大型購併案時，成功率更出現明顯差距？成功關鍵在於，他們總是在釐清了刺蝟原則，並且飛輪已經累積了充足的動能之後才展開購併。他們把購併當做促進飛輪動能的加速器，而不是啟動器。

反之，對照公司經常希望透過收購或合併，跳躍式地達到突破性成長，但從來都無法奏效。他們往往在核心事業陷入困境時，希望藉著大舉收購的動作來促進成長、分攤問題，或幫執行長裝點門面。然而，他們從來不談根本問題：「我們在哪些方面可以做得比其他公司都優秀，能夠達到我們的經濟指標，並且激發大家熱情投入？」他們永遠不明白一個簡單的事實：即使你能買到成長，你絕對沒有辦法買到卓越。兩家平庸的公司結合起來，絕對不可能成為一家卓越的企業。

阻擋飛輪的領導人

另外一個經常出現的命運環路形態是，新上任的領導人插手停住已經開始轉動的飛輪，把它推往新的方向，哈里斯公司就是很好的例子。哈里斯在一九六〇年代初期採用了許多「從優秀到卓越」的概念，展開了厚植實力的過程，並帶來突破性的成效。戴甫利（George Dively）和接班人圖里斯（Richard Tullis）找到了刺蝟概念，認為哈里斯在印刷和通訊方面的科技應用，可以成為世界頂尖。儘管他們並沒有展現十足的紀律，堅守刺蝟原則（圖里斯常常會偏離三個圓圈），但哈里斯公司仍然有長足的進步，展現良好的營運績效，一九七五年，到達突破性成長的轉折點後，哈里斯公司似乎有望躋身「從優秀到卓越」的公司之列。

然後，突然間，飛輪戛然而止。

一九七八年，鮑伊德（Joseph Boyd）成為執行長。鮑伊德原本是哈里斯收購的輻射公司（Radiation, Inc.）的執行長。他當上執行長以後的第一個重要決定，就是把公司總部從克利夫蘭搬到輻射公司起家的地方，即佛羅里達州的莫爾本、鮑伊德的豪宅和十四公尺長的私人快艇所在之處。

一九八三年，鮑伊德放棄了印刷生意，大大扭轉了哈里斯飛輪的方向。當時，哈里斯是全球排名第一的印刷設備供應商，印刷事業是公司最賺錢的生意之一，占每年營利的三分之一。賣掉公司最珍貴的寶石之後，鮑伊德把這筆錢拿來做什麼呢？他讓公司一頭栽進辦公室自動化設備的生意中。

但是，哈里斯有辦法在辦公室自動化領域中成為全球頂尖嗎？不太可能。正當哈里斯誤入戰場，與IBM、DEC、王安公司正面交鋒時，偏偏「可怕的」軟體開發問題延遲了哈里斯推出第一個工作站的時間。接著，為了企圖直接跳到突破性成長的階段，他將公司三分之一的淨值拿來收購藍尼爾商業產品公司（Lanier Business Products），藍尼爾專門生產低技術層次的文字處理器。《電腦世界》雜誌（*Computerworld*）曾指出：「鮑伊德認為辦公室自動化將是成功之鑰……不幸的是，哈里斯公司什麼都有，就是沒有辦公室自動化產品。他們嘗試開發文字處理系統，希望推出上市，卻出師不利……由於產品不符合市場需求，還未上市就慘遭淘汰。」

經過戴甫利和圖里斯的勵精圖治，哈里斯的飛輪原本正動力十足，快速運轉，卻倏然脫離輪軸，凌空飛起，然後重重墜地，最終戛然而止。從一九七三年底到一九七八年底，哈里斯的表現凌駕大盤五倍，但是從一九七八年底到一九八三年底，哈里斯卻落後大盤表現三九％，到了一九八八年更是落後達七〇％。命運環路逐步取代了快速滾動的飛輪。

一加一等於四

當我詳加檢視「從優秀到卓越」的公司轉型過程時，我的腦海中不斷浮現「調和一致」的字眼。物理學教授彼德森（R. T. Peterson）還提出另外一個形容詞：「連貫性」。他問：「一加一等於多少？」他故意停頓了一下。「是『四』！在物理學中，我們一直在討論連貫性的概念，兩個因素相乘後的擴大效果。當我讀到飛輪的概念時，我忍不住想到了連貫性的原則。」無論你用什麼字眼來形容，基本概念都一樣：系統中的各個部分相互補強，形成了整合後的整體，其力量大於各部分的總和。企業經營唯有在經歷了幾個世代的傳承之後，仍能長期展現一致性，才能發揮最大效益。

從某個角度來看，本書的全部內容都是在探討和描述「從厚植實力到突飛猛進」的飛輪形態。當我們拉開距離、綜觀全局時，我們可以看到整合起所有的因素之後，才能創造出這個形態，而且每個因素都對飛輪產生了推力。

而這一切都得先從第五級領導人開始，第五級領導人會自然而然走向飛輪發展形態。他們對於浮誇不實、刻意凸顯領導人角色的計畫沒什麼興趣，反而比較傾向於經過周詳的規畫，默默推動飛輪產生績效。

延攬適合的人才，淘汰不適任的人才，並且把對的人才放對位置，都是厚植實力階段的關鍵步驟，是飛輪上非常重要的推力。同樣重要的是，要記住史托克戴爾弔詭：「我

表 8-2　如何判斷你究竟是在飛輪上，還是陷入命運環路之中

有哪些跡象顯示你在飛輪上（「從優秀到卓越」的公司）	有哪些跡象顯示你陷入了命運環路（對照公司）
遵循先厚植實力、再突飛猛進的模式。按部就班累積成果，一圈接著一圈累積飛輪的動能，終於有所突破，比較像演化的過程。	跳過扎穩根基、厚植實力的階段，企圖直接跳到突破的階段。推動偉大的計畫、激烈的改變，戲劇化的革命性措施，不斷進行公司重組，總是期待奇蹟出現或救世主降臨。
面對殘酷的現實，很清楚必須採取哪些步驟，才能累積成長的動能。	追逐時髦的管理新潮流，不肯正視殘酷的現實。
發展方向符合清楚的刺蝟原則，絕不輕易跨越三個圓圈的範圍。	經常前後不一致，發展方向反反覆覆、變來變去，經常跨出三個圓圈的範圍。
遵循有紀律的人才（先找對人）、有紀律的思考、有紀律的行動的模式。	沒能先找到適當的人才，就跳過有紀律的思考階段，直接採取行動。
在刺蝟原則下，運用適當的科技來增強動能。	面對科技變遷，反應張皇失措，只一味地害怕落後他人。
在突破之後，才開始大舉購併，以增強動能。	在有所突破之前就大舉購併，想要創造往上衝的動能，卻注定失敗。
沒有花什麼力氣在激勵士氣和促進團結上，飛輪的動能自然發揮感染力；讓績效說明一切。	花極大的心力激勵士氣，鼓舞員工團結一致，追求新願景；為了彌補績效不彰而拚命推銷未來的美景。
長期保持一致的方向；每一代都立足在前人所奠定的基礎上，繼續向前邁進；飛輪持續不斷累積動能。	長遠來看，發展方向前後矛盾；每一位新領導人都急於開闢一條截然不同的道路；飛輪戛然而止，命運環路反覆循環。

們不會在聖誕節之前有所突破，但只要繼續往正確的方向走，將來一定會有所突破。」面對殘酷現實的過程，能幫助你找出轉動飛輪必須採取的明顯步驟（儘管有時候是艱難的一步）。對於結局始終抱持信心，則能幫助你度過厚植實力階段積年累月的煎熬。

其次，當你們對於刺蝟原則的三個圓圈有了深刻的理解，並且走向符合刺蝟原則的方向時，你們將開始累積動能，有所突破，並在加速器的襄助下快速起飛（而主要的加速器就是：率先應用符合三個圓圈的科技）。終能有所突破時，表示你們已經建立充分的紀律，做了許多符合刺蝟原則的好決策——能自律的人才，經過有紀律的思考後，採取有紀律的行動。這才是突破過程的本質所在。

簡而言之，如果你們用功、也成功地應用以上所說的每個概念，將飛輪繼續不斷往一致的方向推進，一圈接著一圈、按部就班地累積動能，你們終將有所突破，一飛沖天。或許就在今天，或許在明天，或許下個星期、甚至明年都還不會發生，但是，最後終將發生。

當公司真的突飛猛進時，你們將面臨截然不同的挑戰：如何因應不斷上升的期望，加速成長的動能，如何確保飛輪一直到遙遠的未來都還能持續運轉。總之，你們的挑戰不再是如何從優秀公司躍升為卓越公司，而是如何從卓越公司到基業長青，持久不墜。而這正是我們下一章要談的主題。

本章摘要

飛輪與命運環路

重點

- 在外人眼中，「從優秀到卓越」的轉型過程十分戲劇化，而且極具革命性，但是對內部員工而言，卻是漸進的過程。將最終的「結果」（戲劇化的成效）和（漸進累積的）「過程」混為一談，會曲解了對長期而言真正有效的做法。
- 無論最後的結果多麼戲劇化，「從優秀到卓越」的轉型從來不會一舉成功，絕對沒有決定性的行動、沒有偉大的計畫、沒有致勝的殺手級創新，也絕不是靠一次好運或剎那間奇蹟出現就能成功。
- 持久的轉型往往遵循穩定的形態，必須先厚植實力，然後才突飛猛進。就好像推動巨大笨重的飛輪一樣，一開始得費很大的力氣才能啟動飛輪，但只要朝著一致的方向繼續不斷往前推動飛輪，經過長時間後，飛輪累積了動能，終於能有所突破，快速奔馳。
- 對照公司卻顯現了截然不同的發展形態——命運環路。他們不肯一圈又一圈地逐漸累積動能，反而試圖跳過扎穩根基、厚植實力的階段，直接跳到突破性的成長。後來，由於成效不佳，他們又反反覆覆，無法堅持一致的方向。

●對照公司經常都企圖透過錯誤的大型購併，而創造突破性的成長。反之，「從優秀到卓越」的公司往往在有所突破之後，才利用購併的行動為已經快速運轉的飛輪增加更多的動能。

意外的發現

●轉型期間，「從優秀到卓越」的公司內部員工甚至沒有察覺公司正在經歷重大的轉型過程。他們往往在事後才看清楚整個轉型的經過。轉型計畫通常沒有特別的名稱，沒有大張旗鼓的揭幕式，也沒有漂亮的口號或精心設計的活動，來凸顯當時公司進行的改造。

●「從優秀到卓越」的公司領導人幾乎都沒有花力氣「營造團結的氣氛」、「鼓舞士氣」或「管理變革」。當有了適當的條件時，員工的投入、團結、激勵和變革等問題，都自然會迎刃而解，完全不成問題。當展現了績效和動能時，員工自然會團結一致，而不是反其道而行。

●華爾街要求短期績效的壓力並不會妨礙企業遵循飛輪模式，飛輪效應和華爾街的壓力之間不但毫無衝突，反而是管理壓力之鑰。

第九章

從優秀到卓越再到基業長青

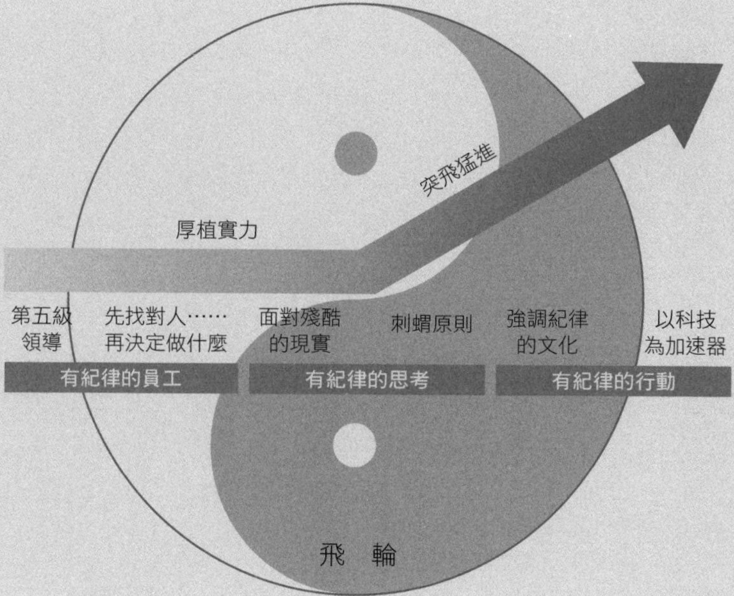

我們決定在進行「從優秀到卓越」的研究時，
就當做《基業長青》從來不曾存在過。
唯有如此，我們才能盡可能不帶成見地
釐清優秀公司蛻變為卓越企業的關鍵要素。
然後，再回頭問：這兩個研究之間到底有什麼關聯？

我們剛開始進行這個研究計畫時，碰到一個難題：進行「從優秀到卓越」的研究時，我們應該如何看待《基業長青》中的種種觀念？

簡而言之，一九九〇年代初期，我們在史丹佛企管研究所進行了一項為期六年的研究計畫，並且根據研究結果寫成《基業長青》這本書。《基業長青》回答了以下問題：如何從零開始，創建一家持久不墜的卓越公司？在研究上給我很多指導的薄樂斯（Jerry I. Porras）和我一起合著這本書，我們研究了十八家持久不墜、經得起時間考驗的卓越公司，從公司草創期開始追蹤他們的發展（有的公司早在十九世紀就已創立），直到二十世紀末成為具代表性的卓越企業，包括寶鹼（American Express，一八三七年創立）、美國運通（一八五〇年創立）、嬌生（一八八六年創立）和奇異公司（一八九二年創立）等。其中花旗銀行創立於一八一二年，恰好是拿破崙大舉進軍莫斯科的那一年。十八家公司中，最年輕的是沃爾瑪和索尼公司，都在一九四五年創立。我們當時也和本書的研究一樣，挑選了對照公司進行比較，例如3M和諾頓（Norton）比較、迪士尼和哥倫比亞電影公司（Columbia Pictures）比較、萬豪酒店（Marriott）和霍華詹森旅館（Howard Johnson）比較等等。簡單的說，我們希望找出能歷經數十年、甚至數百年而不衰的卓越公司和優秀公司之間究竟有什麼基本差異。

當我為了「從優秀到卓越」的計畫召集第一批暑期研究人員時，我問他們：「《基業長青》應該在這個研究計畫中扮演什麼角色？」

巴格利（Brian Bagley）說：「我不認為《基業長青》需要扮演任何角色。我參加這個研究小組可不是為了後續研究。」

辛克萊（Alyson Sinclair）說：「我也不是。針對新的問題做新的研究，令人興奮不已。如果只是為已經出版的著作補充一些資料，我會感到很失望。」

我說：「且慢。上一個研究計畫整整花了我們六年的時間，如果能把我們的研究建立在前一本書的基礎上，或許會有很大的幫助。」

「我還記得你說過，你想做這個研究，是因為有一位麥肯錫的顧問說，《基業長青》沒有回答如何把優秀公司改造為卓越公司的問題。假如答案和《基業長青》不一樣，會怎麼樣呢？」韋士曼（Paul Weissman）說。

我們就這樣來來回回、反反覆覆地辯論了幾個星期。後來聽到賈德（Stefanie Judd）的論點後，我終於動搖了。她說：「我很喜歡《基業長青》提出的觀念，這也正是令我感到憂慮的地方。我怕如果我們打從一開始就把《基業長青》當做參考架構的話，我們會繞著圓圈打轉，只不過在設法證明自己的成見罷了。」顯然，把一切歸零，從頭開始，不管研究結果是否符合前一本書的發現，仍然努力研究，看看會有什麼發現，風險還比較低。

我們從一開始，就做了一個重要的決定。我們決定在進行「從優秀到卓越」的研究時，就當做《基業長青》從來不曾存在過。唯有如此，我們才能盡可能不帶成見地釐清優秀公司蛻變為卓越企業的關鍵要素。然後，再回頭問：「這兩個研究之間到底有什麼關聯？」

現在，已經過了五年，本書既已完成，我們也可以退後一步，好好看看這兩個研究之間的關係。好好檢視這兩個研究之後，我獲得以下四個結論：

一、當我想到《基業長青》中那些持久不墜的卓越公司時，現在我們找到的證據清楚顯示，早期這些公司的領導人都遵循了「從優秀到卓越」的領導模式。唯一的不同在於，《基業長青》中的領導人都不是試圖改造企業的執行長，而是創業家，當時他們所創辦的小公司才剛起步。

二、諷刺的是，我現在反而把《基業長青》視為《從A到A^+》的續集。無論是剛創立或已站穩腳步的公司，都可以應用本書的發現，創造出能持久的卓越績效，然後再應用《基業長青》中的發現，長期維持卓越的績效，成為一家持久不墜的卓越企業。

三、創造出卓越績效的優秀公司如果想躍升為持久不墜的代表性卓越企業，不妨採取《基業長青》的核心觀念：不要只顧賺錢，而要找到你們的核心價值觀和目的（核心意識形態），再加上能保存核心價值觀／又不斷刺激進步的動力。

四、因此，兩個研究之間相互呼應，豐富了彼此的內涵。特別值得一提的是，《從A到A+》解答了《基業長青》提出（但沒有回答）的根本問題：膽大包天的「好」目標和膽大包天的「壞」目標之間，究竟有何分別？

基業長青的早期階段

現在再回顧《基業長青》的研究，我們可以發現，事實上，許多持久不墜的卓越企業在逐漸成形的過程中，都曾經歷了從厚植實力到突飛猛進的轉型階段，遵循了「從優秀到卓越」的架構。

舉例來說，想想看沃爾瑪演進過程中從厚植實力到突飛猛進的飛輪模式好了。大多數人都以為沃頓（Sam Walton）靈機一動，很有遠見地想到了在鄉村設立平價商店的點子，從此這家名不見經傳的新公司就一飛沖天。這種說法和事實簡直差了十萬八千里。

沃頓在一九四五年靠一家廉價商店起家，並且直到七年後才開了第二家店。他循序漸進地累積實力，一圈接著一圈轉動飛輪，直到一九六〇年代中期，建立大型折扣商場

圖 9-1　沃爾瑪從厚植實力到突飛猛進的飛輪

1945、1970、1990、2000 年的商店家數

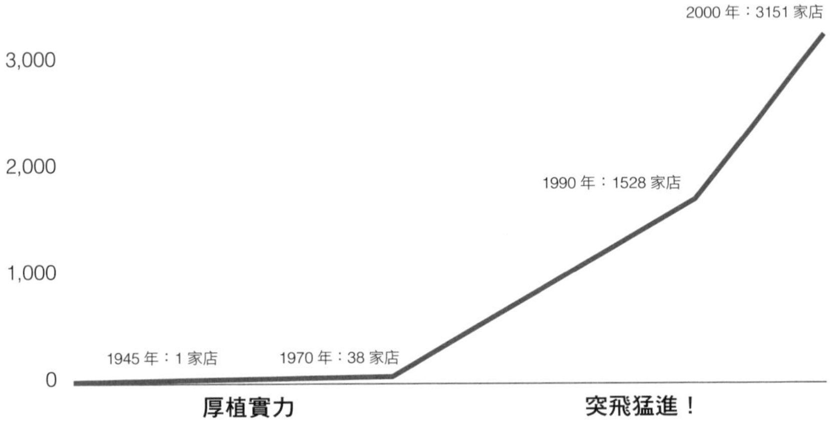

的刺蝟原則自然而然醞釀成形。沃頓花了二十五年的時間，從一家廉價商店成長為擁有三十八家連鎖百貨商場的公司。然後從一九七〇到二〇〇〇年，沃爾瑪衝力十足，突飛猛進，快速成長為擁有三千多家連鎖店、年營業額超過一千五百億美元的大企業（請見圖 9-1）。正如我們在討論飛輪的那一章所舉的例子，也就是雞蛋中突然蹦出小雞的故事，其實沃爾瑪悄悄孵育了幾十年，蛋殼才終於裂開。沃頓自己曾經寫道：

> 多年來，人們不知怎麼的老是有個印象，認為沃爾瑪只是……一個卓越的點子在一夕之間獲致成功……其實，我們的成功出自於我們（從一九四五年以來）所做過的一切努力……而且就像所有一夕成功

的例子一樣，其實之前經過了長達二十年的醞釀。

如果有哪個例子稱得上是從默默耕耘到刺蝟原則，接著又發揮飛輪突破性成長動能的經典範例，必定非沃爾瑪莫屬了。唯一的分別在於，沃頓是一位白手起家的創業家，從頭開始建立起一家卓越公司，而不是設法改造已經站穩腳步的公司，使優秀公司脫胎換骨為卓越企業的執行長。但是，基本觀念仍然沒什麼兩樣。

惠普是另外一個絕佳的範例，讓我們看到《基業長青》的公司在發展階段如何採用了「從優秀到卓越」的基本概念。舉例來說，惠烈特和普克創辦惠普公司的整個理念從來都不在於「做什麼」，而在於「找誰來做」，而且先從彼此開始。他們倆從念研究所時就是知己好友，很單純地希望共同創立一家卓越的公司，並且吸引志同道合的人一起共襄盛舉。在一九三七年八月二十三日舉行的第一次創業會議紀錄中，兩人首先陳述他們將在電機的領域中設計、製造並銷售相關產品，當時他們把事業定義得非常廣泛。接著，會議紀錄又記載：「至於該製造什麼產品，則暫時擱置未談……」

惠烈特和普克在接下來幾個月反覆推敲，希望找到能讓公司脫離車房、展翅高飛的產品。他們曾考慮過生產遊艇發報器、空調控制裝置、醫療裝置、唱機揚聲器，叫得出名字的產品幾乎都想過。他們曾製造過電子保齡球道感應器、望遠鏡的時鐘驅動器，以及幫助胖子減肥的電子振動機。惠普公司在草創時期究竟生產什麼產品其實無關緊要，重要的是他們在技術發展上有所貢獻，惠烈特、普克以及其他志同道合的夥伴可以合作建立起一家公司。惠普公司絕對是服膺「先找對人……再決定要做什麼」的新公司。

後來，當惠普公司逐漸壯大，惠烈特和普克仍然堅守「先找對人」的指導原則。甚至在第二次世界大戰之後，當戰時合同逐漸減少、營業額也隨之縮減時，他們仍然網羅了大批從政府研究單位外流的傑出人才，儘管他們當時還沒有想清楚要讓這些人做什麼樣的工作。還記得我們在第三章引用過的普克定律嗎：「當一家公司的成長速度一直高於延攬人才的速度時，就不可能成為一家卓越公司。」惠烈特和普克奉行這個觀念，只要一逮到機會，就拚命儲備優秀人才。

惠烈特和普克本身都是不折不扣的第五級領導人，他們首先是創業家，後來則成為卓越企業的建構者。當惠普已經成為全世界最重要的科技公司多年後，惠烈特仍然保持了一貫的謙虛作風。一九七二年，惠普副總裁奧利佛（Barney Oliver）在為電機及電子工程師學會（IEEE）的傑出企業創辦人獎所寫的推薦函中提到：

儘管惠普的成功令人欣慰，我們的創辦人並沒有因此而得意忘形。最近在一次主管會議中，惠烈特還表示：「我們之所以能夠成長，是因為整個產業在成長。我們真是幸運，在火箭一飛沖天的時候，剛好搭上了順風車。我們不配為此邀功。」大家沉默了半晌，都在咀嚼他這番謙虛的評論，這時候普克說：「呃，比爾，至少我們沒有把事情全搞砸了吧。」

在普克過世前不久，我剛好有機會和他會面。儘管當時普克已經是矽谷白手致富的億萬富翁之一，他仍然住在一九五七年建造的老房子裡，屋前有個樸素的果園。小小的廚房裡鋪著破舊的油布，客廳的擺設也十分簡單，顯然，普克不需要靠外在的物質象徵來宣告：「我是億萬富翁，我很重要，也很成功。」泰瑞（Bill Terry）和普克是相處了三十六年的老同事，他說：「在普克心目中，邀幾個老朋友來一起修補鐵絲網，就是生活中最快樂的一刻了。」普克死後把高達五十六億美元的財產全都餽贈給慈善基金會，他的家人在追悼他的小冊子中，放了一張普克的照片，照片中普克一身農夫裝扮，坐在牽引機上。標題絲毫未提及他身為二十世紀最偉大工業家的崇高地位，只是簡單陳述：「大衛．普克，一九一二—一九九六，農場主人」。他真是不折不扣的第五級領導人。

企業成功的「特別因素」

我們訪問惠烈特的時候，曾經問他：在漫長的職業生涯中，最令他自豪的是什麼？他說：「當我回顧一生的辛勞時，最感到驕傲的是協助創辦了一家公司，而且這家公司的價值觀、做法和成功，對全球企業的管理方式留下了深遠的影響。」大家所熟知的

「惠普風範」反映了一套根深柢固的核心價值觀，這比任何惠普的產品都更能凸顯惠普公司的特色。惠普的重要價值觀包括了技術上的貢獻、尊重個人、善盡對社區的責任，還有一個根深柢固的信念：公司的根本目標不在於追求利潤。今天，這些原則幾乎已經成為業界的標準，在一九五〇年代卻是非常激進的觀念。普克談到當時商界人士的反應時指出：「儘管他們在表達不同意時相當客氣，但是，他們不認為我是他們的一份子，也不認為我夠資格掌管一家重要的企業。」

惠烈特和普克展現了企業成功的「特別因素」，促使惠普躍升至頂尖地位，成為持久不墜的卓越企業，成功地從優秀公司轉型為卓越公司，並且進一步基業長青。而這個重要的特別因素，就是企業的指導哲學或核心意識形態，其中包含了核心價值觀和核心目的（為何企業不單只是為了賺錢），就好像美國獨立宣言的原則（「我們認為這些真理是不證自明的」），儘管從來沒有被百分之百地遵行，但始終是鼓舞人心的標準，並且回答了「我們的存在為何如此重要」的問題。

持久不墜的卓越企業並不是只為了回報股東而存在。的確，對真正卓越的公司而言，利潤和現金流量的重要性就好像健康人體中的血和水一樣，絕對是生存的命脈，卻不是生存最重要的理由。

在《基業長青》中，我們曾經描述默克大藥廠如何決定開發能治療河盲症的藥物。當時第三世界有上百萬人深受河盲症之苦，河盲症患者體內的寄生蟲會蜂擁而至眼睛的部位，導致眼盲。由於河盲症患者多半是原始部落的族人，居住在亞馬遜河流域之類的窮鄉僻壤中，根本沒有錢可以買藥。默克為此特別建立了一個獨立的流通系統，深入窮鄉僻壤，免費發放藥物給全世界數百萬名需要的患者。

默克顯然不是慈善機構，他們也不認為自己是慈善機構。沒錯，默克在股市的表現一向優於大盤，是一家獲利豐厚的公司，每年獲利幾乎高達六十億美元，從一九四六到二〇〇〇年的表現優於大盤十倍。然而，儘管默克的財務績效十分出色，他們始終沒把賺錢當成公司存在的主要目的。一九五〇年，創辦人之子默克二世（George Merck 2d）提出了公司的哲學：

> 我們試圖牢記，醫藥是為了病人而存在……而不是為了利潤而存在。利潤只是隨之而來，如果我們能牢記這點，永遠就不必擔心沒有利潤；我們愈是能牢記這點，反而愈能賺到更多的錢。

關於核心價值觀的概念需要注意的是，對於持久不墜的卓越公司而言，沒有哪一種核心價值觀特別「正確」。無論你提出什麼樣的核心價值觀，我們都能找到正好缺乏那

圖 9-2

種核心價值觀的卓越公司。企業不需要對顧客滿懷熱情（索尼公司就不是如此），或尊重個人（這也不是迪士尼的作風），或善盡社會責任（福特就做不到），才能持久不墜，表現卓越。這是《基業長青》的研究最弔詭的發現，恆久卓越的企業基本上都擁有核心價值觀，然而他們的核心價值觀究竟是什麼，反而變得無關緊要。重點不在於你們擁有什麼樣的核心價值觀，而在於你們是否擁有核心價值觀、是否了解自己的核心價值觀是什麼，以及你們的核心價值觀是否徹底融入組織中，並且長期悉心維護核心價值觀。

保存核心意識形態是持久不墜的卓越公司的主要特點。這裡出現一個明顯問題：你如何保存核心價值觀，但同時又能適應多變的世界呢？答案是：關鍵在於保存核心的同時，還要刺激進步。

持久不墜的卓越公司一方面能夠保存核心價值觀和目的，另一方面他們的商業策略和營運方式又能不斷因應外界的變動。這就是「保存核心又刺激進步」的神奇組合。

華特．迪士尼（Walt Disney）的故事正展現了這種二元特性。一九二三年，一位朝氣勃勃的二十一歲漫畫家從堪薩斯搬到洛杉磯，想在電影業討生活，卻沒有一家電影公司願意雇用。因此他動用微薄積蓄租了一個照相機，在叔父的車房中設置攝影棚，開始製作卡通動畫。一九三四年，迪士尼跨出大膽的一步，嘗試過去從來沒人做過的事，他成功地製作了《白雪公主》、《木偶奇遇記》、《幻想曲》和《小鹿班比》等動畫長片。一九五〇年代，迪士尼藉著《米老鼠俱樂部》跨入電視界。

同樣在一九五〇年代，迪士尼參觀了好幾家主題樂園，離開時對他們的印象都很差，他說：「這些樂園既骯髒又虛假，經營者都十分冷酷無情。」他決定要建造更美好的主題樂園，甚至要成為全世界最好的樂園，於是迪士尼公司跨入了主題樂園的新事業領域，首先推出迪士尼樂園（Disneyland），後來又推出迪士尼世界（Walt Disney World）

圖 9-3　1920–1990 年代迪士尼公司保存核心／刺激進步的做法

和明日世界（EPCOT Center）。多年後，迪士尼主題樂園已經成為全世界的家庭不可或缺的旅遊經驗。

在戲劇化的轉變中（即從卡通到動畫長片、從米老鼠俱樂部到迪士尼世界），迪士尼公司始終堅持一套核心價值觀，篤信創造性的想像、關注細節、排斥憤世嫉俗的態度，並悉心維護「迪士尼的魔力」。同時，在跨入每一項新事業時，迪士尼先生都灌輸員工同樣的使命感，即要把歡樂帶給數以百萬計的大眾，尤其是小孩。這份使命感不但跨越國界，也歷久不衰。我和內人在一九九五年訪問以色列時，碰到了負責將迪士尼產品推廣到中東的一位先生。他驕傲地告訴我們：「我們的目的不外乎要讓孩子的臉上露出笑容，在以色列這裡，小孩的臉上常常看不到笑容，因此這件事格外重要。」一方面保存核心價值觀，一方面又不斷刺激進步，迪士尼先生提供了最佳典範，他始終抱持核心的意識形態，但同時又隨時改換不同的策略和做法，迪士尼公司之所以能成為持久不墜的卓越企業，根本原因就在於他們能堅守原則。

觀念的連結

在表9-1中，我列出兩項研究之間相關的概念。一般而言，「從優秀到卓越」的觀念奠定了「基業長青」的成功基礎。我喜歡把「從優秀到卓越」的研究，看成推動飛輪從厚植實力到突飛猛進的過程中不可或缺的核心觀念，而「基業長青」的研究則列出了讓飛輪不斷加速邁向未來、並且躍升為代表性卓越企業的核心觀念。在檢視這個表格時，你將發現每一個「從優秀到卓越」的研究發現都有助於實現「基業長青」的主要概念。以下我們先簡短地回顧這四個主要概念：

一、**造鐘，而非報時**。建立起能經歷不同世代的領導人和各種產品生命週期後仍然持久不墜、適應良好的組織；而不要只依賴一位卓越的領導人或一個卓越的構想。

二、**兼容並蓄之美**。在許多方面都能同時兼顧兩個極端。不是非黑即白，而是想辦

表 9-1　從優秀到卓越到基業長青：觀念的連結

「從優秀到卓越」的觀念	基業長青的觀念
第五級領導	**造鐘，而非報時**　第五級領導人不會為了滿足自大的心理，讓公司變得非他不可，反而會努力建立少了他仍能正常運作的公司。 **兼容並蓄之美**　謙虛的個性加上專業的執著。 **核心意識形態**　第五級領導人對於公司發展和公司所代表的意義懷抱雄心壯志，他們不是只追求個人的成功，而是有強烈的使命感。 **保存核心／刺激進步**　第五級領導人不斷刺激公司進步，以達成具體的績效和成就，到了六親不認的地步，即使必須開除親兄弟都在所不惜。
先找對人……再決定要做什麼	**造鐘，而非報時**　「先找對人」的做法是造鐘；「先決定要做什麼」（先擬定策略），則是報時。 **兼容並蓄之美**　延攬正確的人才，同時淘汰不適任的人。 **核心意識形態**　「先找對人」的做法是，挑選認同公司核心價值觀以及核心目的的人才，而不是只著重技能和知識。 **保存核心／刺激進步**　「先找對人」表示偏重內部升遷，因為這種做法才能強化核心價值觀。
面對殘酷的現實（史托克戴爾弔詭）	**造鐘，而非報時**　創造能聽到真話的環境是造鐘，尤其是實施紅旗機制時。 **兼容並蓄之美**　面對殘酷的現實，同時相信自己終會獲得最後的勝利，絕不輕易動搖信心——史托克戴爾弔詭。 **核心意識形態**　面對殘酷現實將釐清組織真正篤信並願意堅守的核心價值觀。 **保存核心／刺激進步**　透過殘酷的現實，企業將釐清為了刺激進步，必須採取哪些做法。
刺蝟原則（三個圓圈）	**造鐘，而非報時**　委員會機制絕對是造鐘之舉。 **兼容並蓄之美**　深刻的自我理解加上極其簡單明瞭的觀念。 **核心意識形態**　「什麼事業會令你們熱情投入」的圓圈恰好吻合了核心價值觀與目的的概念。當你對組織價值觀懷抱高度熱情時，無論遭遇任何狀況都不會輕易動搖，唯有如此，才能稱之為你們的核心價值觀。 **保存核心／刺激進步**　好的大膽目標源自於自我了解，壞的大膽目標則出自好大喜功的逞強心態。膽大包天的偉大目標則正好位於三個圓圈中間的交集。

（續下頁）

強調紀律的文化	**造鐘，而非報時**　靠強人作風貫徹紀律是報時，建立持久的強調紀律的文化則是造鐘。 **兼容並蓄之美**　兼顧自由和責任。 **核心意識形態**　強調紀律的文化中容不下不認同組織價值觀和標準的員工。 **保存核心／刺激進步**　當你們建立了強調紀律的文化時，可以容許員工更自由地實驗創新，找到自己達成績效的最佳做法。
以科技為加速器	**造鐘，而非報時**　科技加速器是時鐘的主要部分。 **兼容並蓄之美**　不盲目追逐時髦的新科技，但同時能率先應用科技。 **核心意識形態**　在偉大的公司裡，科技是核心價值觀的輔助工具，而不是配合科技應用來制定核心價值觀。 **保存核心／刺激進步**　正確的科技能加速飛輪的動能，朝著膽大包天的目標邁進。
飛輪， 而非命運環路	**造鐘，而非報時**　飛輪效應能持續不斷累積動能，而不會依賴一位高瞻遠矚的魅力型領導人來激勵員工。 **兼容並蓄之美**　逐步演進的過程和革命性、戲劇化的成果。 **核心意識形態**　當員工不斷質疑「我們是誰？我們代表了什麼意義？」時，企業將因為命運環路作祟，而難以將核心價值觀和目的融入組織之中。 **保存核心／刺激進步**　飛輪平穩地轉動，逐步累積動能，到達轉折點後，才產生突破性成長，這種過程正好創造了：在灌輸核心價值觀的同時刺激變革和進步的絕佳條件。

法魚與熊掌兼得——兼顧目的和利潤、延續性和改革、自由和責任等。

三、**核心意識形態**。將核心價值觀（恆久不變的信念）和核心目的（為何企業不單只是為了賺錢）當做決策的指導原則，並長期藉此激勵組織上下的成員。

四、**保存核心／刺激進步**。保存核心意識形態，同時在每一件事情上都設法激發變革、改善和創新。固守核心價值觀和目的，但同時改變做法和策略。設定並達成符合核心意識形態的大膽目標。

我不打算多費口舌來解釋上面表格中的各種關聯，但我想要特別強調其中格外重要的一點：膽大包天的目標和刺蝟原則的三個圓圈之間的關係。在《基業長青》中，我們把設定膽大包天的目標，就好像攀登高峰一樣，當成刺激進步又保存核心的主要方法。目標必須大膽得令人讚嘆，同時又簡單明瞭。膽大包天的目標能凝聚所有的努力，在員工努力衝向終線時，鼓舞士氣和激發團隊精神。就好像一九六〇年代美國太空總署的登月任務一樣，膽大包天的目標能激發人們的想像力和膽識。

然而，儘管膽大包天的目標能振奮人心，我們卻沒有回答一個重要的問題：膽大包天的好目標和壞目標之間有何差別？對我而言，從澳洲游泳到紐西蘭是個膽大包天的目標，但我會因此一命嗚呼！「從優秀到卓越」的研究發現，提供了這個問題的答案。

有的人完全是因為好大喜功的逞強心態而設立了大膽的壞目標，膽大包天的好目標卻是透過自我理解而訂定。的確，當你結合了對三個圓圈的理解和膽大包天的目標時，你就擁有威力強大的神奇組合。

一九五〇年代的波音公司就是很好的例子。波音公司一直到一九五〇年代初期，都專注於建造大型軍用飛機：B－17飛行堡壘、B－27超級飛行堡壘和B－52洲際噴射轟炸機。當時在商用客機市場上，完全看不到波音公司的身影，也沒有一家航空公司有興趣購買波音的飛機。（當波音詢問他們的購買意願時，他們回答：「你們在西雅圖製造很好的轟炸機，為什麼不好好做下去呢？」）今天，多數人都搭乘波音噴射機遨遊四方，我們也視之為理所當然，但是在一九五二年，除了軍人之外，幾乎沒有民眾會搭乘波音飛機旅行。

波音很聰明地在一九四〇年代避開了商用客機市場，當時麥道公司（McDonnell Douglas）獨領風騷，商用客機中充斥著麥道的小型螺旋槳驅動式飛機。然而到了一九五〇年代初期，結合了製造大型飛機的經驗和對噴射引擎的了解後，波音見到迎頭趕上麥道的大好契機。在第五級領導人艾倫（Bill Allen）的領導下，波音的高階主管反覆爭辯是否應該跨入商用客機的領域。他們逐漸明白，儘管波音十年前沒能成為數一數二的商用客機製造商，但是藉著軍方合約累積了製造噴射機和大型飛機的豐富經驗後，他們可

圖 9-4

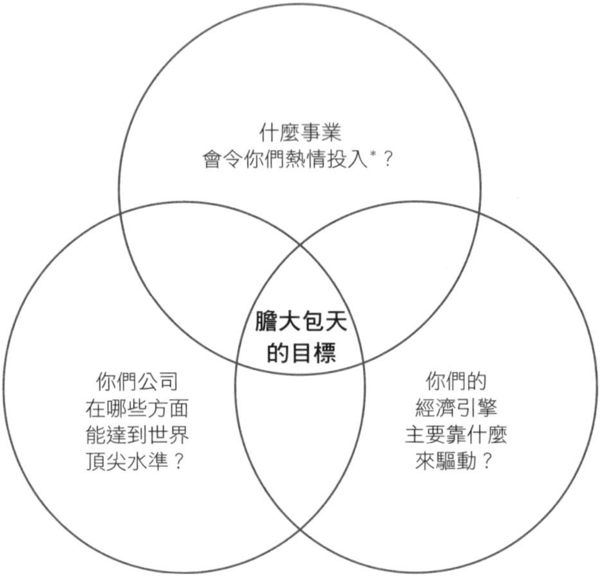
什麼事業
會令你們熱情投入*？
膽大包天
的目標
你們公司
在哪些方面
能達到世界
頂尖水準？
你們的
經濟引擎
主要靠什麼
來驅動？

＊註：包括你們的核心價值觀和目的

以讓夢想成真。他們也明白，商用客機的商業利益將遠大於軍機，同樣重要的是，每個人對於製造商用噴射機的想法都躍躍欲試。

所以，一九五二年，艾倫和他的經營團隊決定把公司淨值的四分之一拿來建造一架商用噴射客機的原型。他們建造了波音七〇七，並且大膽下注，希望波音能成為全球商用客機的領導企業。三十年後，波音生產了全球航空史上最成功的五種商用噴射客機的機型（波音七〇七、七二七、七三七、七四七和七五七），毫無疑問，波音已經成為全世界商用客機界最卓越的公司，穩居龍頭老大的地位，直到一九九〇年代末期，才受到由歐洲各國政府聯合支持的空中巴士（Airbus）的挑戰。

重點在於，波音的目標儘管膽大包天，卻不是隨隨便便設定的目標，而是十分吻合波音三個圓圈的內涵。波音的高階主管心知肚明：一、即使波音公司之前在商用客機市場上沒沒無聞，但他們有能力成為世界頂尖的商用客機製造商；二、轉型能提高每個機型的獲利，因此將大幅改善波音的營運績效；三、波音的員工對於這個想法都興致勃勃，躍躍欲試。在企業發展的關鍵時刻，波音基於深切的自我理解而採取行動，並非好大喜功，這是波音公司能成為持久不墜的卓越公司的主要原因。

波音的例子說明了一個重點：企業如果想長期保持卓越，必須一方面堅守三個圓圈，另一方面，在任何特定的時刻，又願意改變三個圓圈的內涵表現於外的形式。波音絕沒有在一九五二年背離了三個圓圈，或放棄核心意識形態，而是創造了膽大包天的新目標，並且調整了刺蝟原則，把商用客機也包含在內。

三個圓圈結合大膽目標的架構，正好說明了前後兩個研究的觀念如何相互呼應，你可以把它當成在組織中連結兩者的實用工具，但是單靠這個工具還無法促使貴公司變得恆久卓越。必須密切結合兩項研究中所有的重要觀念，並且長期始終如一地貫徹實施，才能塑造一家持久不墜的卓越公司。一旦停止推行上述觀念，組織的發展必然每下愈況，逐漸退步為平庸的公司。切記，要成為一家卓越的公司還算容易，要持久不墜、永保卓越可就困難多了。唯有始終如一地推行我們在這兩項研究中的發現，兩者相互支持呼應，才有機會塑造出恆久卓越的企業。

為什麼非得追求卓越不可？

有一次在研討會的休息時間，我在史丹佛教過的學生皺著眉頭來找我，他說：「或許我的企圖心實在不夠強，但是我真的不想建立一家龐大的企業。我這樣想有沒有什麼不對？」

我回答：「完全不會。卓越並不是只靠企業規模來評斷。」我接著告訴他關於席曼托（Sina Simantob）的故事，我們的研究室就坐落在席曼托經營的大廈中。席曼托創造了一個真正卓越的機構。我們的大廈是一八九二年落成的舊式紅磚學校建築物，後來席曼托把它重新裝修，創造了特殊的空間規畫，並且精心布置和悉心維護，每個小細節都想辦法做到盡善盡美。他的目標是吸引博德（Boulder）城內最有趣的人進駐這棟大廈，這也成為本地其他大廈競相達到的標準，同時，席曼托的大廈每一尺的獲利也在本地建築物中高居首位。在我的家鄉，席曼托小小的企業是真正卓越的機構。席曼托心目中的卓越企業從來不是靠規模來定義，他也不需要如此。

學生沉吟了半晌，然後說：「好吧，我接受你的看法，要成為一家卓越公司，未必需要先建立一家龐大的企業。但即使如此，我為什麼需要建立一家卓越公司呢？如果我只想成功就好了，又會怎樣呢？」

我一時為之語塞。這個學生可不是個懶骨頭，他年紀輕輕就開創了自己的事業，努力念完法學院的課程，研究所畢業後，成為衝勁十足的創業家。他精力充沛，而且熱情洋溢。在我多年來作育的無數英才中，他是我堅信日後一定會飛黃騰達的學生之一。然而他對建立恆久卓越的企業想法提出了質疑。

我可以提供兩個答案。

第一，我相信建立一家「卓越」公司並不會比建立「優秀」公司困難多少。或許就統計數字而言，達到卓越境界的公司比較罕見，但是達到卓越境界並不見得會比延續平庸吃更多的苦頭。的確，如果我們列舉的某些對照公司代表了任何意義的話，那麼，立志邁向卓越反而可以少吃一點苦頭，甚至少費很多工夫，我們的研究發現中最美好而震撼人心的部分就在於，當我們設法提升效益時，生活反而會變得簡單許多。應該設法釐清什麼事情是重要關鍵，什麼事情根本無關緊要，這個簡單明瞭的事實能帶給我們莫大的慰藉。

的確，本書的重點不是建議你在目前的做法中再「添加」上本書的發現，而加重工作的負荷。不，重點在於了解，我們目前所做的許多事情都是在浪費精力。如果我們把大半的工作時間都拿來應用本書所提到的原則，忽略或暫停其他的做法，生活將變得簡單許多，工作績效也將大幅提升。

在這裡，我要談一談本書最後一個故事，我打算用非商業的例子來說明我的觀點。有一家中學的越野賽跑教練在校隊連續兩年都贏得州運冠軍之後，最近舉行了一次晚餐聚會。他們訓練的隊伍在過去五年中逐漸從「優秀」（進入全州前二十名）達到了「卓越」的境界（無論是男子選手或女子選手，每年都是州冠軍的熱門競逐人選）。

其中一位教練說：「我不明白我們為什麼會這麼成功？我們並沒有比其他校隊更努力，其實我們的做法非常簡單，為什麼效果會這麼好呢？」

他指的是訓練計畫的刺蝟原則，這可以用簡單的敘述來表示：「在接近終點時總是跑得最好，在練習比賽的最後衝刺時跑得最好，在正式比賽的最後衝刺時跑得最好，在每一季接近尾聲時也跑得最好，而接近終點時的表現總是最重要。」他們所做的每一件事都遵循這個簡單的原則，他們的教練比本州其他教練都更懂得如何創造這樣的成果。

舉例來說，在五公里的長跑中，他們派一位教練在三公里的地方蒐集數據，當選手跑步經過時，教練會詳加記錄。但是他們的做法和其他隊伍不同，別人蒐集的都是關於

「速度」的分布狀況（平均每公里跑多少秒），他們蒐集的卻是關於「名次」的分布狀況（選手在經過時排第幾名）。然後，教練計算的不是選手跑得有多快，而是跑到最後時（從三公里到終點的最後一段賽程），選手可以追過多少個競爭對手。他們在每次賽跑後，根據這項數據頒發「頭骨」獎勵表現出色的選手（所謂頭骨，其實是形狀像小骷髏頭的珠子，這些小孩可以把珠子串成項鍊或手環，象徵他們擊敗了多少對手）。選手因此學到了如何分配跑步的速度，滿懷自信地參加比賽。在競爭激烈的賽事中，他們快跑到終點時，心裡想：「我們總是在接近終點時跑得最好。所以，如果我跑得很辛苦，別的選手一定比我還痛苦！」

他們不浪費力氣在哪些事情上，也同樣重要。例如，當總教練剛接手訓練計畫時，她發現自己肩負了很高的期望：必須想辦法推出「有趣的活動」，例如開派對、安排特別的旅遊計畫、到耐吉運動用品店來一趟大血拼、請人來做鼓舞士氣的演講等，以激勵這群孩子，並且吸引他們繼續留在隊上。但是她很快終止這些令人分心（而且浪費時間）的活動。她說：「我對訓練的基本想法是：跑步很好玩、賽跑很好玩、追求進步很好玩，贏得冠軍也很好玩。如果你對於我們的訓練活動毫無熱情的話，那麼就只好請便，請你另外找別的活動參加了。」結果是：參加訓練計畫的學生人數在五年內幾乎成長三倍，從三十個人增為八十二個人。

在男子選手贏得創校以來第一個越野賽冠軍獎杯之前，總教練並未清楚設定目標，或嘗試「激勵」孩子達到這個目標。她反而讓學生累積動能，自行判斷（一場賽事接著一場賽事，週復一週，月復一月）。學生逐漸發現，他們在本州內已經所向無敵了。然後，有一天訓練時，有個男孩向隊友說：「嘿，我想我們可以得到州冠軍。」另一個孩子說：「對，我也是這樣想。」每個人都繼續跑步，但他們默默地對目標建立了共識。在這些孩子相信自己辦得到之前，教練從來沒有向他們提過爭取州冠軍的想法。

從此，他們建立起堅守紀律的強烈文化，七名校隊選手都覺得自己要對贏得州冠軍負責，不只對教練許下承諾，也向隊友許下承諾。有個選手甚至在州運舉行前夕一一打電話給隊友，確定他們都會早早就寢，為明天的賽事養精蓄銳（不需靠教練扮黑臉）。當跑到最後一．六公里、賣力追過一個個競爭對手時（「我們到最後總是跑得最好！」），每個孩子都覺得很痛苦，但他們知道，如果他們是隊中唯一失敗的選手，將無顏面對隊友，到時候會更加痛苦。結果，沒有一個人失敗，全隊的成績大幅領先其他隊伍。

總教練開始根據「先找對人」的觀念，重整校隊陣容。有一位助理教練重達一百三十五公斤，過去是個鉛球選手（很不吻合長距離賽跑選手瘦削的形象），但是毫無疑問，他是正確的人選：他的價值觀和他們一致，而且具備了建立一支卓越校隊所需的特質。當訓練計畫逐漸累積動能，校隊也吸引了更多學生和卓越的教練加入。許多人都希望加入快速旋轉的飛輪，成為勝利團隊的一份子，浸淫在一流的文化中。當這支越野賽隊伍在學校體育館中插上第二面州冠軍錦旗時，更多學生簽名加入，累積了更多人才，校隊的跑步速度加快，贏得更多冠軍，又吸引了更多好手參加，結果又提升了校隊的跑步速度，飛輪效應不斷擴散。

這幾位教練為了塑造一支卓越的越野賽跑隊伍，比其他教練多吃了很多苦嗎？他們比其他人更賣力工作嗎？不！事實上，所有的助理教練都只是兼差的教練，他們還有全職的正式工作（有的是工程師，有的是電腦技術人員，有的是教師），他們在百忙中抽出寶貴的時間，義務當教練，沒有支領分文的酬勞，只是為了參與一項卓越的訓練計畫。他們專注於做對的事情，不去做錯誤的事情。他們幾乎採取了我們在書中提到的每一個做法，沒有浪費時間在任何不適當的事情上。他們的做法簡單、明確、直接、優雅，而且帶來無窮的樂趣。

我說這個故事是為了點出一個事實：這些想法確實能奏效。無論你在什麼情況下應用這些概念，都能改善你的生活，豐富你的經驗，並且提升你的績效。所以我要再問一次：既然這樣做既不會更辛苦，又能產生更好的結果，而且過程也有趣多了，那麼何樂而不為，為什麼不致力於追求卓越呢？

我並不是說，「從優秀到卓越」是輕而易舉可以辦到的事，我也不認為每一家公司都能蛻變成功。就定義而言，要讓每個人都高於平均值，原本就是不可能的事。但我要強調的是，努力將優秀公司提升為偉大卓越的人會發現，轉型過程其實不會比安於平庸更痛苦或更費力氣。沒錯，「從優秀到卓越」必然耗費心力，但是在動能累積的過程會為組織注入更多能量，新增的能量將多過原本耗掉的能量。相反的，持續滯留在平庸狀態將不斷打擊士氣，耗掉的組織能量多，新注入的能量卻很少。

但是關於為何非追求卓越不可，我還有另一個答案，這個答案也正是激勵我們進行這項研究的起因：對意義的追尋，或說得更明確點，我們想探索什麼是有意義的工作。

我曾經問訓練越野賽賽跑選手的總教練，為什麼打造卓越的訓練計畫對她而言如此重要？她沉吟了片刻，說：「這是個很好的問題。」停了半晌後，接了一句：「這個問題真難回答。」然後又沉思良久，才回答：「我猜……因為我真的很在乎我們所做的事情。我相信跑步，也相信跑步會對這些孩子的生活帶來很大的影響。我希望他們擁有卓越的經驗，能夠體會到參與一流的團隊，成為頂尖的感覺。」

有趣的是，這位教練是名校的企管碩士，還曾是大學經濟系的榮譽畢業生，並且在世界頂尖的一流學府中榮獲最佳畢業論文獎。然而，她發現絕大多數同班同學趨之若鶩的工作（加入華爾街的投資銀行或新創的網路公司、擔任企管顧問、為ＩＢＭ工作等等），對她而言都毫無意義。她對於這些工作毫不在意，因此也不會想努力追求卓越。在她眼中，這些工作都缺乏深具意義的目的，她決定尋找有意義的工作，找出能令她熱情投入的工作，因此提出「為何要追求卓越」的問題幾乎顯得多此一舉。如果你很在乎目前所做的事情，也深深相信這份工作的目的和意義，那麼我很難想像你怎麼可能不設法做到盡善盡美，達到卓越的境界。事情真是再清楚不過了。

我試圖想像我們研究過的公司中，那些第五級領導人會如何回答這個問題：「為什麼非追求卓越不可呢？」當然，他們多半會說：「我們不算卓越，我們還可以表現得更好。」但是逼他們非回答不可時，我相信他們的答案都會和那位越野賽教練差不多。他們很在乎自己所做的事情，他們對工作懷抱著高度的熱情。

例如，對惠烈特而言，最重要的事情莫過於他所創辦的公司——惠普的價值觀和成功經驗對於全球各地的企業管理方式產生深遠的影響。對艾佛森而言，他們肩負了神聖的使命，必須設法剷除破壞勞資關係的階層制度和階級迫害。對金百利克拉克的史密斯而言，追求卓越的內在驅力激發他們強烈的使命感，因此會努力把每件事做到盡善盡美。又如克羅格的埃佛林罕或華爾格林的寇克．華爾格林，他們可能因為從小就在家族企業中打滾，因此熱愛自家事業。你不需要找到卓越的實質原因來說明你為什麼熱愛你所做的事情，或很在乎你的工作，重要的是，你真的熱愛工作，而且很在乎你的工作。

所以，「為何要追求卓越」是個毫無意義的問題。如果從事的工作正是你熱愛且在乎的，那麼你根本不需要回答這個問題。問題不在於為什麼，而是該如何做到。

的確，真正的問題不在於：「為什麼非追求卓越不可？」而是「什麼樣的工作能驅使你努力創造出卓越的事業？」如果你始終疑惑：「為什麼我需要追求卓越？單單成功還不夠嗎？」那麼你很可能入錯了行，沒有找對工作。

或許你追求卓越的經驗並非發生在工作上，而是在其他地方。如果你沒辦法使企業變得卓越，或許可以讓教會變得卓越。如果不是教會，那麼或許是非營利組織或社區團體，或你所教的班級。多多投入你非常關心的活動，努力追求卓越，不是因為你能從中得到什麼，而是單純的因為這是你辦得到的事情。

當你這麼做的時候，你將開始成長，而且不可避免地，愈來愈朝第五級領導人的方向邁進。在本書前面，我們曾經很疑惑如何才能成為第五級領導人，當時我們建議先從實踐本書其他的發現著手。但是，在什麼情況下，你才會有足夠的動力和紀律來貫徹實施本書的發現呢？也許當你十分在乎你所從事的工作，或當你的工作職責和個人的三個圓圈相吻合時，你會自然而然地身體力行。

當所有的片段合為一體時，不但你的工作會邁向卓越的境界，你也將擁有非凡的人生體驗。因為到頭來，除非覺得生活很有意義，否則你不可能擁有卓越的人生。或許到時候，你會因為自己曾經參與了追求卓越的過程並有所貢獻，而在心靈上享受到難得的安寧。的確，你甚至可能因此獲得深深的滿足感：知道自己善用了這短暫的一生，而且你的生命對其他人來說舉足輕重！

後記

你可能也想知道的問題

為什麼只有十一家公司符合所有的條件呢？

為什麼你們的研究對象只限於上市公司？

為什麼你們的研究對象沒有將高科技公司包括在內？

我創辦了一家小公司，

這些原則能適用在我身上嗎？

我不是企業執行長，

我該如何應用這些原則？

問：你們原本找到的「從優秀到卓越」的公司是否不止十一家，如果真是如此，有哪些卓越公司被你們剔除在研究樣本之外？

答：在我們最初取樣的《財星》五百大企業中，只有這十一家「從優秀到卓越」的公司符合所有的條件，因此這些公司並不只是抽選的樣本而已（如果想了解詳細的篩選過程，請參考附錄1A）。事實上，我們等於是研究了符合標準的所有公司，因此對於研究的發現也深具信心，因為我們不需要擔心另外還有一組名列《財星》五百大企業的公司也躍升為卓越公司。

問：為什麼只有十一家公司符合所有的條件呢？

答：有三個主要的原因。第一，我們訂定了非常嚴格的標準，對於卓越績效的要求是，這家企業十五年來在股市的表現要優於大盤三倍。第二，連續十五年都維持卓越的績效，是很難達到的標準。許多公司可能因為推出熱門商品，或是換了一位深具魅力的領導人，因此有五到十年的時間表現得很亮眼，股價直線上揚，但是，能連續十五年都保持卓越績效的公司寥寥無幾。第三，我們在研究中想要尋找一種特別的企業發展形態，先有一段長時間表現平平（或甚至更糟），接著卻表現非凡，而且持久不墜。要找到卓越企業並不難，「從優秀到卓越」的公司卻罕見多了。當你把以上三個因素相加，就會覺得總共只找到十一家符合標準的公司，其實絲毫不足為奇。

但我還是得強調，我們不應該因為「只找到十一家公司」而感到沮喪。我們一定得訂出取樣的標準，而且我們訂的標準十分嚴格。如果當初我們把門檻稍稍降低一點，例如股票表現只需要優於大盤二．五倍，或卓越的績效只需要維持十年就好，那麼一定能找到更多合乎標準的公司。做完研究後，我更加堅信，許多公司只要應用從本書學到的教訓，都有機會從優秀公司蛻變為卓越公司。問題不在於統計上的勝算有多高，而是許多人在錯誤的事情上浪擲了太多時間和資源。

問：你們總共只研究了二十八家公司（包括對照組在內），而且其中只有十一家公司是「從優秀到卓越」的樣本。這樣的研究在統計上有什麼意義嗎？

答：我們邀請了兩位優秀的學者為我們解答這個疑惑，一位是統計學家，另外一位是應用數學家。科羅拉多大學的統計學家魯夫提格（Jeffrey T. Luftig）了解我們的難題後，認為我們的研究在統計上毫無問題，他指出，所謂「統計上的意義」這個觀念只適用於數據化的取樣方式。「你們並不是大規模進行企業抽樣，而是有目的地篩選，從《財星》五百大企業中找到符合標準的十一家公司。當你把這十一家公司拿來和另外十七家公司比較時，研究小組提出的觀念隨機出現的機率差不多是零。」我們也請科羅拉多大學應用數學教授布里格斯（William P. Briggs）檢討我們的研究方法，他重新陳述了我們的問題：在這十一家公司中，每一家公司都展現了我們所發現的主要特質，但對照公司卻都不具備這些特質，而且以上發現純屬巧合的機率究竟有多高？他的結論是，機率低於一千七百萬分之一。我們幾乎不可能隨便找到十一家公司，結果都湊巧展現了「從優秀到卓越」的發展形態。因此，我們可以信心十足地下結論：我們所發現的特質都和企業「從優秀到卓越」的蛻變過程息息相關。

問：為什麼你們的研究對象只限於上市公司？

答：對做研究而言，選擇上市公司有兩大好處：上市公司對於經營績效有共同認定的標準定義（因此我們可以嚴謹篩選研究對象），資料也很容易取得。未上市公司的資料取得不易，要做對照比較時大有問題。選擇上市公司的優點是，即使他們不合作，我們也可以輕易取得資料。無論這些公司是否樂於公開資料，上市公司的績效數字和相關資料都是公開的資訊。

問：為什麼你們只研究美國公司？

答：我們認為嚴謹篩選樣本的重要性更甚於選取國際性的樣本。由於許多國外證券交易所都缺乏可以逐一比較的股票報酬資訊，如此一來，我們將無法保持統一的篩選標準。我們在對照比較的研究過程中，消除了許多潛在的「不明狀況」（類似的公司、產業、規模、公司年齡等），因此和跨國分布的樣本比起來，我們反而對於目前的研究發現的本質和意義更有信心。

儘管如此，我猜我們的發現即使在其他國家中仍然會很有用。在我們研究的企業中，有許多都是跨國企業，他們在遍布全球各地的事業體推行同樣的經營理念。我們也相信，美國人反而比來自其他文化背景的人更難接受我們的許多發現，例如第五級領導和飛輪。

問：為什麼你們的研究對象沒有將高科技公司包括在內？

答：大部分的科技公司都因為創立時間太短，還不足以展現「從優秀到卓越」的發展形態，因此被排除在樣本之外。企業至少必須有三十年以上的歷史（十五年還不錯的績效，再加上十五年卓越績效），我們才會將它納入考慮。而創立超過三十年以上的科技公司偏偏又沒有一家顯現了我們所尋找的「從優秀到卓越」的發展形態。舉例來說，英特爾年年的績效都很卓越，從來不曾試過在長達十五年的期間內都只展現不錯的經營績效。但如果我們在十年或二十年後再做一次相同的研究，我相信一定會有幾家科技公司進榜。

問：「從優秀到卓越」的觀念適用於已經很卓越的企業嗎？

答：我建議已經躋身卓越企業的組織同時採用《從A到A$^+$》和《基業長青》兩本書

的觀念，以了解自己為何卓越，並繼續做對的事情。我在史丹佛企管研究所念書時最欣賞的教授柏格曼（Robert Burgelman）多年前就教導我們：「不管經營事業或人生，最大的危險不在於可能會失敗，而在於一旦成功了，卻始終不清楚自己為什麼成功。」

問：近來一些「從優秀到卓越」的公司紛紛面臨困境，你對此作何解釋？

答：每一家公司（無論多麼卓越）都有碰到逆境的時候。沒有一家持久不墜的卓越公司能保持完美無瑕的紀錄，他們都曾經起起落落。關鍵要素不在於這些公司是否一帆風順，而是他們有沒有能力東山再起，變得更加堅強、壯大。

而且如果哪一家公司不再採取我們發現的做法，公司將日漸走下坡。企業之所以能達到卓越的境界，不是單獨依賴其中任何一項因素，而是所有因素加總起來，並且能長期始終如一地堅持整套做法的結果。最近有兩個例子正好足以說明我的觀點。

第一個例子是吉列公司。吉列公司連續十八年都展現非凡的經營績效，從一九八〇到九八年在股市的表現直線上揚，成績優於大盤九倍，卻在一九九九年跌了一跤。我們相信，吉列受挫的主要原因是他們需要發揮更強的紀律，堅守住在刺蝟原則三個圓圈之內的事業。更大的問題是，產業分析師大聲嚷嚷著吉列公司需要從公司外部延攬一位深具魅力的領導人，才有辦法扭轉乾坤。如果吉列公司真的網羅了一位第四級領導人，那麼吉列公司將愈來愈不可能成為一家持久不墜的卓越公司。

吉列公司能夠從優秀到卓越，再到基業長青嗎？

1927-2000，股票累計報酬與大盤表現之比值

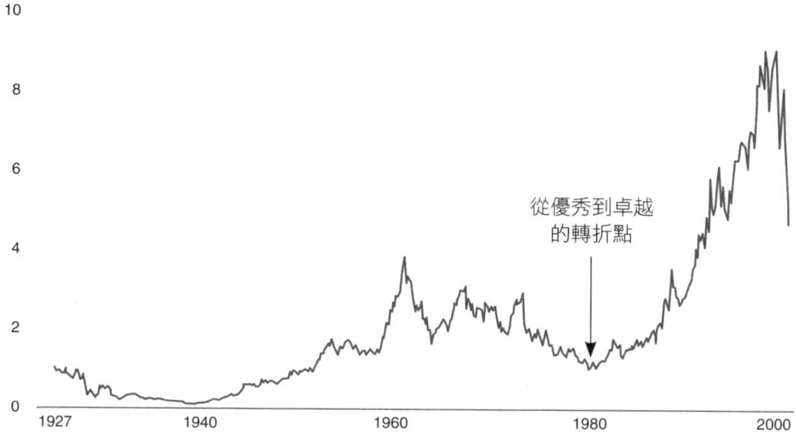

另外一個碰到麻煩的公司是紐可鋼鐵。紐可在一九九四年衝上高峰，股市表現是大盤的十四倍，但後來艾佛森退休後，紐可的管理陷入混亂，公司的股價也大幅滑落。在醜陋的權力鬥爭中，艾佛森親自挑選的接班人很快就出局。其中，這場企業政變的策畫者之一曾經對《夏洛特新聞觀察報》（*Charlotte News and Observer*，一九九九年六月十一日D1版）表示，艾佛森在晚年已不再是第五級領導人，反而開始展現自大的第四級領導人特質。「巔峰時期的艾佛森是個巨人，但後來他卻想帶著公司一起進墳墓。」艾佛森的說法卻南轅北轍，他聲稱真正的問題在於紐可目前的經營團隊想要跨出刺蝟原則，進行多角化發展。《夏洛特新聞觀察報》指出：「艾佛森只

是搖搖頭，表示紐可最初正是為了避免多角化，而成為專精的鋼鐵產品製造廠。」無論真相是紐可喪失了第五級領導的特質或沒有堅守刺蝟原則，在我們撰寫本書的時候，紐可在未來是否能繼續維持卓越公司的績效，仍然是未知之數。

值得注意的是，在我們撰寫本書的時候，大多數「從優秀到卓越」的公司仍然屹立不搖。十一家公司中有七家從轉折點到目前為止，已經連續二十年展現了非凡的績效，十一家公司平均展現非凡績效的時間為二十四年，無論依照什麼標準來檢驗，這都是驚人的成績。

問：你怎麼能輕易妥協，把賣香菸的菲利普莫里斯都列為「卓越」的公司呢？

答：世上可能沒有一家公司像菲利普莫里斯這樣，引發了這麼多的敵意。即使我們認為菸草公司也可以變得很卓越（許多人會大大不以為然），由於法律訴訟的威脅和社會抵制的聲浪都愈來愈大，不禁令人懷疑，菸草公司真的可以永續經營下去嗎？諷刺的是，菲利普莫里斯自從到達轉折點之後，有長達三十四年的時間都展現了非凡的績效，創了十一家公司中最長的紀錄，而且也是我們的兩個研究中（「從優秀到卓越」和「基業長青」）唯一重複上榜的公司。我們不能一味地把他們的卓越成績歸因於，菸草業原本就是賣產品給癮君子的高利潤行業，事實上，菲利普莫里斯擊敗了許多競爭對手，包括對照公司雷諾茲菸草公司在內。但是，如果菲利普莫里斯想要有光明的前途，他們必須正視社會對於菸草工業的觀感。社會大眾多半相信菸草業中每一份子都參與了欺騙社會大眾的陰謀。無論這樣的想法是否公平，一般大眾（尤其是美國人）願意寬恕各種罪過，卻永遠不會忘記被欺騙的感覺，也絕不肯輕易原諒欺騙他們的人。

無論個人對於菸草業的觀感如何（研究小組成員的觀感就南轅北轍，因此發生了好幾場激辯），菲利普莫里斯躋身兩項研究的企業榜單卻非常具有啟發性。我從中學到的教訓是：重要的不是激發非凡績效的企業價值觀內容究竟是什麼，重要的是公司上下對於這樣的價值觀是否抱持了強烈的信念。這也是我很難接受的發現之一，但我們的研究資料完全支持這樣的結論（想要更深入了解這個主題，請參見《基業長青》第三章）。

問：一家公司能不能既有刺蝟原則，但事業發展又呈現高度多角化的形態？

答：我們的研究強烈建議，很少見到高度多角化的企業和集團產生卓越的績效。奇異公司是個明顯的例外，但我們認為原因在於，奇異特殊而微妙的刺蝟原則將集團中所有事業結合為一體。奇異在哪方面比世界上其他公司都出色？培植一流的總經理。在我們看來，這才是奇異刺蝟原則的本質所在。那麼，奇異的經濟指標是什麼呢？每位高階管理人才的平均獲利。這麼想好了：你碰到兩個商機，都可能帶來數百萬美元的利潤，但假定其中一個商機需要用到的高階管理人才是另外一個商機的三倍。那麼，需要較少管理人才的事業將比較符合奇異的刺蝟原則。最後，什麼事情最令奇異的員工自豪呢？

擁有全世界最優秀的總經理。這才是真正能激發他們熱情的因素，比電燈泡、飛機引擎或電視都重要。如果能正確體認自己的刺蝟原則，奇異公司就能經營多角化的事業，但同時又專注於三個圓圈的交集。

問：「從優秀到卓越」的蛻變過程中，董事會扮演了什麼角色？

答：首先，在挑選第五級領導人時，董事會扮演了關鍵角色。近年來在美國企業界，董事會興起了聘請魅力型執行長的風潮，尤其是延攬「搖滾明星」般的名人空降到企業中，對企業長期的健全發展而言，這是最危險的趨勢之一。企業董事會應該深入了解第五級領導人的特質，想辦法延攬第五級領導人來擔當重責大任。其次，企業董事應該清楚區分股票「價值」和股票「價格」。無論任何時候，董事會對於持有公司股份的眾多「炒手型」投資人都不必負絲毫責任，董事應把心力重新投注於塑造一家能為股東創造價值的卓越公司。管理企業股票時，如果眼光不能超越未來五到十年，就是混淆了股票的價格和價值，並且沒有善盡對股東的責任。如果想好好了解優秀公司蛻變為卓越公司的過程中董事會所扮演的角色，我建議讀者不妨讀一讀雷卡多坎培爾（Rita Ricardo-Campbell）寫的《拒絕惡意收購》（*Resisting Hostile Takeovers, Praeger Publishers,* 1997）這本書。雷卡多坎培爾女士曾在馬可勒主政時期擔任吉列公司的董事，她詳細說明了負責任的董事如何因應「價格」和「價值」之間困難而複雜的問題。

問：在追逐流行的現代社會中，熱門的年輕科技公司有辦法產生第五級領導人嗎？

答：我的答案只有簡短的四個字：莫格里奇（John Morgridge）。舊金山灣區一家搖搖欲墜的小公司在莫格里奇手中脫胎換骨，成為一九九〇年代為人稱頌的卓越科技公司。在飛輪轉動下，這位行事低調、沒沒無聞的企業主管扮演了幕後推手，使公司浴火重生，成為新一代領導企業。我猜你可能從來沒聽過莫格里奇這個人，但是大概聽過這家公司的名字，這家公司就叫思科（Cisco Systems）。

問：現在到處都找不到真正傑出的人才，如何才能貫徹「先找對人」的紀律？

答：首先，在公司組織的最高層，你絕對需要嚴守紀律，必須先找對人，千萬不要濫竽充數。「從優秀到卓越」的過程中，最大的錯誤莫過於在關鍵位置上用錯了人。第二，放寬「用對人」的定義，多關注這個人性格上的優點，不要太強調專業知識。他們可以學習技能、獲得知識，但是無法透過學習培養出適合組織的基本人格特質。第三，也是關鍵所在，應該善用景氣不好的時候，多方延攬卓越的人才，即使當時你腦中還沒有想到適當的職位。在寫下這段話之前一年，幾乎每個人都在感嘆良才難覓，頂尖人才全跑到熱門的高科技公司和網路公司了。但現在網路泡沫已經破滅，數以萬計的優秀人才丟掉飯碗，流落街頭。第五級領導人會視此為二十年難得一見的大好機會，不是搶占市場或發展科技的良機，而是挖掘人才的契機。他們會好好利用這個時機，盡可能多方網羅一流人才，然後再想清楚該把這些優秀人才放到什麼樣的適當位子。

問：在某些機構中，例如學術機構或政府部門，要開除不適任的人是非常困難的事情。那麼如何才能恪遵「找對人上車，把不適任的人請下車」的紀律？

答：他們仍然可以採取同樣的基本概念，只是需要多花一點時間。舉例來說，有一個傑出的醫學院在一九六〇和七〇年代，經歷了「從優秀到卓越」的轉型過程。醫學院院長整整花了二十年的時間，才完全變換了整個教職員陣容。他沒有辦法開除享有終身職的教授，但是每當教職有空缺時，他就雇用更適合的人才，因此在他逐步塑造的環境中，不適合這個環境的教職員愈來愈覺得格格不入，終於決定退休或另謀他就。你也可以善用委員會的機制（請參見第五章）。如果你在選擇委員時都找對了人，儘管組織中仍然有不適任的人，但是你可以限制他們只在巴士的後座活動，而不會在委員會中擔當重任。

問：我創辦了一家小公司，這些原則能適用在我身上嗎？

答：你可以直接採用這些概念。請參考第九章，我在這章中討論到如何將「從優秀到卓越」的觀念用在小公司和剛起步的公司身上。

問：我不是企業執行長，我該如何應用這些原則？

答：可以用的地方可多了。我建議你重新讀一遍第九章結尾關於高中越野賽跑教練的故事。

問：我應該從什麼地方開始做起，如何開始？

答：首先熟讀所有的發現。切記，不能單靠其中任何一項發現來造就卓越的企業，你必須把它當成一體，照著我們的架構按部就班一一實施整套做法。「先找對人」，然後逐步將所有的主要概念付諸實現。同時，不斷努力培養自己成為第五級領導人。本書循序漸進的陳述架構正好符合我們所觀察到的企業做法和步驟，因此本書的結構就是你們的最佳指南。在「從優秀到卓越」的旅程中，祝各位好運。

附錄

「從優秀到卓越」的研究資料

1A 「從優秀到卓越」的公司篩選過程

1B 挑選直接對照公司

1C 未能長保卓越的對照公司

1D 研究步驟概述

2A 企業執行長分析

5A 產業排名分析

8A 對照公司的命運環路行為

8B 收購狀況整體分析

附錄1A

「從優秀到卓越」的公司篩選過程

研究小組花了很多力氣在設定篩選標準，並利用這些標準來進行財務分析，以找出「從優秀到卓越」的公司。在這個過程中，研究小組成員詹德倫（Perter Van Genderen）付出了很多心力。

「從優秀到卓越」的公司篩選標準

標準一：這家公司首先須表現「優秀」，在轉折點之後更突飛猛進，表現「卓越」。我們為「卓越」所下的定義是：從轉折點開始的十五年內（T+15），累計股票報酬率至少是大盤表現的三倍。「優秀」的表現則是轉折點之前的十五年間，累計股票報酬率不超過大盤的一．二五倍。此外，轉折點之後十五年的累計股票報酬率必須比轉折點之前十五年的累計報酬率至少高三倍。

標準二：從優秀到卓越的形態不是產業共通的趨勢，而是這家公司特有的轉變。換句話說，每一家公司的績效表現形態不只和整體市場做對照，也要和相關產業做比較。

標準三：這家公司到達轉折點的時候，必須已經是一家持續經營、基礎穩固的公司，而不是新創的小公司。因此公司在轉折點之前，必須至少營運了二十五年，而且股票也已經上市了十年以上，可以充足的獲得累計股票報酬率數據。

標準四：轉折點必須發生在一九八五年之前，因此我們才有足夠的數據來評估企業是否能持久保持卓越的績效。從優秀到卓越的蛻變如果發生在一九八五年之後，雖然這家公司依然有可能是「從優秀到卓越」的公司，但我們無法在完成研究之前蒐集到足夠的數據，以計算這家公司的十五年累計股票報酬率和大盤表現之比。

標準五：無論轉折點發生在哪一年，篩選過程中，唯有持續營運且獨立運作的重要公司才有可能通過篩選，進入下個階段的候選名單。為了達到這個標準，列入篩選名單的公司都必須名列一九九六年出版的「一九九五年度《財星》五百大企業排行榜」上。

標準六：最後，在篩選過程中，公司在股市的表現必須仍舊持續向上揚升。如果某家公司的 T+15 不到一九九六年，那麼從最初的轉折點到一九九六年的累計股票報酬率和大盤表現之比的上升幅度，應該相等於或超越前面標準一的比率上升幅度。

從優秀到卓越的公司篩選過程

我們採用愈來愈嚴格的標準，層層篩選出從優秀到卓越的公司。篩選過程總共分成四個階段：

第一階段：從所有美國公司中選出一千四百三十五家公司

我們決定先從《財星》雜誌的美國最大上市公司排行榜中，搜尋符合標準的公司；《財星》雜誌從一九六五年開始，每年都會公布企業排行榜。我們最初的名單是曾經在一九六五、一九七五、一九八五和一九九五年出現在《財星》大企業排行榜上的公司，總共有一千四百三十五家企業。大多數人都把《財星》雜誌這份大企業排行榜稱為「財星五百大」，但實際上，榜單上的公司有時會多達一千家，因為《財星》雜誌偶爾會變更上榜企業的規模和形式。

初步分析時先以《財星》雜誌的大企業排行榜為基礎有兩大好處。第一，進入榜單的公司都具備實質規模（企業每年的營業額必須達到相當規模才有可能入榜）。因此，《財星》大企業排行榜上的每家公司幾乎都符合我們的標準，在轉型期間，已經是一家基礎穩固、持續營運的公司。第二，《財星》排行榜上的大企業都是上市公司，因此我們可以把股票報酬數據當做進一步嚴謹篩選和分析的基礎。未上市公司不需要遵守相同的會計標準和資訊揭露制度，因此也無法針對績效做一對一的直接對照分析。將研究樣本限制在《財星》大企業排行榜的範圍內則有一個明顯缺點：我們分析的對象只限於美國公司。然而我們認為，只採用美國上市公司合乎標準的公開資訊，建立起更嚴格的篩選標準，遠比是否為國際性的研究更重要。

第二階段：從一千四百三十五家公司到一百二十六家公司

下一步是採用美國芝加哥大學證券價格研究中心（Center Research in Security Prices, CRSP）的資料，篩選出從優秀到卓越的企業。但是，我們需要設法將公司數目削減到我們可以處理的程度。我們採用《財星》雜誌所刊登的報酬率數字進行淘汰。《財星》雜誌從一九六五年開始，就在排行榜上列出每一家企業的十年投資人報酬率。我們利用這個數據，將候選公司的數目從一千四百三十五家縮減為一百二十六家。我們挑選出在一九八五到九五年、一九七五到九五年和一九六五到九五年期間，報酬率高於平均值的公司，同時也搜尋之前表現低於平均水準，但之後的表現高於平均水準的公司。此外，這一百二十六家公司也必須通過下列任何一項檢驗標準：

檢驗一：從一九八五到九五年，每年的複合投資人報酬率，都超越同期的《財星》雜誌工業與服務業排行榜上企業的平均複合投資人報酬率三〇％以上（也就是說，是平均報酬率的一．三倍以上），而且之前二十年（一九六五到八五年）只展現符合平均水準或低於平均水準的績效。

檢驗二：從一九七五到九五年，每年的複合投資人報酬率，都超越同期的《財星》

雜誌工業與服務業排行榜上企業的平均複合投資人報酬率三〇%以上（也就是說，是平均報酬率的一・三倍以上），而且之前十年（一九六五到七五年）只展現符合平均水準或低於平均水準的績效。

檢驗三：從一九六五到九五年，每年的複合投資人報酬率，都超越同期的《財星》雜誌工業與服務業排行榜上企業的平均複合投資人報酬率三〇%以上（也就是說，是平均報酬率的一・三倍以上），由於《財星》雜誌沒有一九六五年之前十年

從優秀到卓越的公司篩選過程

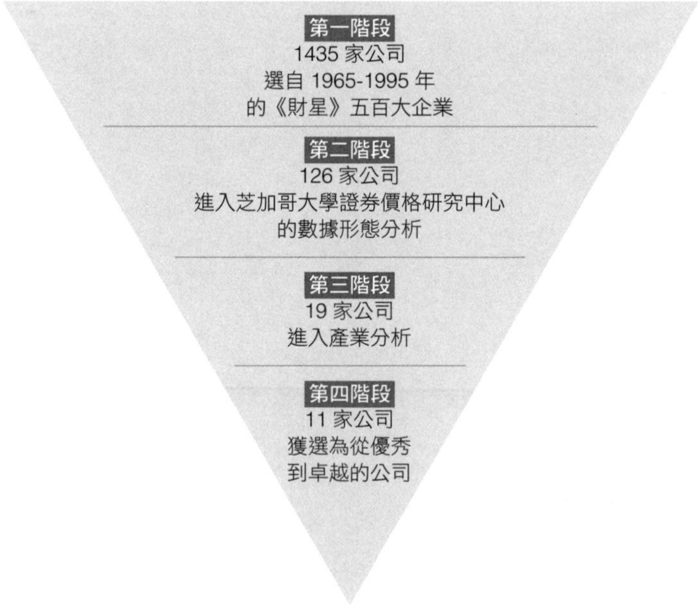

的企業投資人報酬率數據，所以我們決定將從一九六五到九五年績效最佳的所有企業都包括在最初的名單中。

檢驗四：一九七〇年以後才創立的公司，以及從一九八五到九五年或從一九七五到九五年期間，總投資人報酬率超越同期的《財星》雜誌工業與服務業排行榜上企業的平均複合投資人報酬率三〇％以上（也就是說，是平均報酬率的一．三倍以上），但因為在《財星》雜誌的企業排行榜上找不到更早的數據，因此不符合以上標準。如此一來，我們可以將近二十年來績效良好、卻未能及早出現在《財星》排行榜上的公司也納入考慮。選定了一九七〇年作為界限之後，我們也可以排除歷史太短、無法明確顯示轉折形態的公司。

第三階段：從一百二十六家公司到十九家公司

我們根據美國芝加哥大學證券價格研究中心（CRSP）的資料，分析了每一家公司的累計股票報酬率，並且和大盤表現比較，尋找從優秀到卓越的股票報酬形態。符合第三階段任何一項淘汰標準的公司，都會在這個階段被剔除。

第三階段的淘汰標準

只要符合以下任何一項標準的公司，都會在本階段中遭到淘汰。

第三階段淘汰標準中使用的名詞：

T年：企業的股票報酬率開始呈現上升走勢的年份。

X時期：在T年之前，相對於股市表現，可以觀察到「優秀」表現的時期。

Y時期：在T年之後，持續大幅超越股市表現的時期。

淘汰標準1：公司在CRSP數據所涵蓋的整個時期中，相對於大盤表現，一直呈現上升走勢，根本不曾出現X時期。

淘汰標準2：公司相對於大盤表現，呈現出持平或緩步上升的走勢，沒有在轉折後明顯呈現突破性成長的績效。

淘汰標準3：公司出現轉折，但是X時期短於十年。換句話說，轉折點之前的數據累計時間不夠長，不足以呈現出根本的轉折形態。在有些情況下，公司在轉折年之前的X時期可能比較長，但是，他們的股票在X時期才開始在那斯達克、紐約證券交易所或美國證券交易所交易，因此我們的數據可以回溯的時間仍不夠長，不足以涵蓋整個X時期。

淘汰標準4：公司展現的轉折形態是，相對於大盤表現，他們從績效很差進步到表現平平。換句話說，我們淘汰了典型的谷底翻身的形態。

淘汰標準5：公司展現了向上轉折的形態，卻在一九八五年之後才發生，原本這些企業很可能仍然符合從優秀到卓越的候選資格，但如此一來，在我們完成研究之前，將無法證明他們的十五年累計報酬率與大盤表現之比的確符合三比一的標準。

淘汰標準6：公司的績效逐步上揚，但無法持久不墜。在我們進行篩選之前，公司績效最初短暫上揚，但後來和大盤表現相比，一直原地踏步或走下坡。

淘汰標準7：公司的累計股票報酬率一直劇烈上下震盪，看不出明顯的X時期、Y時期或T年。

淘汰標準8：缺乏一九七五年之前完整的CRSP數據，因此無法明確界定十年以上的X時期。

淘汰標準9：展現了轉折形態，但公司在X時期之前展現了非凡的績效，足以證明這家公司原本就是一家卓越公司，只不過暫時碰到了困難，而不是一家原本平庸或優秀的公司後來躍升為卓越公司。迪士尼公司就是個好例子。

淘汰標準10：公司在我們進行第三階段分析時已經遭到收購，和其他公司合併，或者因為其他緣故而不再是一家獨立的公司，因此不符合標準。

淘汰標準11：公司績效雖然略有提升，但沒能達到大盤表現的三倍。

第三階段分析結果

進入第二階段的公司	第三階段篩選結果
1 AFLAC, Inc.	淘汰，標準 3
2 AMP, Inc.	淘汰，標準 6
3 Abbott Labs（亞培）	進入第四階段分析
4 Albertson's, Inc.	淘汰，標準 1
5 Alco Standard, Corp.	淘汰，標準 3
6 Allegheny Teledyne, Inc.	淘汰，標準 6
7 ALLTEL Corp.	淘汰，標準 2
8 American Express Co.（美國運通）	淘汰，標準 6,7
9 American Stores Co.	淘汰，標準 6
10 Anheuser-Busch Companies, Inc.	淘汰，標準 2
11 Applied Materials, Inc.	淘汰，標準 5
12 Archer Daniels Midland Co.	淘汰，標準 6
13 Automatic Data Processing	淘汰，標準 1
14 BANG ONE Corp.	淘汰，標準 6
15 Bank of New York, Inc.	淘汰，標準 2
16 Barnett Banks	淘汰，標準 3,6
17 Berkshire Hathaway, Inc	淘汰，標準 1
18 Boeing Co.（波音公司）	淘汰，標準 1
19 Browning-Ferris Industries	淘汰，標準 3
20 Campbell Soup Co.	淘汰，標準 2
21 Cardinal Health	淘汰，標準 8
22 Chrysler（克萊斯勒）	淘汰，標準 6
23 Circuit City Stores, Inc.（電路城）	進入第四階段分析
24 Coca-Cola Co.（可口可樂）	進入第四階段分析
25 Colgate-Palmolive Co	淘汰，標準 11
26 Comerica Inc.	淘汰，標準 3
27 Computer Associates	淘汰，標準 8
28 Computer Sciences Corp.	淘汰，標準 6,7
29 ConAgra, Inc.	淘汰，標準 3
30 Conseco	淘汰，標準 8
31 CPC International (later Besfoods)	進入第四階段分析

（續下頁）

進入第二階段的公司	第三階段篩選結果
32 CSX	淘汰，標準 8
33 Dean Foods Co.	淘汰，標準 7
34 Dillard's	淘汰，標準 6
35 Dover Corp.	淘汰，標準 3,6
36 DuPont（杜邦）	淘汰，標準 11
37 Engelhard Corp.	淘汰，標準 2
38 FMC Corp.	淘汰，標準 7
39 Federal National Mortgage Assn.	進入第四階段分析
40 First Interstate Bancorp	淘汰，標準 2
41 First Union Corp.	淘汰，標準 3,6
42 Fleet Financial Group, Inc.	淘汰，標準 6
43 Fleetwood Enterprises, Inc.	淘汰，標準 7
44 Foster Wheeler Corp.	淘汰，標準 6
45 GPU, Inc.	淘汰，標準 2
46 The Gap, Inc.	淘汰，標準 8
47 GEICO	淘汰，標準 10
48 General Dynamics Corp.	淘汰，標準 7
49 General Electric Co.（奇異公司）	淘汰，標準 5,11
50 General Mills, Inc.（通用麵粉）	進入第四階段分析
51 General Re Corp.	淘汰，標準 2
52 Giant Foods, Inc.	淘汰，標準 6
53 Gillette Co.（吉列公司）	進入第四階段分析
54 Golden West Financial Corp.	淘汰，標準 3
55 Hasbro, Inc.（孩之寶）	淘汰，標準 6
56 Heinz, H. J. Co.（亨氏）	進入第四階段分析
57 Hershey Foods Corp.（賀喜）	進入第四階段分析
58 Hewlett-Packard Co.（惠普）	淘汰，標準 7
59 Humana, Inc.	淘汰，標準 3,6
60 Illinois Tool Works, Inc.	淘汰，標準 2
61 Intel Corp.（英特爾）	淘汰，標準 1
62 Johnson & Johnson（嬌生）	淘汰，標準 6,7
63 Johnson Controls, Inc.	淘汰，標準 6

（續下頁）

進入第二階段的公司	第三階段篩選結果
64 Kellogg Co.（家樂氏）	進入第四階段分析
65 Kelly Services, Inc.	淘汰，標準 3,6
66 KeyCorp	淘汰，標準 3
67 Kimberly-Clark Corp.（金百利克拉克）	進入第四階段分析
68 Kroger Co.（克羅格）	進入第四階段分析
69 Eli Lilly and Co.	淘汰，標準 2
70 Loews Corp.	淘汰，標準 3,6
71 Loral Corp.	淘汰，標準 7
72 Lowe's Companies, Inc.	淘汰，標準 2
73 MCI Communications Corp.	淘汰，標準 7
74 Mapco, Inc.	淘汰，標準 3,6
75 Masco Corp.	淘汰，標準 3,6
76 Mattel	淘汰，標準 3,6
77 McDonald's Corp.（麥當勞）	淘汰，標準 7
78 Melville	淘汰，標準 10
79 Merck & Co., Inc.（默克藥廠）	淘汰，標準 1
80 Mobil Corp.	淘汰，標準 2
81 Monsanto Co.（孟山都）	淘汰，標準 4,5
82 Motorola, Inc.（摩托羅拉）	淘汰，標準 1
83 Newell Co.	淘汰，標準 3,6
84 Nike, Inc.（耐吉）	淘汰，標準 1,7
85 Norwest Corp.	淘汰，標準 5
86 Nucor Corp.（紐可）	進入第四階段分析
87 Olsten Corp.	淘汰，標準 1,7
88 Owens-Corning	淘汰，標準 2
89 PACCAR, Inc.	淘汰，標準 2
90 PacifiCare Health Systems	淘汰，標準 8
91 Pepsico, Inc.（百事可樂）	進入第四階段分析
92 Pfizer, Inc.（輝瑞）	淘汰，標準 1
93 Phelps Dodge Corp.	淘汰，標準 2
94 Philip Morris Companies, Inc.（菲利普莫里斯）	進入第四階段分析
95 Pitney Bowes, Inc.（必能寶）	進入第四階段分析

（續下頁）

進入第二階段的公司	第三階段篩選結果
96 Procter & Gamble Co.（寶鹼）	淘汰，標準 2,5
97 Progressive Corp.	淘汰，標準 1,3
98 Raytheon Co.	淘汰，標準 6
99 Reebok（銳跑）	淘汰，標準 8
100 Republic New York	淘汰，標準 3,6
101 Rockwell International Corp.	淘汰，標準 3,6
102 SCI Systems, Inc.	淘汰，標準 7
103 SAFECO Corp.	淘汰，標準 2
104 Sara Lee Corp.（莎莉）	進入第四階段分析
105 Schering Plough Corp.	淘汰，標準 7
106 ServiceMaster Co.	淘汰，標準 7
107 Shaw Industries Inc.	淘汰，標準 3,6
108 Sonoco Products Co.	淘汰，標準 3,6
109 Southwest Airlines Co.	淘汰，標準 1
110 State Street Boston Corp.	淘汰，標準 3
111 SunTrust Banks	淘汰，標準 8
112 SYSCO Corp.	淘汰，標準 3,6
113 Tandy Corp.	淘汰，標準 6
114 Tele-Communications, Inc.	淘汰，標準 3,6
115 Turner Broadcasting	淘汰，標準 8
116 Tyco Internaional, Ltd.	淘汰，標準 2,6
117 Tyson Foods, Inc.	淘汰，標準 1,3
118 Union Carbide Corp.	淘汰，標準 6
119 U.S. Bancorp	淘汰，標準 2
120 VF Corp.	淘汰，標準 6
121 Wal-Mart Stores, Inc.（沃爾瑪）	淘汰，標準 1
122 Walgreens Co.（華爾格林）	進入第四階段分析
123 Walt Disney（迪士尼）	淘汰，標準 9
124 Warner-Lambert Co.（華納蘭茂）	淘汰，標準 6,7
125 Wells Fargo & Co.（富國銀行）	進入第四階段分析
126 Winn-Dixie Stores, Inc.	淘汰，標準 7

第四階段：從十九家公司到十一家從優秀到卓越的公司

我們希望找到出現轉折的公司，而不是出現轉折的產業。如果一家公司只不過正好在正確的產業中，又碰上了正確的時機，那麼就不符合本研究的篩選標準。為了有效區分產業的轉變和公司的轉變，我們決定針對剩下來的十九家公司，再做一次CRSP分析，但這次不和整體股市表現比較，而是和綜合工業指數相比。如果一家公司相對於產業表現，仍然明顯出現了從優秀到卓越的轉折，那麼我們就將這家公司列為最後的研究對象。

針對這十九家公司，我們先檢視史坦普爾工業指數歷年的數據，選出了在轉型時期（五年內）同產業的一組公司，然後，我們找出綜合工業指數中所有公司的CRSP股票報酬率數據。如果這家公司橫跨好幾種產業，那麼我們就採用兩組產業數據來檢驗。接下來，我們得出各產業的累計報酬率指數，可以和出現轉折的公司之累計報酬率相對照。我們藉此可以分辨出有哪些公司無法顯示出有別於產業趨勢的轉折形態，並且從名單中刪除這些公司。

我們經由產業分析，淘汰了八家公司，在一九八〇年左右，莎莉公司（Sara Lee）、亨氏（Heinz）、賀喜（Hershey）、家樂氏（Kellogg）、CPC、通用麵粉公司（General Mills）的股票報酬率開始急劇上升，表現都超乎大盤，卻沒有一家公司的上升趨勢超越食品工業的整體表現。可口可樂和百事可樂在一九六〇和八〇年左右，與整體股市相較之下，股票報酬率都曾經展現戲劇性的上揚，但也沒能超越飲料業的整體表現。因此，最後只有十一家公司通過了從第一階段到第四階段的重重檢驗，成為我們的主要研究對象。（請注意，我們剛展開研究時，在十一家公司中，電路城、房利美和富國銀行這三家公司的累計股票報酬率數據還不足十五年，我們持續監看數據，直到累積了整整十五年的資料，並且確定這三家公司的確符合「十五年的累計股票報酬率超越股市整體表現」的標準。）

附錄1B

挑選直接對照公司

直接對照公司的篩選過程

進行直接對照分析的目的是盡可能創造出接近「歷史性的對照實驗」。我們的想法很簡單：找到在轉折期間和每一家「從優秀到卓越」的公司歷史幾乎同樣悠久、機會類似、行業相近、成功模式也大同小異的公司，因此就能在研究中進行直接比較分析，找出導致企業從優秀躍升到卓越的變數。我們的目標是：篩選出的公司必須有機會採取和「從優秀到卓越」的公司相同的做法，但是沒能做到，我們的問題是：兩家公司之間究竟有何分別？我們利用以下六個篩選標準，針對所有可能成為比較分析對象的公司系統化地蒐集資料，並加以評分。

從事的行業：在從優秀到卓越的公司轉折期間，對照公司和從優秀到卓越的公司產品和服務應該十分類似。

企業規模：在轉折期間，對照公司的基本規模和從優秀到卓越的公司應該不相上下。我們將候選的對照公司在轉折點時的營業額除以從優秀到卓越公司的營業額，看看是否符合一定的比率。

公司歷史：對照公司和從優秀到卓越的公司應該在同一時期創辦。候選的對照公司之創辦時間除以從優秀到卓越的公司之創辦時間，應該要符合一定的比率。

股價曲線圖：對照公司的累計股票報酬率曲線圖在轉折點之前應該和從優秀到卓越的公司形態差不多，轉折點之後，兩家公司的走勢就逐漸分道揚鑣，從優秀到卓越的公司開始超越對照公司的表現。

保守評估原則：在轉折期間，對照公司應該比從優秀到卓越的公司更加成功——規模更大、獲利更高、占有更大市場，聲望也更高。這是個關鍵的檢驗標準。

表面效度：要考慮的因素有兩個：一、當我們進行篩選時，對照公司和從優秀到卓越的公司仍然在類似的事業領域中；二、當我們進行篩選時，對照公司不如從優秀到卓越的公司那麼成功。

因此，將表面效度和保守估計原則合併探討時會發現，保守估計原則可以確定的是，在從優秀到卓越的公司面臨轉折點時，當時對照公司還比從優秀到卓越的公司更強大，但是到了我們進行篩選的時候，實力卻已經不及從優秀到卓越的公司。

我們依據上述的六個標準，為候選的對照公司一一打分數（給從一到四的評分）：

四＝候選的對照公司非常符合標準，毫無爭議。

三＝候選的對照公司頗符合標準，但是還有一些小小的問題，因此無法給這家公司四分。

二＝候選的對照公司不太符合標準，需要考慮的問題還滿大的。

一＝候選的對照公司完全不符合標準。

以下表格顯示的是每一家從優秀到卓越的公司有哪些候選的對照公司，以及他們在六個標準的得分，每個表中的第一家公司就是獲選為直接對照公司的企業。

亞培藥廠

Upjohn（普強）	4.00
Richardson-Merrill	3.25
G. D. Searle & Co	3.00
Sterling Drugs	2.83
Schering-Plough	2.70
Bristol-Meyers（必治妥）	2.67
Norwich	2.67
Parke-Davis	2.40
SmithKline Beecham	2.33
Pfizer（輝瑞）	2.33
Warner-Lambert（華納蘭茂）	2.17

房利美

Great Western Financial Corp.（大西部理財公司）	2.83
Sallie Mae	2.67
Freddie Mac	2.50
H. F. Ahmanson & Co.	2.33
Household International	2.33
Continental Bancorp	2.20
First Charter	1.60

吉列

Warner-Lambert（華納蘭茂）	2.67
Avon（雅芳）	2.50
Procter & Gamble（寶鹼）	2.33
Unilever	2.33
International Flaors & Fragrances	2.33
Revlon（露華濃）	2.33
The Clorox Company	2.33
Colgate-Palmolive	2.25
Cheeseborough-Ponds	2.00
Bic	1.50
Alberto-Culver	1.50
American Safety Razor	1.50
Purex Corporation	1.00
Fabergé	1.00

電路城

Silo（塞羅）	3.40
Tandy	3.25
Best Buy	1.83

金百利克拉克

Scott Paper Company（史谷脫紙業）*	3.50
The Mead Corporation	3.50
Crown Zellerbach	3.25
St.Regis Paper Company	3.13
International Paper	2.92
Union Camp Corporation	2.67
Georgia-Pacific	2.50
The Westvaco Corporation	2.50

＊史谷脫紙業之所以入選，是因為隨著金百利克拉克逐漸改變，兩家公司在市場上也愈來愈正面交鋒。

克羅格

A&P	3.17
Safeway	2.58
Winn-Dixie	2.50
American Stores	2.42
Giant Foods, Inc.	2.33
Jewel	2.25
Albertson's	2.08
Food Fair	1.50
Grand Union	1.00

紐可

Bethlehem Steel Corporation（伯利恆鋼鐵）	3.00
Inland Steel Industries, Inc. *	3.00
USX	2.92
National Steel Corporation	2.60
Florida Steel	2.50
Northwestern Steel and Wire Co.	2.40
The Interlake Corporation	2.00
Allegheny Teledyne	1.83
Republic Steel Corporation	1.75
Lykes Coporation	1.60
Wheeling	1.50

* Inland 公司只有在創辦時間上得分最高，伯利恆則在表面效度和保守評估原則上得到較高的分數，因此我們選擇伯利恆鋼鐵為直接對照公司。

菲利普莫里斯

R. J. Reynolds Tobacco（雷諾茲菸草）	3.50
American Tobacco	3.40
Liggett Group, Inc.	3.25
Lorillard Industries	3.20

華爾格林

Eckerd（艾克德）	3.42
Revco D.S., Inc.	2.67
Rite Aid Corporation	2.17

必能寶

Addressograph-Multigraph	3.42
Burroughs (now Unisys)（寶羅斯）	2.83
Smith-Corona	2.58
Xerox（全錄）	2.33
NCR	2.25
IBM	2.00
Control Data	1.33

富國銀行

Bank of America（美國銀行）	3.33
First Chicago	3.17
NationsBank	3.17
Mellon	3.00
Continental Illinois	3.00
Bank of Boston	2.83
First Interstate	2.25
Norwest	2.17
First Pennsylvania	2.00
Interfirst	1.75

附錄 1C

未能長保卓越的對照公司

未能長保卓越的公司	績效持續上升了多少年*	績效上升期間累計股票報酬率與大盤表現之比	之後 10 年的累計股票報酬與大盤表現之比#
寶羅斯	10.08	13.76	0.21
克萊斯勒	5.67	10.54	0.69
哈里斯	6.42	6.63	0.16
孩之寶	6.33	35.00	0.63
樂柏美	10.83	6.97	0.31※
德利台	9.42	17.95	0.22
中位數	7.92	12.15	0.26
未能長保卓越的公司平均值	8.125	15.14	0.37
從優秀到卓越的公司在類似期間的平均值		4.91★	2.02◎

＊從開始上升的轉折點起，到上升趨勢的高峰（之後未能長保卓越的對照公司相對於大盤的表現開始走下坡）為止，總共有多少年。

每當累計股票報酬率與大盤表現之比低於 1.0 時，表示相對於整體股市，公司股票價值正在下降。舉例來說，假如比率是 0.20，那麼你每投資 1 美元到這家公司，比起在同一段時間同樣投資 1 美元到整個股市，你獲得的報酬會減少 80%。

※ 樂柏美的數據在高峰之後只累計了 7.17 年，然後公司就遭到收購。

★計算方式是：針對每一家從優秀到卓越的公司，從轉折點到轉折點後 8.125 年為止，計算累計股票報酬率和股市整體表現之比（8.125 年是未能長保卓越的公司呈上升走勢的平均年數），然後計算 11 家從優秀到卓越的公司在 T+8.125 年時的平均值（投資 1 美元到股市及在轉折點時投資 1 美元到這些公司，然後在 T+8.125 年時計算所獲得的報酬）。

◎針對每一家從優秀到卓越的公司，從 T+8.125 到 T+18.125 年為止，計算累計股票報酬率和股市整體表現之比，然後計算 11 家從優秀到卓越的公司在 T+18.125 年時的平均值（投資 1 美元到股市及在轉折點時投資 1 美元到這些公司，然後在 T+18.125 年時計算所獲得的報酬）。如果某家公司的數據不足 T+18.125 年，那麼就採用最後可得的數據來計算平均值。例如就富國銀行而言，我們採用的是在 1998 年與西北銀行（Norwest）合併之前的數據（10/30/1988）。

下圖顯示了典型的未能長保卓越的對照形態：

哈里斯公司，未能長保卓越的典型公司

累計股票報酬率與大盤表現之比

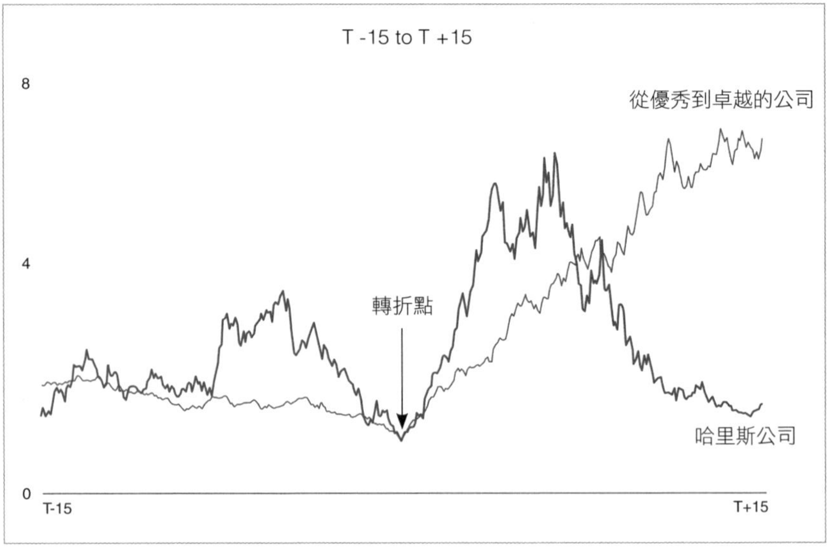

附錄1D

研究步驟概述

選定了二十八家公司之後（十一家「從優秀到卓越」的公司，十一家直接比較的對照公司，六家曇花一現、未能常保卓越的對照公司），以下是研究小組所採取的步驟和分析方法。

相關資料編碼

每一家公司都會有一位研究人員負責蒐集相關的媒體報導和出版品，包括：

一、公司從創辦至今，曾經刊登在媒體上的重要報導文章，包括刊登在《富比士》、《財星》、《商業週刊》、《華爾街日報》、《美國企業》（*Nation's Business*）、《紐約時報》、《美國新聞》、《新共和國》（*the New Republic*）、《哈佛商業評論》和《經濟學人》等知名媒體的報導，以及與產業或特殊議題相關的報導。

二、直接由這些公司提供的資料，包括書籍、文章、高階主管的講稿、內部刊物、公司年報和其他公司相關文件。

三、關於相關產業、公司或企業領導人的書籍，可能由企業自行出版，也可能是由外界觀察家寫作出版。

四、商學院的案例研究和產業分析資料。

五、企業和產業相關參考資料，例如：《美國企業領導人小傳》（*Biographical Dictionary of American Business Leaders*）、《公司史國際名錄》（*International Directory of Company Histories*）、《胡佛公司手冊》（*Hoover's Handbook of Companies*）、《美國產業發展》（*Development of American Industries*）等，以及其他類似的參考書。

六、年報、分析師報告，以及其他公司相關資料，尤其是轉型期間的資料。

然後，研究人員會有系統地把每一家公司從創始至今的所有資料根據以下分類，依照時間先後順序一一編碼：

第1類　組織規畫：包括組織架構、政策、作業程序、制度、酬勞和激勵措施、所有權結構等「硬」項目。

第2類　社會因素：公司文化、人事政策和做法、規範、禮儀、故事、群體動態、管理風格和相關的「軟」項目。

第3類　商業策略、策略性流程：公司策略的要素、制定策略的流程，包括重大的購併行動。

第4類　市場、競爭者、經營環境：公司競爭環境與外在環境的重要層面，例如主要競爭對手、重要的競爭者活動、市場變化、戲劇性的全國性或國際性事件、政府法規、產業結構、劇烈的技術革新，以及相關項目，包括公司與華爾街的相關資訊。

第5類　領導力：公司的領導階層包括：重要主管、執行長、總裁、董事。關於接班、領導風格等的有趣資訊。

第6類　產品和服務：公司過去曾推出的重要產品和服務。

第7類　工作環境和地點：公司規畫空間的方式，例如工廠和辦公室規劃、新設施等等，包括公司對於重要部門地理位置的選擇等。

第8類　技術應用：公司如何應用科技：資訊科技、尖端的製程和設備、先進的工作配置等等。

第9類　願景：核心價值觀、目的和膽大包天的目標，即公司是否具備了這些願景相關要素？如果答案為肯定，那麼公司如何發展出這些要素？公司在發展過程中是否有時具備了強烈的核心價值觀和願景，有時又缺乏願景？這些要素扮演了什麼角色？如果公司確實具備了強烈的核心價值觀和目的，他們能堅守核心價值觀和目的嗎？還是核心價值觀愈來愈薄弱？

第10A類（只針對直接比較的對照公司）相對照的「從優秀到卓越」的公司轉型期所推動的變革／轉型活動：「從優秀到卓越」的公司轉折點之前十年和之後十年所推動的重要改革或刺激轉型的措施。

第10B類（只針對未能長保卓越的對照公司）企圖轉型期：在企圖轉型期之前十年和轉型期間，公司所推動的主要變革／轉型措施和其他支持性活動。

第11類（只針對未能長保卓越的對照公司）轉型後的沒落：在企圖轉型十年後，導致公司無法延續轉型績效的主要因素。

財務分析

我們針對每家公司進行了廣泛的財務分析，加起來總共檢視了九百八十年的財務資料（每家公司平均三十五年的財務資料乘以二十八家公司），包括蒐集營收和資產負債表的數據，並且檢查公司出現轉折後的下列變數：

- 總銷售額（以名義美元幣值和依通貨膨脹調整後的實質幣值計算）
- 銷售額成長率

- 利潤成長率
- 獲利率
- 銷貨收益率
- 員工平均銷售額（依名義和實質幣值計算）
- 員工平均獲利（依名義和實質幣值計算）
- 資產、廠房和設備
- 股利支付率（或稱派息率）
- 銷貨費用、一般營運費用和行政費用占銷售額比率
- 研發費用占銷售額比率
- 收款期限，以天數計算
- 存貨週轉率
- 股東權益報酬率
- 資產負債比率
- 長期負債比率
- 利息支出占銷售額比率
- 高本益比
- 低本益比

●平均本益比

企業主管訪談

我們採訪了這些企業在轉型期間的高階主管和董事，記錄了所有的訪談內容，並且透過內容分析，整合出新的發現。

採訪問題

●請簡短說明一下你和這家公司的關係——總共有多少年的淵源？期間主要負責哪方面的工作？

●從轉型前十年到轉型後十年，你覺得公司在這段期間內，績效提升最主要的五個因素是什麼？

●現在，我們一一來看這五個因素。請根據每個因素對於轉型的重要性打分數，將總分一百分分配給這五個因素（換言之，五個因素的分數相加的總分剛好是一百分）。

●請詳細說明最重要的兩、三個因素？每個因素都請各舉一個具體例子來說明。

●在這段期間內，貴公司是否刻意推動重大變革或轉型？

●（如果是刻意推動轉型：）就你記憶所及，貴公司從什麼時候開始做了一些重要的決定，因此導致後來的轉型（大約是哪一年）？

●（如果是刻意推動轉型：）什麼事情最後引發了推動重大轉型的決定？

●在轉型期間，公司透過什麼樣的流程來制定重大決策和重要策略——不是公司做了哪些決策，而是公司如何制定這些決策？

●在做關鍵決策的時候，外部顧問扮演什麼角色？

●當決策剛制定、結果如何還是未知數時，你對決策有多大信心？請用一到十的分數來表示（「十」代表你很有信心，這些都是很好的決策，成功機率非常高。「一」代表你對於決策沒什麼信心，覺得會有很高的風險）。

●（如果你的信心水平在六以上：）

「從優秀到卓越」的公司及訪談次數

亞培藥廠	8
電路城	8
房利美	10
吉列	6
金百利克拉克	7
克羅格	6
紐可	7
菲利普莫里斯	6
必能寶	9
華爾格林	8
富國銀行	9
總計	84

你為什麼對決策這麼有信心？

●公司如何讓員工願意為決策奉獻心力、團結一致？

●能不能舉例說明上述情形？

●在轉型期間，你們曾經嘗試做過哪些事情，但沒有成功？

●貴公司如何因應華爾街要求短期績效的壓力，同時又能推動放眼未來的變革和投資計畫？

●許多公司都曾推動各種變革，但未能產生持久的績效。「從優秀到卓越」的公司在轉型過程中最突出的一點，就是都能長期維持卓越的績效，而不是曇花一現。我們覺得這是非凡的成就。為什麼你們這麼特別？為什麼轉型的成果不只維持幾年，而能一直延續下去，主要的原因何在？

●我們將會把「從優秀到卓越」的公司拿來和「對照公司」相比較，對照公司和貴公司在轉型期間是同業，但和貴公司不同的是，他們沒能大幅提升績效，也無法持續表現卓越。為什麼「從優秀到卓越」的公司能轉型成功？其他公司原本可以採取和你們一樣的做法，但他們沒有這麼做。到底貴公司和其他同業有什麼不同，你們有哪些特質是別人所沒有的？

●你能不能從親身經驗或觀察中，想出一個特別有力的例子，足以說明從優秀到卓越的公司轉型成功的精髓何在？

- 你會強烈建議我們另外再採訪哪些人？包括：
  1. 轉型期和轉型後的經營團隊成員。
  2. 外部董事或其他關鍵的外界人士。
- 還有沒有什麼我們應該問、但剛剛沒有提到的問題？

特殊分析單元

為了針對關鍵變項，在從優秀到卓越的公司和對照公司之間，進行有系統的比較和量化分析，我們採用了一系列特殊分析單元。

收購和撤資

我們希望透過這方面的分析了解收購和撤資在企業轉型過程中扮演的角色。

目標：

一、對於從優秀到卓越的公司而言，轉型前和轉型後，在收購和撤資數量上有任何差異嗎？

二、從優秀到卓越的公司在收購和撤資的做法上，和直接對照公司有什麼不同？

三、從優秀到卓越的公司在收購和撤資的做法上，和未能長保卓越的對照公司有什麼不同？

為了進行這方面的分析，我們為每家公司都建立了資料庫，逐年記錄了每家公司的資料：

一、該年收購的公司名單，以及這些公司的財務狀況。
二、該年收購的公司總數。
三、該年收購的所有公司規模總和。
四、該年撤資的公司名單，以及這些公司的財務狀況。
五、該年撤資的公司總數。
六、該年撤資的所有公司規模總和。

我們運用這些資料，做了八個主要分析：
一、從優秀到卓越的公司：轉折前和轉折後。
二、從優秀到卓越的公司與對照公司比較：轉折前與轉折後。
三、未能長保卓越的公司：轉折前與轉折後。
四、轉折前和轉折後的綜合分析：從優秀到卓越的公司與直接對照公司，及未能長保卓越的對照公司相比較。

五、從優秀到卓越的公司：轉折點到今天。

六、從優秀到卓越的公司與對照公司比較：轉折點到一九九八年。

七、未能長保卓越的公司：轉折點到一九九八年，和從優秀到卓越的公司一樣分析從轉折點到一九九八年的表現。

八、綜合分析，轉折點到一九九八年：從優秀到卓越的公司與直接對照公司及未能長保卓越的公司相比較。

此外，我們也從質的層面分析了這些企業的收購和撤資動作，探討以下問題：

一、有關收購的整體策略。

二、整合收購企業的整體策略。

三、每個主要收購案最後是否成功。

四、整體收購策略最後是否成功。

產業表現分析

我們在這個分析中，以企業的表現和產業表現相比較。分析的目的是為了決定在這家公司轉折期間是否相關產業也正是大熱門。我們設計了一份試算表，將產業數據和公司財務資料對照比較，以釐清兩者之間的關係。

我們將每一家「從優秀到卓越」的公司相關產業從轉折點到一九九五年的表現，和《史坦普爾分析師手冊》（*Standard & Poor's Analyst's Handbook*）中列出的產業表現相比較。比較分析的步驟如下：

一、針對每一家「從優秀到卓越」的公司，決定從轉折點到一九九五年《史坦普爾分析師手冊》列出的所有產業是哪些。

二、針對每一個產業，計算出從轉折點到一九九五年相對應的「從優秀到卓越」的公司的投資報酬，並算出這段期間內的投資報酬率變動狀況。

三、根據各產業在這段期間的報酬率，進行排比。

高階主管異動分析

這部分要探討的是，在公司發展的幾個關鍵時期，高階主管異動的狀況如何。

我們採用《穆迪公司資訊報告》（*Moody's Company Information Reports*）來計算從優秀到卓越的公司和對照公司的主管流動率：

- 出現轉折前十年，高階主管平均離職率。

●出現轉折後十年，高階主管平均離職率。
●出現轉折前十年，高階主管平均新增率。
●出現轉折後十年，高階主管平均新增率。
●出現轉折前十年，高階主管平均總流動率。
●出現轉折後十年，高階主管平均總流動率。

目標：

一、對從優秀到卓越的公司而言，轉折前和轉折後，在主管異動或延續的情況上，有何量化差異？

二、從優秀到卓越的公司和直接對照公司，在主管異動或延續的情況上，有何數量化差異？

三、從優秀到卓越的公司和未能長保卓越的對照公司，在主管異動或延續的情況上，有何量化差距？

CEO分析

我們檢討了全部五十六位企業執行長的表現。針對三組公司（從優秀到卓越、直接對照和未能長保卓越的對照公司）中每一組的企業執行長在轉型期的表現，都做了質化的分析：

一、管理風格。

二、主管個人特質。

三、私人生活。

四、他們心目中執行長的五個首要之務是什麼。

同時，我們也針對每一家從優秀到卓越的公司，以及直接比較和未能長保卓越的對照公司，分析執行長的背景和任期。從轉折點前十年一直到一九九七年，在這段期間在位的執行長，我們都一一分析：

一、公司是否從外部引進人才，直接空降到執行長的位子（直接聘任為執行長）？

二、在成為執行長之前，曾經在這家公司工作了多少年？

三、成為執行長時年紀多大？

四、執行長任期開始和結束的年份？

五、總共擔任了多少年執行長？

六、在擔任執行長之前的最後一個職位是什麼？

七、挑選此人擔任執行長的主要原因（他為什麼雀屏中選）？
八、教育背景（尤其是研讀的學門，例如法律、商業等，以及獲得的學位）。
九、加入這家公司之前的工作經驗和其他經驗（例如軍事方面的經驗）。

主管酬勞

本單元探討的是我們所研究的各個企業付給主管的酬勞有何差異。我們蒐集了所有二十八家公司從轉折點之前十年到一九九八年有關主管酬勞的相關數據，並進行了廣泛的分析。

一、在公司表現出現轉折的那一年，所有高階主管和董事的薪資加紅利的總和占公司淨值的百分比。
二、在公司表現出現轉折的那一年，執行長獲得的現金酬勞占公司淨值的百分比。
三、在公司表現出現轉折的那一年，執行長的薪資加紅利占公司淨值的百分比。
四、在轉折年和轉折後十年，執行長的薪資加紅利占淨值百分比，與最高階的四位主管平均薪資加紅利占淨值百分比之間的差異。
五、轉折年所有高階主管和董事的平均薪資加紅利占淨值百分比。
六、轉折年所有高階主管和董事薪資加紅利的總和。

七、轉折年所有高階主管和董事薪資加紅利的總和占銷售額百分比。

八、轉折年所有高階主管和董事薪資加紅利的總和占資產百分比。

九、轉折年最高階四位主管現金酬勞總和占淨值百分比。

十、轉折年最高階四位主管的薪資加紅利總和占淨值百分比。

十一、轉折年所有高階主管和董事的平均薪資加紅利。

十二、執行長的薪資加紅利占淨收益百分比。

十三、執行長的薪資加紅利和最高階四位主管的平均薪資加紅利之間的差距。

十四、執行長的薪資加紅利占銷售額百分比，和最高階四位主管的平均薪資加紅利占銷售額百分比之間的差距。

十五、執行長的薪資加紅利占淨收益百分比，和最高階四位主管的平均薪資加紅利占淨收益百分比之間的差距。

十六、轉折年所有高階主管和董事的平均薪資加紅利占銷售額百分比。

十七、轉折年所有高階主管和董事的平均薪資加紅利占淨收益百分比。

十八、轉折年所有高階主管和董事薪資加紅利的總和占淨收益百分比。

十九、轉折年執行長的全部現金酬勞占淨收益百分比。

二十、轉折年執行長分配到的股票價值占淨值百分比。

二十一、轉折年最高階的四位主管配股價值占銷售額百分比。

二十二、轉折年最高階的四位主管配股價值占資產百分比。
二十三、轉折年最高階的四位主管配股價值占淨值百分比。
二十四、轉折後十年執行長薪資加紅利占銷售額百分比。
二十五、轉折後十年最高階的四位主管的薪資加紅利占銷售額百分比。

目標：
一、從優秀到卓越的公司轉折前後在主管酬勞上有何量化的差異？
二、從優秀到卓越的公司和直接對照公司在主管酬勞上有何差異？
三、從優秀到卓越的公司和未能長保卓越的對照公司在主管酬勞上有何差異？

裁員的功效

在這個單元中，我們試圖探討從優秀到卓越的公司、直接對照公司以及未能長保卓越的對照公司，是否將裁員當做改善公司績效的重要手段。我們檢視了：

一、從轉折前十年到一九九八年的每年總雇用人數。
二、從轉折點前十年到轉折點後十年這段期間，是否有證據顯示這家公司將裁員當做改善公司績效的重要手段。

三、如果確實發生裁員的情況，則計算裁減的員工人數，包括絕對數字和占總員工人數百分比。

公司所有權分析

為了確認從優秀到卓越的公司和直接對照公司在所有權上是否有任何重要的差異，我們檢視了：

一、是否有持股比例龐大的大股東和團體。

二、董事持股狀況。

三、高階主管持股狀況。

媒體曝光程度分析

本單元分析的是從轉折前十年到轉折後十年的二十年間，從優秀到卓越的公司、直接對照公司，和未能長保卓越的對照公司的媒體曝光程度。我們檢視了：

一、轉折前十年、轉折後十年，以及整個二十年間的媒體報導文章總數。

二、轉折前十年、轉折後十年，以及整個二十年間的特寫文章總數。

三、轉折前十年、轉折後十年，以及整個二十年間在上述文章中明顯討論到企業正在「改變」、「轉型」、「反敗為勝」等的文章總數。

四、轉折前十年、轉折後十年，以及整個二十年間，「非常正面」的媒體報導、「中庸」的媒體報導（從稍微正面到稍微負面的文章都包括在內），以及「非常負面」的媒體報導個別總數。

科技分析

本單元探討科技的角色，主要的資料來源為企業主管訪談以及其他書面資料：

一、開創性的科技應用。

二、掌握技術的時機。

三、選擇和採用特定技術的標準。

四、科技在對照公司日漸沒落的過程中所扮演的角色。

比較分析架構

最後，除了上述分析之外，在研究計畫進行過程中，我們還不斷比較分析。儘管分析的材料仍然來自於研究資料，卻是比較粗略的分析，分析的重點包括：

●企業所採取的大膽行動。
●漸進式或革命性的改變過程。
●階層分明或平等作風。
●未能長保卓越的對照公司沒落的原因。
●三個圓圈的分析，以及是否吻合核心價值觀和目的。
●在突飛猛進之前，花了多少時間扎穩根基，厚植實力。
●釐清刺蝟原則與突破性成長在時間上的關係。
●核心事業與刺蝟原則的比較分析。
●接班狀況分析，以及接班計畫的成功率。
●未能長保卓越的對照公司之所以先盛後衰，領導人扮演了什麼角色。

附錄2A

企業執行長分析

（內部升遷VS.空降部隊）

以下表格顯示的是每家公司內部升遷與外部空降的企業執行長數目。我們探討了每一家從優秀到卓越的公司，從轉折前十年到一九九八年這段期間內任用的所有執行長的狀況，我們也針對直接對照公司在同一段期間內的狀況，做了同樣的分析。至於未能長保卓越的對照公司，我們則檢討了企業從試圖轉型之前十年到一九九八年的情況。凡是擔任執行長前，在這家公司的工作年資未滿一年者，我們都視之為從外部空降的執行長。

從優秀到卓越的公司	執行長人數	空降執行長人數	空降執行長所占比例
亞培	6	0	0%
電路城	3	0	0%
房利美	4	2	50%
吉列	3	0	0%
金百利克拉克	4	0	0%
克羅格	4	0	0%
紐可	2	0	0%
菲利普莫里斯	6	0	0%
必能寶	4	0	0%
華爾格林	3	0	0%
富國銀行	3	0	0%
總計	42	2	4.76%

直接對照公司	執行長人數	空降執行長人數	空降執行長所占比例
普強	6	2	33%
塞羅	6	4	67%
大西部	3	0	0%
華納蘭茂	5	1	20%
史谷脫紙業	5	1	20%
A&P	7	2	29%
伯利恆鋼鐵	6	0	0%
雷諾茲	9	3	33%
地址印刷機公司	10	7	70%
艾克德	3	0	0%
美國銀行	5	0	0%
總計	65	20	30.77%

未能長保卓越的對照公司	執行長人數	空降執行長人數	空降執行長所占比例
寶羅斯	6	2	33%
克萊斯勒	4	3	75%
哈里斯	5	0	0%
孩之寶	3	0	0%
樂柏美	4	1	25%
德利台	3	0	0%
總計	25	6	24%
對照公司總計	90	26	28.89%

綜合分析

	執行長人數	空降執行長人數	空降執行長所占比例	對照公司與從優秀到卓越的公司之比
從優秀到卓越的公司	42	2	4.76%	
直接對照公司	65	20	30.77%	6.46
未能長保卓越的對照公司	25	6	24.00%	5.04
全部對照公司	90	26	28.89%	6.07

	公司數	雇用空降執行長公司數	雇用空降執行長的公司所占比例	對照公司與從優秀到卓越的公司之比
從優秀到卓越的公司	11	1	9.09%	
直接對照公司	11	7	63.64%	7.00
未能長保卓越的對照公司	6	3	50.00%	5.50
全部對照公司	17	10	58.82%	6.47

附錄5A
產業排名分析

我們將每一家從優秀到卓越的公司所處的產業，從轉折年到一九九五年的表現，和《史坦普爾分析師手冊》中其他產業同期的表現相比較：

一、找出從每一家優秀到卓越公司的轉折年到一九九五年間，曾經在《史坦普爾分析師手冊》出現的所有產業。

二、針對每一個產業，找出從對應公司的轉折年到一九九五年間的產業總報酬，計算出這段期間的總報酬變動趨勢。

三、根據這段期間每個產業的報酬率來做產業排名。

下頁表格顯示企業不見得需要在表現卓越的熱門產業中，才能展現出非凡的績效。

從轉折年到1995年對應於每家公司的產業表現

公司	計算年份	排名的產業數	最能代表這家公司的產業	產業的排名	產業的百分位數
亞培	1974-1995	70	醫藥產品	28	40%
電路城	1982-1995	80	特殊零售業	17	21%
房利美	1984-1995	90	儲貸*	69	77%
吉列	1980-1995	76	化妝美容	19	25%
金百利克拉克	1972-1995	64	家庭用品	18	28%
克羅格	1973-1995	66	零售食品連鎖	12	19%
紐可	1975-1995	71	鋼鐵	70	99%
菲利普莫里斯	1972-199#	57	菸草	2	4%
必能寶	1974-1995	70	電腦系統	68	97%
華爾格林	1975-1995	71	零售藥店	13	18%
富國銀行	1983-1995	84	主要地區性銀行	64	76%

＊一般認為儲貸業最能代表房利美所從事的行業。
＃菲利普莫里斯從1972年開始計算是因為在《史坦普爾分析師手冊》中找不到更早的數據。

附錄8A

對照公司的命運環路行為

直接對照

A&P

A&P搖擺不定，不停變換策略，總是希望能一舉解決所有的問題。他們舉行打氣大會、推出各種計畫、追逐管理時尚、開除執行長、雇用新執行長，然後又開除執行長。在A&P逐漸走下坡時，媒體報導充斥著這類的標題：「吹起變革的號角」、「喚醒巨人」、「重新改造A&P」、「A&P的大希望」，但A&P的宏願從來不曾實現！

地址印刷機公司

核心事業的式微令地址印刷機公司驚恐不已，他們企圖讓公司脫胎換骨，卻不切實際地跨入辦公室自動化領域，直接與IBM、全錄和柯達等大公司競爭。嘗到敗績時，繼任的執行長完全推翻辦公室自動化的策略，然後，「就好像腦外科醫生在手術中途走出手術室一樣」。這位執行長不到一年就辭職，下一位執行長又來個一百八十度大轉彎，藉著購併，跨入平版印刷事業。等到這個策略也失敗後，只好沖銷壞帳。從一九七八到八四年，他們在六年內換了四位執行長，後來兩度宣告破產。

美國銀行

美國銀行為了因應解除金融管制的趨勢而開始變革。由於美國銀行在自動櫃員機的裝設和科技應用上落後同業，這時候才開始花大錢，希望迎頭趕上。他們在加州拚命急起直追，試圖「推動美國銀行版的文化大革命」，聘請企業變革顧問，在企業內帶領交心小組的活動，試圖推動「啦啦隊式的管理風格」。他們曾經試圖模仿富國銀行購併克勞克銀行的做法，但買下太平洋證券公司（Security Pacific）後表現下滑，收購失敗後，沖銷的壞帳高達數十億美元。

伯利恆鋼鐵

搖擺不定：多角化，然後又專注於鋼鐵業，接著又多角化，又回到鋼鐵本業。由於技術和現代化程度不如人，因此推出急就章的計畫，希望很快迎頭趕上。管理階層抗拒工會的要求，工會有所回應，然後資方跟著反應，更引發工會的不滿，如此你來我往，惡性循環。同時，國外競爭對手和紐可鋼鐵早已悄悄地蠶食鯨吞，搶占市場。

艾克德

為了追求成長，缺乏刺蝟原則的引導，盲目收購業務不相干的公司，而陷入命運環路。艾克德曾經買下一家糖果公司、一家百貨連鎖店、一家證券服務公司，和一家食品服務供應公司。但最大的敗筆則是艾克德買下了美國家庭錄影帶公司，然後在虧損了三千一百萬美元之後，又以低於市值的價格七千兩百萬美元，將美國家庭錄影帶公司出售給坦迪公司。遭此重創的艾克德欲振乏力，被槓桿收購後，最後賣給了傑西潘尼公司。

大西部理財公司

發展計畫搖擺不定，前後矛盾。先朝一個方向走（想變成一家銀行），後來又改往另外一個方向走（想變成一家多角化營運的公司）。跨入保險業，然後退出保險業；跨入租賃業和營建業，然後又重新專注於理財和銀行業務。「不管叫我們銀行、儲貸公司或斑馬也好，你怎麼稱呼我們都成。」原先只是靠執行長個人願景凝聚員工的向心力，一旦執行長退休之後，大西部公司多頭馬車、相互矛盾的發展策略就連連受挫，公司先是進行重整，最後則賣給了華盛頓互惠銀行（Washington Mutual）。

雷諾茲菸草公司

當雷諾茲開始走下坡，發現遭反菸組織圍剿時，他們的因應之道是，輕率地展開大舉購併，例如買下海陸公司。雷諾茲買下海陸公司後又投入二十億美元，試圖扭轉乾坤（同時，它旗下的菸草工廠卻因投資不足而日漸衰敗），五年後，又認賠出售海陸公司。每位新執行長上任時，都推出新的策略。後來，當菸草業龍頭的寶座不得不拱手讓給菲利普莫里斯後，雷諾茲開始大玩槓桿收購的遊戲，主要目的在提高經營團隊獲利，而不是好好打造一家卓越的公司。

史谷脫紙業

當核心事業面臨寶鹼和金百利克拉克的激烈競爭時，史谷脫紙業以多角化策略來因應。每一位新執行長上任時，史谷脫都有新道路、新方向、新願景。史谷脫在一九八〇年代末採取了激烈的變革，但是從來不曾回答一個重要的問題：我們在哪個領域能達到世界頂尖？他們也落入了公司重組的陷阱，聘請鄧拉普擔任執行長，大幅削減了四一%的人力，然後將公司賣掉。

塞羅

古柏去世後，公司後繼無人，新一代領導人為了追求成長而成長。電路城會有系統地進攻某個地區，建立物流中心，在周遭的每一個市鎮都開設一家連鎖店，塞羅卻毫無章法地從一個城市跳到另一個城市，在這裡開一家店，又到那裡開一家店，完全缺乏系統的開店方式好像大雜燴般，毫無區域性經濟規模可言。由於沒有辦法堅持調和一致的觀念或布局，塞羅後來被 Cyclops 收購，而 Cyclops 最後又賣給了英國電子零售商迪克生（Dixons），塞羅經營團隊也遭新老闆開除。

普強

普強拚命推銷美好的前景（「公司正展現前所未有的光明遠景」），吹噓正在開發的新產品，但結果未能符合預期。當投資人只聽到鐵板嘶嘶作響，卻始終嘗不到牛排的美味時，普強的股票劇烈震盪，變成投機股。後來，普強就好像拉斯維加斯的賭徒一樣，把籌碼全押在像羅根禿頭藥這類的「救星」藥品上。但鎮靜安眠藥酣樂欣和其他藥品一再出問題，令普強股價更加上下震盪。最後，普強終於難逃重整的命運，並且和法瑪西亞藥廠合併。

華納蘭茂

華納蘭茂對於發展方向一直反反覆覆、搖擺不定，從消費性產品轉到製藥，再轉換到保健產品的市場，然後又走回老路線，接著兩條路線齊頭並進，然後又回復原來的本業，不久又換另外一個方向。每個新官（執行長）上任都提出新願景、新的改組計畫，遏止了前任執行長累積的動能，開始往另外一個方向推動飛輪。

他們試圖透過大膽的購併推動突破性的成長，卻慘遭敗績，留下數以億計的虧損。如此前後不一致地發展了許多年後，華納蘭茂終於落入輝瑞藥廠的手中，結束了多年來的混亂局面。

未能長保卓越的對照公司

寶羅斯

當寶羅斯表現得愈來愈好時，當時「才華洋溢但傲慢無禮」的執行長推動了一次翻天覆地的企業改造。削減成本大大打擊了員工士氣，優秀人才紛紛求去，再加上他挑選的接班人過於軟弱，結果很快就被取而代之，新任的執行長「精明、嚴厲、野心勃勃」，他擬定新方向，怪罪前任執行長領導無方，再度發動大規模重組，四百位高階主管在大清算中另謀他就。於是公司廣貼海報，推動新計畫，然後再度重組，又聘請另外一位執行長，展開另外一次大整頓，設定另外一個新方向。公司每下愈況，執行長再度換人。

克萊斯勒

連續五年表現耀眼之後，克萊斯勒又重新陷入危機之中。一位內部人士曾經寫道：

「就好像許多心臟病患一樣，在動過心臟手術後，原本已經多年都安然無事，直到後來重蹈了過去不健康的生活方式後，終於舊病復發。」克萊斯勒後來把焦點轉移到義大利跑車、公司噴射機和國防軍備等其他事業上。儘管克萊斯勒在一九九〇年代曾經二度翻身，但終究還是賣給了戴姆勒汽車公司。

哈里斯

有一度，哈里斯的執行長腦中有清楚的刺蝟原則，並且也帶動了最初的飛輪效應，因此股價節節上升。但是，他沒有把刺蝟原則一併灌輸到經營團隊的腦子裡。等到他退休之後，繼任的執行長以追求成長取代了刺蝟原則。哈里斯跨入辦公室自動化領域，卻一敗塗地，然後又展開了許多毫不相干的購併。飛輪終於戛然而止。

孩之寶

孩之寶是幾乎成功的對照公司。孩之寶堅持刺蝟原則，藉著不斷為經典玩具品牌注入新生命，而創造了非凡的績效。不幸的是，轉型的推手英年早逝，接班人比較像第三級領導人（能幹的經理人），而不是第五級領導人，飛輪的速度逐漸減緩。於是，新任執行長推動公司重組，後來甚至從外界聘請空降部隊來重啟動能。

樂柏美

如果有哪一家公司跳過了厚植實力的階段，直接達到突破性成長，那麼一定非樂柏美莫屬。領導轉型的企業執行長推動「公司徹底重組，採取非常激烈而痛苦的做法」。他們奉成長為圭臬，即使因此犧牲飛輪的長期動能，都在所不惜。當這位執行長退休後，一切就很明顯，他一直是飛輪的主要推動力，而不是由系統化的刺蝟原則所引導的經營團隊在推動飛輪旋轉。結果飛輪速度自然減慢，樂柏美也染上了公司重組的毛病，拚命推銷公司的美麗願景，卻沒有辦法展現承諾的績效。樂柏美原本還是《財星》雜誌聲望最高的公司，不過五年的光景，卻被紐威爾公司收購。

德利台

德利台的大起大落，全都繫於一個人身上——辛格頓。基本上，德利台的刺蝟原則是：追隨辛格頓腦子裡的想法。辛格頓發動了一百樁收購案，涉獵的領域從電子到稀有金屬，無所不包。當辛格頓退休，並且一併把腦子帶走時，問題就浮現了。德利台開始走下坡，後來終於和阿利根尼公司合併。

附錄 8B

收購狀況整體分析

從優秀到卓越的公司 VS. 對照公司*

公司	研究的時期 收購案總數	研究的時期 撤資案總數	收購策略 整體成功率
亞培	21	5	+2
普強	25	7	NA
電路城	1	0	+3
塞羅	4	0	-1
房利美	0	0	+3
大西部	21	3	-1
吉列	39	20	+3
華納蘭茂	32	14	-1
金百利克拉克	22	18	+2
史谷脱紙業	18	24	-2
克羅格	11	9	+2
A&P	14	4	-3
紐可	2	3	+3
伯利恆鋼鐵	10	23	-3
菲利普莫里斯	55	19	+1
雷諾茲	36	29	-3
必能寶	17	8	+1
地址印刷機	19	9	-3

（續下頁）

華爾格林	11	8	+3
艾克德	22	9	-1
富國銀行	17	6	+3
美國銀行	22	13	+1
寶羅斯	22	7	-2
克萊斯勒	14	15	-1
哈里斯	42	7	-1
孩之寶	14	0	+1
樂柏美	20	5	+3
德利台	85	3	-2

＊為了列出這個表格，我們先找出從轉折前十年到 1998 年為止，每家公司收購的公司總數，然後以 -3 到 +3 的等級來為每一宗收購案評分（根據每家公司在財務分析和質化分析上的排名），再依據上述的分數算出平均值。就普強的例子而言，我們無法獲得足夠的數據進行完整的分析，因此沒有為它評分。

感謝篇

感謝工作夥伴通力合作

柯林斯

說本書作者是「柯林斯」，實在是誇張了點。如果沒有其他工作夥伴的重要貢獻，這本書必定無法面世。

首先要感謝的是研究小組的成員。我真的非常幸運，有一群這麼出色的人才願意奉獻心力在這個研究計畫。整體而言，他們總共投入了一萬五千小時的時間在研究計畫上，由於他們對工作品質的嚴格自我要求，我也不得不努力達到高標準。當我絞盡腦汁撰寫本書時，腦海中不禁浮現了幾個月（甚至幾年）來一直辛苦研究的這群工作夥伴的臉孔，彷彿他們就站在我的背後，提醒我善盡職責，寫出的書稿必須符合他們的標準，對得起他們的辛勞與貢獻。我希望本書能不負他們所望。如果未能達到那樣的標準，我要負完全的責任。

參與《從 A 到 A+》研究計畫的團隊成員（攝於 2000 年 1 月間某次研討會前）
第一排（從左到右，下同）：Vicki Mosur Osgood, Alyson Sinclair, Stefanie A. Judd, Christine Jones
第二排：Eric Hagen, Duane C. Duffy, Paul Weissman, Scott Jones, Weijia (Eve) Li
第三排：Nicholas M. Osgood, Jenni Cooper, Leigh Wilbanks, Anthony J. Chirikos
第四排：Brian J. Bagley, Jim Collins, Brian C. Larsen, Peter Van Genderen, Lane Hornung
Scott Cederberg, Morten T. Hansen, Amber L. Young 等三位不在照片中。
照片提供：Jim Collins Collection

關於作者

柯林斯——在巨變中尋找不變的通則

要理解《從A到A+》這本書的重要性及作者柯林斯的心路歷程，必須從多年前開始講起。

一九九〇年代初期，正是企業高唱「企業改造」、「亂中求勝」的年代，在顛覆有理、變動不斷中，許多人開始懷疑：「世上究竟有沒有恆久不變的價值？」一九九四年，任教於史丹佛企管研究所的柯林斯和同事薄樂斯推出了《基業長青》一書，經過了六年的研究，他們對上述問題提出了肯定的答案。單單靠削減成本、組織重整或追求利潤，無法造就偉大的企業，能歷久不衰的百年基業往往是能固守核心價值的卓越企業。

在《基業長青》中，柯林斯和薄樂斯花了六年時間，研究歷經歲月考驗的二十世紀代表企業，例如花旗銀行、惠普、寶鹼、嬌生、迪士尼、奇異電器、沃爾瑪百貨等公司，希望了解「這些美國最長青的公司有什麼與眾不同的特色」，結果發現：

一、長青企業往往致力於造鐘（建構能永續發展的組織），而不是報時（只依賴偉大的領導人、偉大的構想或創新的產品）。

二、他們能兼容並蓄，兼顧目的和利潤、延續性和改革、自由和責任等。

三、有清楚的核心價值觀和目的，作為決策的依歸。

四、固守核心的同時，又設定明確動人、振奮人心的大膽目標，力求進步。

《基業長青》出版後備受矚目，高居美國《商業週刊》暢銷書排行榜五十五個月，在全球發行了十七種不同語言的版本，銷售百萬餘冊。

紊亂中找到秩序，混沌中釐清觀念

但是有一天，一位麥肯錫企管顧問竟然對柯林斯說：「你們的研究做得很棒，書也寫得很好，不幸的是，書中講的東西毫無用處。」因為這些歷久不衰的公司多半在創辦之初就很卓越，絕大多數公司卻都很普通，頂多只稱得上優秀而已，他們有可能行到半路才峰迴路轉，蛻變為卓越企業嗎？怎麼樣才做得到？

為了回答這個問題，柯林斯和他的研究團隊花了五年時間，閱讀了六千篇報導文章，累積了三億八千四百萬位元組的電腦資料，希望從龐雜資料中解析出意義，尋找組織「從優秀到卓越」的奧祕。從他們的研究結果中誕生了《從A到A+》這本書，而且推出後便先後被美國《哈佛商業評論》、《商業週刊》及「亞馬遜網路書店」選為二〇〇一年最佳財經企管書籍之一。

柯林斯是一位傑出的教師和創業家。他從一九八八年開始在美國史丹佛大學企管研究所傳授有關創業的課程，精彩的授課內容和平易近人的教書方式極受學生歡迎，曾在一九九二年榮獲史丹佛傑出教師師鐸獎。根據美國《財星》雜誌的報導，每學期剛開始時，史丹佛企管研究所的每位學生都可以享受一次優先選課的權利，結果當時超過半數的學生都爭相把唯一的機會拿來選修柯林斯的課，可見他是多麼受到學生愛戴。

學生時代，柯林斯每次做性向測驗的結果都很矛盾，不是建議他當學者，就是建議他走創業這條路。因此，他起初在史丹佛企管研究所開課談創業，一九九五年離開史丹佛之後，則乾脆化知識為行動，回到科羅拉多州的家鄉，在小時候經常爬山攀岩的鄉野間、山腳下，創辦了自己的管理研究實驗室。多年來，柯林斯曾經擔任默克藥廠、星巴克、嬌生、時代集團等知名企業的顧問，也成為許多非營利組織諮詢的對象，包括約翰霍普金斯醫院、彼得杜拉克基金會，以及美國前副總統高爾的政府改造會議等，都曾向他請益。

大多數的企管書籍都充滿英雄崇拜、炫目的科技和高速成長的戲劇化故事，柯林斯在書中卻強調：領袖魅力是資產，也是負債；堅持把簡單的事做好的刺蝟，往往勝過一心多用的聰明狐狸；即使在科技日新月異的年代，「先爬、再走、然後跑步」仍然是成功有效的企業經營之道。

柯林斯自稱：「我的專長就是能在一堆雜亂無章的資訊中看出形態，在紊亂中找到秩序，在混沌中釐清觀念。」他深信，不管周遭的世界如何改變，世上仍有恆常不變的根本價值與通則。

而釐清混亂中的「變」與「常」，正是他始終不變的追尋。（齊若蘭整理）

實戰智慧館 475

從A到A⁺
企業從優秀到卓越的奧祕

作　　者 —— 詹姆・柯林斯（Jim Collins）
譯　　者 —— 齊若蘭

副 主 編 —— 陳懿文
校　　對 —— 呂佳眞
封面設計 —— 萬勝安
行銷企劃 —— 舒意雯
出版一部總編輯暨總監 —— 王明雪

發 行 人 —— 王榮文
出版發行 —— 遠流出版事業股份有限公司
104005台北市中山北路一段11號13樓
電話：（02）2571-0297　傳眞：（02）2571-0197　郵撥：0189456-1
著作權顧問 —— 蕭雄淋律師

2002年 9 月 1 日　初版一刷
2024年 4 月15日　二版十一刷
定價 —— 新台幣 480 元（缺頁或破損的書，請寄回更換）

ISBN 978-957-32-8703-2

遠流博識網　http://www.ylib.com
E-mail:ylib@ylib.com
遠流粉絲團　https://www.facebook.com/ylibfans

國家圖書館出版品預行編目 (CIP) 資料

從 A 到 A⁺：企業從優秀到卓越的奧祕 / 詹姆・柯林斯（Jim Collins）著；齊若蘭譯 . -- 二版 . -- 臺北市：遠流，2020.02
面；　公分 . --（實戰智慧館；475）
譯自：Good to great : why some companies make the leap--and others don't
ISBN 978-957-32-8703-2（平裝）
1. 企業管理 2. 組織再造 3. 決策管理
494.2　　108022298